U0133901

面向"十二五"高职高专规划教材·计算机系列

Visual Basic 程序设计案例教程

周　奇　李震阳　主　编

夏洁云　梁宇滔　副主编

清华大学出版社

北京交通大学出版社

·北京·

内 容 简 介

本书根据高等职业技术教育的教学特点，结合教学改革和应用实践编写而成。该书以 Visual Basic 6.0 中文版为语言背景，以案例结构为主线，深入浅出地介绍了 Visual Basic 程序设计的基础知识和编程方法；内容涵盖了全国计算机等级考试 Visual Basic 程序设计二级的所有内容。

本书内容广泛翔实，适用于高等职业技术学院、高等专科学校、成人高校、示范性软件职业技术学院、本科院校及直属的二级职业技术学院、继续教育学院和民办高校使用，可以作为 Visual Basic 初学者的入门教材，也可以作为培养 Visual Basic 程序管理员的培训教材，同样适合作为使用 Visual Basic 进行应用开发的人员的参考资料和计算机等级考试（二级）的参考复习教材。

图书在版编目（CIP）数据

Visual Basic 程序设计案例教程 / 周奇，李震阳主编. —北京：清华大学出版社；北京交通大学出版社，2009.5

（面向"十二五"高职高专规划教材·计算机系列）

ISBN 978-7-81123-509-8

Ⅰ．V… Ⅱ．①周… ②李… Ⅲ．BASIC 语言-程序设计-高等学校：技术学校-教材
Ⅳ．TP312

中国版本图书馆 CIP 数据核字（2009）第 065918 号

责任编辑：郭东青
出版发行：清 华 大 学 出 版 社　　邮编：100084　　电话：010-62776969　　http://www.tup.com.cn
　　　　　北京交通大学出版社　　邮编：100044　　电话：010-51686414　　http://press.bjtu.edu.cn
印 刷 者：北京东光印刷厂
经　　销：全国新华书店
开　　本：185×260　　印张：17.75　　字数：440 千字
版　　次：2009 年 6 月第 1 版　　2009 年 6 月第 1 次印刷
书　　号：ISBN 978-7-81123-509-8/TP·476
印　　数：1～4 000 册　　定价：28.00 元

本书如有质量问题，请向北京交通大学出版社质监组反映。对您的意见和批评，我们表示欢迎和感谢。
投诉电话：010-51686043，51686008；传真：010-62225406；E-mail：press@bjtu.edu.cn。

前　言

高等职业技术教育是高等教育的一个重要组成部分，它培养学生成为具有高尚职业道德、具有大学专科或本科理论水平、具有较强的实际动手能力、面向生产第一线的应用型高级技术人才。高职人才的工作不是从事理论研究，也不是从事开发设计，而是把现有的规范、图纸和方案实现为产品，转化为财富。在高等职业技术教育的教学过程中，应注重学生职业岗位能力的培养，有针对性地进行职业技能的训练，以及学生解决问题和自学能力的培养及训练。

本书以 Visual Basic 6.0 中文版为语言背景，以案例结构为主线，将 Visual Basic 常用的控件分散到各章介绍，每章均从具体的案例入手，让读者突破传统的思维和学习方法，深入浅出地介绍了 Visual Basic 程序设计的基础知识和编程方法；内容全面，实例丰富，简明易懂，突出实用性。

本书是经过多年课程教学、产学研的实践，以及教学改革的探索，再根据高等职业技术教育的教学特点编写而成的，它的特点是以理论够用、实用、强化应用为原则，使 VB 应用技术的教与学得以快速和轻松地进行。

本书每章开始都附有学习目标、学习重点与难点，然后以案例入手，分别从"案例说明"、"案例目的"、"技术要点"、"应用扩展"及"相关知识及注意事项"，把知识分散于案例中，在案例中学习知识。每章末附有本章实训和课后作业，供学生及时消化对应章节的内容所用。在实训部分，给出了实训目的、实训步骤及内容，以及部分代码，使读者在启发式的向导中完成实训。

全书共 10 章：第 1 章认识 Visual Basic；第 2 章程序设计基础；第 3 章赋值与输入和输出；第 4 章选择结构设计；第 5 章循环结构设计；第 6 章数组；第 7 章过程；第 8 章数据文件；第 9 章其他常用控件；第 10 章访问数据库。

本课程建议教学时数为 64～80 学时，授课时数和实训时数最好各为 32～40 学时。

本书由周奇、李震阳主编，夏洁云、梁宇滔任副主编，中山大学软件学院的部分老师、07 级软件工程硕士研究生班的部分同学对本书的编写给予了大力支持和帮助，新安学院计算机专业的全部同学参与了教材的试用，发现了不少问题，在此对他们的辛勤劳动表示感谢！

本书涉及的所有数据、程序、开发案例及开发手册等相关资料均可从北京交通大学出版社网站下载，网址为 http://press.bjtu.edu.cn。

由于编者水平有限，时间仓促，不妥之处在所难免，衷心希望广大读者批评指正。

编　者
2009 年 5 月

目　　录

第 1 章　认识 Visual Basic

学习目标：Visual Basic 是一种面向对象的可视化程序设计语言，是目前在 Windows 操作平台上广泛使用的 Windows 应用程序开发工具。在深入学习 Visual Basic 编程之前，首先要对 Visual Basic 的集成开发环境有一定的了解，掌握 Visual Basic 软件操作的一般方法。本章介绍了 Visual Basic 的集成开发环境、可视化编程的常用术语、Visual Basic 开发应用程序的一般步骤、简单常用的程序调试方法。通过本章的学习，读者应该掌握以下内容。

- 对程序设计语言的理解；
- Visual Basic 语言的特点和 Visual Basic 程序的运行机制；
- Visual Basic 开发环境的安装配置；
- 可视化编程的常用术语；
- Visual Basic 开发应用程序的一般步骤；
- 简单常用的程序调试方法。

学习重点与难点：Visual Basic 开发环境的熟悉与应用，掌握 Visual Basic（VB）程序设计的一般步骤。

1.1　Visual Basic 应用程序设计初步案例

1.1.1　案例实现过程

【案例说明】

设计一个程序，实现在运行中当用鼠标单击窗体时，窗体上显示出"欢迎您使用 VB 程序设计语言，并祝您学有所成，学以致用！"字样。运行界面如图 1.1 所示。

图 1.1　单击窗体时的显示信息

【案例目的】

1. 学习并掌握面向对象程序设计的一般过程。
2. 学习并掌握 Visual Basic 程序设计开发环境。
3. 掌握 Visual Basic 程序设计的详细设计步骤。
4. 理解 Visual Basic 设计程序的运行机制。

【技术要点】

该应用程序设计步骤如下。

1. 创建窗体

启动 Visual Basic 后，选择"标准 EXE"选项，进入 Visual Basic 集成开发环境。此时系统已经自动创建了一个窗体 Form1，如图 1.2 所示。

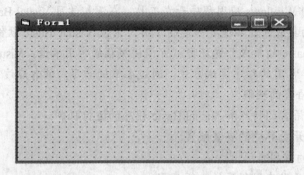

图 1.2　系统默认窗体 Form1

对于本例，用户界面无特殊要求，只是在系统默认提供的窗体上输出若干文字，因此不必专门设计用户界面。

2. 编写程序代码，建立事件过程

编写程序代码需要在"代码窗口"中进行。

在 VB 主窗口中选择"视图"菜单中的"代码窗口"命令，或双击 Form1 窗体，系统弹出与该窗体相对应的代码窗口，如图 1.3 所示。

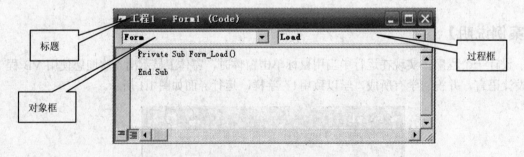

图 1.3　代码窗口

这个代码窗口有一个标题"工程 1-Form1（Code）"，表示当前工程名默认为"工程1"，这与 Word 中默认第一个文档为"文档 1"一样。Form1 表示窗体名，圆括号内的 Code 表示代码窗口。

第二行左侧是一个对象框，其下拉列表框中列出了与当前窗体相联系的对象；第二行右侧是一个过程框，其下拉列表框列出了与当前选中的对象相关的所有事件。

在对象框中选择对象 Form，在过程框中选择事件 Click（即单击）。当选择了对象和事件后，在代码窗口的编辑区中立即自动出现 Form_Click 事件过程的模板，如图 1.4 所示。

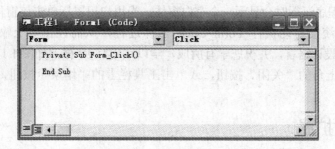

图1.4　Form_Click 事件过程框架

说明：

① 关键字 Private（中文含义是"私有的"）表示该过程只能在本窗体中使用，应用程序中的其他窗体或模块不能调用它。

② 关键字 Sub 和 End Sub 用于定义一个过程。

③ Form_Click 表示事件过程名，它由两部分组成：对象名和事件名。

在已有的两行代码之间插入一行代码，即

> Print　"欢迎您使用 VB 程序设计语言，并祝您学有所成，学以致用！"

代码窗口显示如图 1.5 所示。

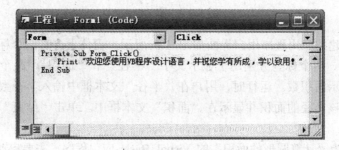

图 1.5　程序代码

3．保存工程

本例中只涉及一个窗体 Form1，因此，只需保存一个窗体文件和一个工程文件。保存文件的步骤如下。

（1）选择"文件"菜单中的"Form1 另存为"命令，系统弹出"文件另存为"对话框，选择好保存位置（如"我的文档"文件夹）后输入文件名（如 Vb0101.frm），然后单击"保存"按钮，即可保存窗体文件。

（2）选择"文件"菜单中的"工程另存为"命令，系统弹出"工程另存为"对话框，选择好保存位置（如"我的文档"文件夹）后输入文件名（如 Vb0101.vbp），然后单击"保存"按钮。

4．运行程序

单击工具栏上的"启动"按钮，或选择"运行"菜单中的"启动"命令，即可用解释方式运行程序。程序运行时会显示一个空白窗体，当用户用鼠标单击该窗体时，就会发生单击窗体事件，系统会自动执行 Form_Click 事件过程，从而在窗体上输出"欢迎您使用 Visual Basic 程序设计语言，并祝您学有所成，学以致用！"字样，如图 1.1 所示。

单击窗体右上角的"关闭"按钮，或单击工具栏上的"结束"按钮，即可结束程序的运行。

1.1.2　应用扩展

在掌握第一个案例基础之上，设计一个应用程序，由用户输入圆的半径，计算并输出圆的面积。程序编译运行界面如图 1.6 所示。

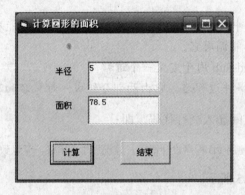

图 1.6　求圆的面积

分析：要创建的应用程序用户界面如图 1.6 所示。窗体上含有两个标签、两个文本框和两个命令按钮。两个标签分别用于显示文字"半径"和"面积"，两个文本框分别用于输入半径数和显示面积数。运行时，用户在"半径"文本框中输入半径数，单击"计算"命令按钮，计算该半径的面积并显示在"面积"文本框中。单击"结束"按钮，则结束程序的运行。

创建一个名为"计算圆形的面积"的 Visual Basic 应用程序，需要启动 Visual Basic 开发环境。具体步骤如下。

1．创建窗体

启动 Visual Basic 或选择"文件"菜单中的"新建工程"命令，从"新建工程"对话框中选择"标准 EXE"，系统会默认提供一个窗体（Form1）。用户可在此窗体上添加控件，以构建用户界面。

2．在窗体上添加控件

设置控件的方法：在 Visual Basic 工具箱，选择（单击）要添加的控件的按钮，此时鼠标指针变成"+"字型。将"+"字型指针移到窗体的适当位置，然后按下左键并拖动鼠标，可按所需大小画出一个控件。按照上述方法，可在窗体上添加以下控件。

（1）通过工具"Label"（图标"A"）画出两个标签框（简称标签）。

● 标签 Label1：用于显示文字"半径"。

● 标签 Label2：用于显示文字"面积"。

（2）通过工具"TextBox"（图标"ab1"）画出两个文本框。

● 文本框 Text1：用于输入半径数。

● 文本框 Text2：用于显示面积数。

（3）通过工具"CommandButton"（图标▭）画出两个命令按钮。

● 命令按钮 Command1：用于计算半径数的平方，并把结果（面积数）显示在文本框 Text2 中。

● 命令按钮 Command2：用于结束应用程序的运行。

3．设置对象属性

设置窗体上控件对象的属性，可以在"属性窗口"中进行。通常，属性窗口（标题栏上显示有"属性"）处于主窗口的右侧中部，用户也可以选择"视图"菜单中的"属性窗口"命令来显示属性窗口。

设置对象属性的方法：用鼠标单击窗体上要设置属性的对象，使其处于选定状态。此时属性窗口中会自动显示该对象的属性列表框，列表框左半边显示所选对象的所有属性名，右半边显示属性值。找到需设置的属性，然后对该属性值进行设置或修改。按照上述方法，可以设置以下对象的属性：

（1）设置窗体 Form1 的 Caption（标题名）属性为"计算圆形的面积"。

（2）设置标签 Label1 的 Caption 属性为"半径"。

（3）设置标签 Label2 的 Caption 属性为"面积"。

（4）设置文本框 Text1 的 Text（文本内容）属性为空白。

（5）设置文本框 Text2 的 Text 属性为空白。

（6）设置按钮 Command1 的 Caption 属性为"计算"。

（7）设置按钮 Command2 的 Caption 属性为"结束"。

4．编写程序代码，建立事件过程

（1）双击当前窗体，或选择"视图"菜单中的"代码窗口"命令，系统弹出如图 1.7 所示的代码窗口。

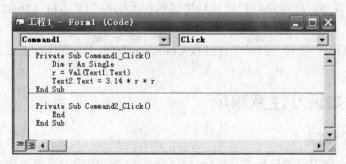

图 1.7　计算圆的面积程序代码

（2）按照 1.1.1 节案例中介绍的方法，输入命令按钮 Command1 的单击事件过程（Command1_Click）代码：

```
Private Sub Command1_Click()
```

```
        Dim r As Single
        r = Val(Text1.Text)
        Text2.Text = 3.14 * r * r
    End Sub
```

说明：

① Dim 语句的作用是定义（也称声明）一个数据类型为 Single（即单精度）的变量 r。

② Val（Text1.Text）的作用是将文本框 Text1 中的数字字符（用户输入的）转换为数值。

③ 语句 "Text2.Text=3.14*r*r" 的作用是计算右端的乘法即求圆的面积，然后显示在文本框 Text2 中。

（3）用相同的方法，可以输入命令按钮 Command2 的单击事件过程（Command2_Click）的代码：

```
    Private Sub Command2_Click()
        End
    End Sub
```

此时代码窗口显示情况如图 1.7 下半部分所示。

5．保存工程

与 1.1.1 节案例一样，本例中也只涉及一个窗体，因此此只需保存一个窗体文件和一个工程文件。用 1.1.1 节案例的保存工程的方法，可把本例用到的窗体及工程分别以 "计算圆形的面积.frm" 及 "计算圆形的面积.vbp" 保存起来，保存位置假设为 "D:\"。

6．运行程序

（1）单击工具栏上的 "启动" 按钮，即可采用解释方式来运行程序。

（2）用户在 "半径" 文本框 Text1 中输入一个代表边长的数如 5。

（3）单击 "计算" 按钮，系统会启动事件过程 Command1_Click，即读取 "半径" 文本框（Text1）中数 5，经运算，把计算结果显示在 "面积" 文本框（Text2）中，如图 1.6 所示。

（4）单击 "结束" 按钮，启动事件过程 Command2_Click，则执行 End 语句结束程序的运行。

1.1.3　相关知识及注意事项

1．程序设计语言

计算机语言也称程序设计语言（Program Language），即编写计算机程序所用的语言，计算机语言是人和计算机交流信息的工具，它是软件的重要组成部分。

我们知道，计算机只能执行预先由程序安排它去做的事情，因此人们利用计算机来解决问题，必须采用计算机语言来设计程序。设计程序的过程称为程序设计，计算机语言又称为程序设计语言。

程序设计语言大致分为三类：机器语言、汇编语言和高级语言。

目前，在社会上使用的计算机高级语言有上百种，如 BASIC，C，PASCAL，Java，Delphi 等，都是用接近人们习惯的自然语言和数学式子作为语言的表示形式，人们学习和操作起来感到十分方便。但是，对于计算机本身来说，它不能直接识别任何高级语言编写的程序，因此，必须要有一个"翻译"过程。把人们用高级语言编写的程序（称为源程序）翻译成机器语言程序（称为目标程序），可以采用两种方式，一是编译方式，二是解释方式，所采用的翻译程序分别称为编译程序和解释程序。当人们要在一台计算机上使用某种高级语言处理问题时，需要在该计算机中预先装入这种语言的编译程序或解释程序。

在解释方式下，解释程序对源程序一条语句一条语句地解释执行，不产生目标程序。程序执行时，解释程序随同源程序一起参加运行，如图 1.8 所示。解释方式执行速度慢，但适合于程序的调试，编程人员可以随时发现程序运行中的错误，并及时修改源程序。不少 BASIC 语言采用解释方式。

图 1.8　解释方式示意图

在编译方式下，编译程序对整个源程序进行编译处理后，产生一个"目标程序"。因为在目标程序中可能要调用一些函数、过程等，所以还要使用"连接程序"将目标程序和有关的函数库、过程库组装在一起，才能形成一个完整的"可执行程序"。产生的可执行程序可以脱离编译程序和源程序独立存在并反复使用。编译方式如图 1.9 所示。

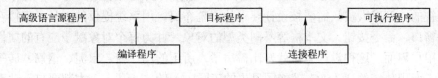

图 1.9　编译方式示意图

编译方式的优点是目标程序执行速度快，缺点是程序的调试比较麻烦。COBOL，PASCAL，FORTRAN，C 等均采用编译方式。

目前，不少的高级语言（如 Visual Basic）同时采用解释方式和编译方式，在程序调试阶段使用解释方式，调试通过后再编译生成可执行程序。

2. Visual Basic 的发展过程

Visual Basic（简称 VB），是美国微软（Microsoft）公司推出的基于 Windows 环境的软件开发工具，它是目前在 Windows 环境下设计应用程序最为快捷的工具之一，也是目前最通用、最易于使用、功能强大的编程语言之一。因此，它不但深受初学者喜爱，成为许多编程爱好者初学程序设计的首选语言之一，而且也广受编程专业人员的青睐，得到了许多软件开发商的大力支持。

Visual 可译为"可视的"，是指开发图形用户界面（GUI）的方法。BASIC（Beginners All-purpose Symbolic Instruction Code）即初学者通用符号指令代码，是一种简单易学而又创造了很多奇迹的计算机编程语言，谭浩强教授在 20 世纪 80 年代所著的《BASIC 语言》一书，曾经多次再版，现其发行量已经超过千万册，创科技类图书发行量世界纪录；微软公司也正是在开发了第一台商用个人计算机的 BASIC 编译程序后开始了其传奇之旅，为现在的微软帝国奠定了扎实的基础。Visual Basic 是在 BASIC 的基础上发展起来的，它继承了 BASIC 的许多优点，当然也融合了许多程序设计的新思想和新技术，对 BASIC 进行了充分的扩展和扩充。

目前较为流行的 Visual Basic 开发平台有 Visual Basic 6.0（VB 6.0）和 Visual Basic.NET（VB.NET），前者以组件对象模型（COM）为基础，后者则建立在.NET 框架之上，两者的核心技术完全不同。

本书以 Visual Basic 6.0 中文企业版作为项目开发的平台来介绍 Visual Basic 程序设计。Visual Basic 6.0 中文版包括三个版本：学习版、专业版和企业版。其中学习版又称标准版，是 Visual Basic 6.0 的基础版本，主要为初学者了解基本 Windows 应用程序开发而设计；专业版是对学习版的扩展，主要为专业人员创建客户-服务器应用程序而设计；企业版又是对专业版的进一步扩展，主要为创建更高级的分布式、高性能的客户-服务器或 Internet/Intranet 上的应用程序而设计。

3. Visual Basic 的特点

Visual Basic 具有以下几个主要特点。

1）面向对象的可视化编程

采用传统的程序设计语言编程时，都是通过编写程序代码来设计程序的界面（如界面元素的外观和位置），在设计过程中看不到程序界面的实际显示效果。在 Visual Basic 中，应用面向对象的程序设计方法（OOP），把程序和数据"封装"起来成为一个对象，每个对象都是可视的。开发人员只需要按设计要求的屏幕布局，用系统提供的工具，直接在屏幕上"画"出窗口、命令按钮、文本框等不同类型的对象，并为每个对象赋予应有的属性，即可设计图形用户界面。这种设计方法就好比盖房子，所用的门、窗、水泥、钢筋、砖等都是现成的材料；而用传统的 BASIC 就如同早先的工匠，一砖、一瓦、一木都要自己动手，从头做起。

2）事件驱动的编程机制

传统的程序设计语言程序由一个主程序和若干个过程及函数组成，程序运行时总是从主程序开始，由主程序调用各个过程和函数。程序设计者在编程时必须将整个程序的执行顺序十分精确地设计好。程序按指定的流程执行。因此传统的语言称为面向过程的语言。

Visual Basic 通过事件来执行对象的操作。一个对象可能会产生多个事件，每个事件都可以通过一段程序（称为"事件过程"）来响应。例如，命令按钮是一个对象，当用户单击该按钮时，将产生（或称"触发"）一个"单击"（Click）事件。在该事件发生时，系统将自动执行相应的事件过程，用以实现指定的操作和达到运算、处理的目的。

一个 Visual Basic 程序包含若干个过程，但它没有传统意义上的主程序。每个事件过程都由相应的"事件"触发而执行（称为"事件驱动"），而不是由事先设计好的程序流程所控制。各事件的发生顺序是任意的，使程序设计工作变得比较简单，人们只需针对一个事件编写一段过程即可。

3）结构化的设计语言

Visual Basic 是在结构化的 BASIC 语言基础上发展起来的，加上面向对象的设计方法，因此是更出色的结构化程序设计语言。

4）友好的 Visual Basic 集成开发环境

Visual Basic 提供了易学易用的应用程序集成开发环境。在该集成开发环境中，用户可以设计界面、编写代码和调试程序。

4．Visual Basic 的启动和退出

1）启动 Visual Basic

Visual Basic 是 Windows 下的一个应用程序，因此可按运行一般应用程序的方法运行它。启动 Visual Basic 的常用方法是：单击"开始"按钮，从开始菜单中选择"程序"选项，再选择"Microsoft Visual Basic 6.0 中文版"级联菜单中的"Microsoft Visual Basic 6.0 中文版"程序。

当然，也可将 Visual Basic 系统程序的快捷方式放在桌面上，直接在桌面上双击该快捷方式图标来启动它。

启动 Visual Basic 后，作为默认方式，系统会首先弹出"新建工程"对话框，如图 1.10 所示。

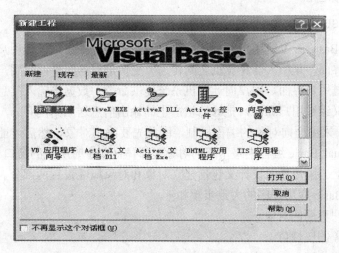

图 1.10　"新建工程"对话框

在对话框中，有三个选项卡。

● 新建：列出了可以创建的应用程序类型（默认类型为"标准 EXE"）。

● 现存：供选择和打开的现有工程。

说明　Visual Basic 应用程序是以工程的形式组织的。一般情况下，一个工程就是一个应用程序。

● 最新：列出最近使用过的工程。

直接单击对话框右下方的"打开"按钮，则可创建一个默认的"标准 EXE"类型的应用程序，进入 Visual Basic 集成开发环境，如图 1.11 所示。

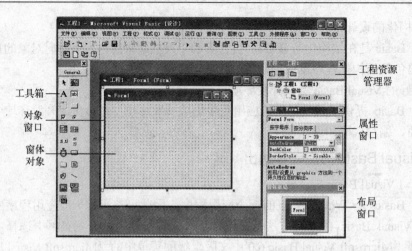

图 1.11　Visual Basic 集成开发环境

2）退出 Visual Basic

如果要退出 Visual Basic，可单击 Visual Basic 主窗口中的"关闭"按钮或选择"文件"菜单中的"退出"命令，Visual Basic 会自动判断用户是否修改了工程的内容，询问用户是否保存文件或直接退出。

5．设计 Visual Basic 应用程序的步骤

采用 Visual Basic 开发应用程序，一般可分为两大部分工作：设计用户界面和编写程序代码。所谓用户界面，是指人与计算机之间传递、交换信息的媒介，是用户使用的计算机综合操作环境。通过用户界面，用户向计算机系统提供命令、数据等输入信息，这些信息经过计算机处理后，又经过用户界面，把计算机产生的输出信息送回给用户。

Visual Basic 采用面向对象的编程机制，因此先要确定对象，然后才能针对这些对象进行代码编程。Visual Basic 编程中最常用的对象是窗体（即平时所说的窗口），各种控件对象必须建立在窗体上。用户界面设计又包括建立对象和对象属性设置两部分。

设计 Visual Basic 应用程序的大致步骤如下。

（1）建立用户界面的对象。

（2）设置对象的属性值。

（3）编写程序代码，建立事件过程。

（4）保存和运行应用程序。

为了使读者对 Visual Basic 程序设计有一个初步认识，请学习以下案例。

1.2　Visual Basic 的集成开发环境案例

1.2.1　案例实现过程

【案例说明】

三岁的小明不小心打碎了一个花瓶，他爸不知该不该打小明，请帮小明爸爸决策！单击"不打"按钮，显示信息："育人有方，小孩重在教育"，当鼠标单击"必打"按钮时，显示信息："打没用，举起鞭子他就跑了"，程序运行如图 1.12 所示。

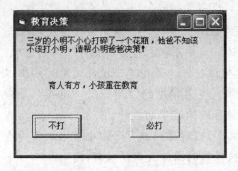

图 1.12　教育问答

【案例目的】

1. 学习并掌握 Visual Basic 中的集成开发环境所提供的各种工具、窗口和方法。

2. 学习并掌握 Visual Basic 程序的创建、打开、保存、添加、删除和生成可执行文件等基本操作的应用。

【技术要点】

1. 启动 Visual Basic 6.0 新建工程

（1）选择"开始"→"程序"→"Microsoft Visual Basic 6.0 中文版"（因安装不同，有时会显示 Microsoft Visual Studio 6.0）→"Microsoft Visual Basic 6.0 中文版"命令，即可启动 Visual Basic 6.0，运行界面如图 1.11 所示。

说明：

① 打开 Visual Basic 6.0 的常用方法还有：若桌面上已创建了 Visual Basic 6.0 的快捷方式，则直接双击它；打开 Visual Basic 6.0 的窗体文件或工程文件也可同时启动 Visual Basic 6.0。

② 当想不显示"新建工程"对话框而直接打开 Visual Basic 6.0 时，只要选中"新建工程"对话框中的"不再显示这个对话框"复选框，下次打开 Visual Basic 6.0 时将不再显示"新建工程"对话框。

（2）各个选项均选取其默认值（"新建"选择卡中的"标准 EXE"类型），单击"打开"按钮，弹出 Visual Basic 6.0 的集成环境界面（此时已新建好一个工程），如图 1.11 所示，图中已标明各个主要组成部分的名称。窗体、对象、工程资源管理器属性、窗口布局、窗口对象和窗口工具箱等。

2. 界面设计

（1）在左侧的工具箱中，单击"命令按钮"控件工具，此时该工具处于凹下状态。

（2）在窗体的指定位置，画出（拖动鼠标拉出）一个命令按钮。

（3）用同样的方法，画出第二个命令按钮和两个标签控件，并调整好各控件的位置。
工具箱中各控件工具的名称如图 1.13 所示。

说明：

① 在单击工具箱中某个控件工具时，如果同时按下 Ctrl 键，可多次在窗体上画出该控件，单击工具箱中的"指针"工具可取消对当前控件工具的选取。

② 单击某个控件可选中该控件，若在单击控件的同时按住 Shift 键或 Ctrl 键，则可同时选中多个控件，通过"格式"菜单中的"间距"、"对齐"等命令可设置选定控件间的间距、对齐方式，按 Delete 键可删除选中的控件。

③ 程序界面设计好后，可选择"格式"→"锁定控件"命令来锁定控件及其布局，使精心设计的控件布局不会被偶然的操作失误所破坏。

④ 若 Visual Basic 6.0 的集成开发环境中没显示工具箱，则可选择"视图"→"工具箱"命令来显示工具箱，此方法还适用于 Visual Basic 6.0 中其他功能窗口的显示。

3. 设置属性

设置属性的常用方法是在属性窗口中直接设置，属性窗口如图 1.14 所示。

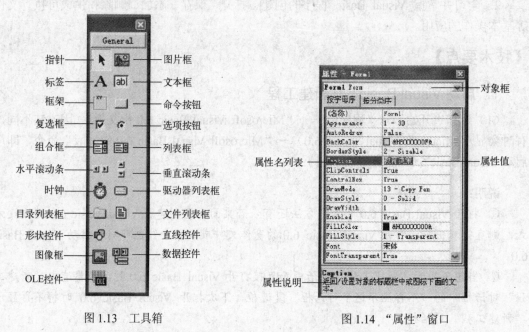

图 1.13　工具箱　　　　　　　　图 1.14　"属性"窗口

（1）在对象窗口中单击窗体对象，此时属性窗口的对象框中显示的是窗体对象的名称。

（2）在属性窗口的属性名列表中选中 Caption 属性，在其右边的属性值中输入"教育决策"四个字，注意双引号不用输入。

（3）按同样的方法，设置两个标签控件的 Caption 属性值，分别为"三岁的小明不小心打碎了一个花瓶，他爸不知该不该打小明，请帮小明爸爸决策"和空值。

（4）按同样的方法，设置两个命令按钮控件的 Caption 属性值，分别为"不打"、"必打"。

说明：

① 在属性设置前，一定要检查所选对象是否正确，否则所设置的属性及其属性值可能会出现张冠李戴的错误，避免这类错误的最简单的方法，是观察属性窗口名称框中是否显示了欲修改对象的名称。

② 对于陌生的属性，可以查看属性窗口下侧的属性说明部分，查阅对应的属性说明。

4．编写程序代码

（1）单击工程资源管理器（如图 1.15 所示）的"查看代码"按钮（最左边的按钮），可打开代码窗口，如图 1.16 所示。单击"查看对象"按钮（中间位置的按钮），可显示对象窗口。

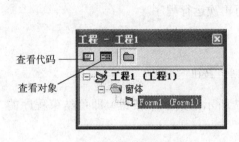

图 1.15　工程资源管理器

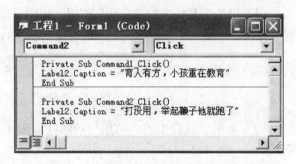

图 1.16　代码窗口

（2）在代码窗口的对象框中选择 Command1，在事件框中选择 Click，此时系统自动添加以下两行代码，并在中间写入代码如下：

```
Private Sub Command1_Click()
Label2.Caption = "育人有方，小孩重在教育"    'Caption 是标题属性
End Sub
```

（3）按同样的方法，为 Command2 的 Click 事件添加如下代码：

```
Private Sub Command2_Click()
Label2.Caption = "打没用，举起鞭子他就跑了"   'Caption 是标题属性
End Sub
```

说明：

① 在代码窗口中，当输入对象名后面的"."时，系统会快速提示该对象的有关属性和方法；当输入属性的前几个字母时，系统会快速查找，找出匹配的属性。若已出现所需属性，只需双击该属性，即可自动完成该属性的输入（选定该属性后按 Space 键也可实现此功能）；若输入时没有快速提示，则选择"工具"→"选项"命令，在弹出的"选项"对话框中单击"编辑器"标签，选中"自动列出成员"复选框。

② 双击窗体或某个控件也可打开代码窗口。

③ 在代码窗口（如图 1.16 所示）的左下角有两个按钮，单击左边的按钮显示单个的事件过程，单击右边的按钮显示本窗体所有的事件代码。

④ 通过代码修改属性的格式为：[对象.]属性名=属性值。

如：Label2.Caption = "育人有方,小孩重在教育"。

⑤ 有时，图 1.15 中的"查看代码"和"查看对象"按钮显示为灰色，即不可用，主要是因为在工程资源管理器中没有选定具体的对象，如选定一个窗体对象后，两个按钮又变为黑色。

⑥ 在输入代码的过程中，除了汉字外，其他字符一般要求在英文状态下（半角）输入，特别是程序代码中的关键字、界定符、标识符等一定要用英文符号，初学者经常在输入汉字后，忘记将输入状态转为英文状态，从而导致很多输入错误。

5. 调试、运行程序

（1）单击工具栏中的"启动"按钮（如图 1.17 所示的第一个按钮）可运行程序，若程序有错误，一般会有相应的提示，根据提示修改后可再次运行程序。

图 1.17 "启动"、"结束"按钮

（2）单击工具栏中的"结束"按钮（如图 1.17 所示的第 3 个按钮）即可结束程序的运行。

6. 保存工程和窗体

（1）选择"文件"→"保存 Form1.frm"命令，弹出"文件另存为"对话框，选定保存位置，确定窗体文件名后，单击"确定"按钮，即可保存窗体文件。

（2）选择"文件"→"保存工程"命令，弹出"工程另存为"对话框，选定保存位置，确定工程文件名后，单击"确定"按钮，即可保存工程文件。

（3）对于已保存的工程，如果要换名保存，则需要选择"文件"菜单下的"工程另存为"命令；对于已保存的窗体，如果要换名保存，则需要选择"文件"菜单下的"窗体名.frm 另存为"命令。

说明：

① 保存工程和窗体文件后，注意观察工程资源管理器中"工程 1"和 Form1 后括号内显示信息的变化，要分清窗体名和窗体文件名，括号外的为窗体名，通过窗体的名称属性来修改，括号内的为窗体文件名，通过选择"文件"菜单下的"保存"和"另存为"命令来修改。

② 为了防止意外，建议随时存盘，而且在程序调试完成后，一定还要再次保存。

③ 若没有保存窗体文件而直接保存工程，系统先弹出保存窗体的对话框，指定窗体文件的路径和文件名且确定后，立即弹出保存工程的对话框。

④ 新创建的工程或窗体文件初次保存时，选择"保存"和"另存为"命令的过程和效果都一样；如果工程文件或窗体文件已有文件名，则选择"保存"命令不会弹出"文件另存为"对话框，选择"另存为"命令仍会弹出"文件另存为"对话框让用户来选择文件保存的位置和文件名。

⑤ 在工程资源管理器中，选择某个窗体后右击鼠标，在弹出的快捷菜单中选择"删除

form1（form1 窗体名）"命令可将窗体从当前工程中删除，但要注意，该窗体文件仍然保存在硬盘中。

⑥ 在工程资源管理器中，右击鼠标选择"添加"→"添加窗体"命令，弹出"添加窗体"对话框，选定指定位置的文件名后单击"打开"按钮，可将已存在的窗体添加到当前工程。

7. 生成可执行文件

选择"文件"→"生成工程 1.exe"命令，弹出"生成工程"对话框，选定保存位置，确定路径和文件名后，单击"确定"按钮，即可生成可执行文件，可执行文件可直接在 Windows 环境下运行。

8. 关闭 Visual Basic 6.0

（1）选择"文件"→"移除工程"命令，可关闭当前工程。

（2）选择"文件"→"打开工程"命令，弹出"打开工程"对话框，选定指定路径和文件名，可打开已存在的窗体或工程文件，在"打开工程"对话框的"最新"选项卡中，列出了最近打开过的工程。

（3）选择"文件"→"退出"命令或单击标题栏中的"关闭"按钮，可关闭 Visual Basic 6.0。

说明：

① 移除工程时并没有关闭 Visual Basic 6.0，移除工程与关闭 Visual Basic 6.0 的操作效果完全不同。

② 建议初学者对一个题目单独创建一个工程，题目完成后先移除工程，再新建下一个题目的工程，若已同时打开了多个工程（此时称为工程组），则可选中要运行的工程，右击鼠标，在弹出的快捷菜单中选择"设置为启动"命令，下次运行时，即运行指定工程。

③ 若一个工程中有多个窗体，可选择"工程"→"工程 1 属性"命令，弹出"工程 1-工程属性"对话框（如图 1.18 所示），打开"通用"选项卡，在"启动对象"下拉列表框中选择要启动的窗体。

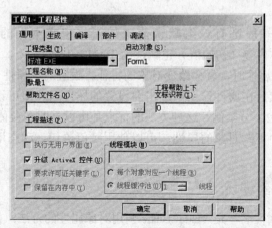

图 1.18 "工程 1-工程属性"对话框

　　从以上步骤可知，Visual Basic 6.0 程序设计的步骤主要有四步：界面设计、属性设置、代码编写和调试运行。

1.2.2　相关知识及注意事项

　　在前面的介绍中，大家已经接触到了对象和对象的属性、事件和事件过程这些 Visual Basic 程序设计中最基本也是最重要的概念。

1．对象

　　在现实生活中，任何一个实体都是对象，例如，一辆汽车、一本书、一台计算机、一只鼠标等都是对象。与此概念类似，在 Visual Basic 程序设计中，对象是 Visual Basic 系统中的基本运行实体，窗体、标签、文本框、命令按钮等也都是对象。

　　在 Visual Basic 中，对象是一组程序代码和数据的集合。如果将应用程序看做是由一系列程序模块组成的，那么，每一个对象都是一个程序模块。Visual Basic 中的对象分为两类，一类是由系统设计好的，称为预定义对象，可以直接使用或对其进行操作，如工具箱中的控件；另一类是由用户定义的对象。

　　对象具有属性、事件和方法三要素。建立一个对象后，其操作通过与该对象有关的属性、事件和方法来描述。

2．容器对象

　　以计算机为例，它本身是一个对象；而计算机又可以拆分为主板、CPU、内存条、显示器、鼠标等部件，这些部件又都分别是对象，因此计算机对象可以说是由多个"子"对象组成的，即它是一个容器（Container）对象。

　　在 Visual Basic 中，窗体是一种对象，同时它是其他对象（如标签、文本框、命令按钮等）的载体或容器。

3．属性

　　每个对象都有其特征，称之为对象的属性（Property）。不同的对象有不同的属性。例如，命令按钮具有名称、标题、大小、位置等属性；文本框具有名称、文本内容、最大字符数、字体等属性。

　　每一个对象属性一般都有一组默认值，如窗体中文本框的名称默认为 Text1，Text2，…，其中的文本内容（初始值）也默认为 Text1，Text2，…。

　　当修改一个对象的属性时，就会改变对象的特征。设置对象属性一般有两种方法：

　　（1）选定对象，然后在属性窗口中双击要设置的属性名，即可设置或修改相应的属性值，具体操作方法见 1.2.1 节案例。这种方法的优点是可以立即在窗体上看到效果。

　　（2）在程序运行中更改对象的属性。可以使用赋值语句，动态地修改对象的属性，其一般格式为

　　　　[对象名.] 属性名=属性值

　　其中，"[对象名.]属性名"是 Visual Basic 引用对象属性的方法。如果针对当前的窗体，可省略该窗体对象名。例如：

```
Label1.Caption="半径"              '设置命令按钮的标题
Text1.Maxlength=20                 '设置文本框的最大字符数为 20
Caption="计算圆形的面积"           '设置当前窗体的标题
```

4. 方法

方法（Method）是对象能够执行的动作。它是对象本身包含的函数或过程，用于完成某种特定的功能。例如，1.1.1 节案例中的 Print 是窗体的一种方法，用来向窗体输出信息。

方法只能在程序代码中使用，其调用格式为

　　　[对象名.]方法名[（参数）]

有的方法需要提供参数，而有的方法是不带参数的。例如：

```
Form1.Cls                          '清除窗体 Form1 上的内容
Print  "欢迎您使用 VB 程序设计语言，并祝您学有所成，学以致用！"
                                   '在当前窗体上显示
Form2.Show                         '显示窗体 Form2
```

5. 类

类（Class）是一组用来定义对象的相关过程和数据的集合。简单地说，类是创建对象的模型，对象则是按模型生产出来的成品。例如，在 Word 中，文档模板好比是类，这些模板创建的文档就好比是对象。

在 Visual Basic 中，工具箱中的每一个控件，如文本框、标签、命令按钮等，都代表一个类。当将这些控件添加到窗体上时就创建了相应的对象。由同一个类创建的对象（如 Command1，Command2 等）具有由类定义的公共属性、方法和事件，不同的类创建的对象（如 Command1，Text1 等）有不同的属性、方法和事件。

6. 事件

事件（Event）是由 Visual Basic 系统预先设置好的、能够被对象识别的动作。例如，单击（Click）事件、双击（DblClick）事件、装载（Load）事件、按键（KeyPress）事件等。

每一种对象能识别的事件是不同的，例如，窗体能识别单击和双击事件，而命令按钮能识别单击但不能识别双击事件。每一种对象所能识别的事件，在设计阶段可以从代码窗口中该对象的过程框的下拉列表框中看到，如图 1.19 右侧所示的是窗体对象所能识别的事件。

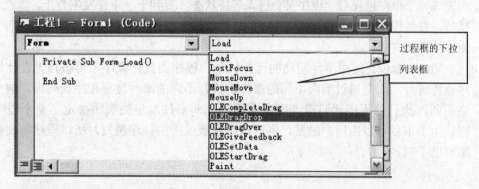

图 1.19　窗体对象能识别的事件

对象的事件可以由用户触发，如单击鼠标、按键盘上的某个键等；也可以由系统或应用程序触发，如装载窗体、卸载窗体、用程序代码修改某些对象的属性等。

7．事件过程

当对象响应事件后就会执行一段程序代码，这样的代码称为事件过程。一个对象可以识别一个或多个事件，因此可以使用一个或多个事件过程对相应的事件作出响应。

事件过程的一般格式如下：

```
Private Sub 对象名_事件名（ ）
```

处理事件的程序代码

```
End Sub
```

例如，可以编写命令按钮 Command1 的单击（Click）事件过程为：

```
Private Sub Command1_Click()
    Form1.Caption = "在窗体上画圆"
    Form1.Circle (3400, 2500), 1600   '以圆心(3400,2500)，半径为1600画圆
End Sub
```

上述事件过程 Command1_Click 完成这样的工作：首先将字符串"在窗体上画圆"赋值给窗体的标题（即在该标题上显示该字符串），然后在窗体上以（3400，2500）为圆心，以1600 为半径画圆。运行程序时，用鼠标单击命令按钮 Command1，就会触发 Click 事件，并由系统执行该事件过程。

说明　虽然对象可以拥有许多事件过程，但是程序设计者并不需要去为每个事件都编写事件过程，只需编写那些必须响应的事件过程。当对象发生了某一事件，而该事件所对应的事件过程中没有程序代码也就是没有为该事件编写事件过程程序代码时，系统对该事件"不予理会"，也就是不处理该事件。

8．事件驱动

Visual Basic 应用程序运行时，通常先装载和显示一个窗体，之后会等待下一个事件（一般由用户操作来引发）的发生。当某一事件发生时，程序就会执行此事件的事件过程。当完成一个事件过程后，程序又会进入等待状态，直到下一事件发生为止。如此周而复始地执行，直到程序结束。也就是说，事件过程要经过事件的触发才能被执行，这种工作模式称为事件驱动方式。

Visual Basic 采用事件驱动的运行机制，程序的执行顺序不再按预先设计好的固定程序流程进行，而是通过响应不同的事件，执行不同的事件过程程序代码段。响应的事件顺序不同，执行的程序代码段的顺序也不同，即事件发生的顺序决定了整个程序的执行流程。由于事件可以由用户触发，也可以由系统或应用程序触发，所以程序每次执行的流程都可以不同。

1.3　本章实训

一、实训目的

1．熟练掌握 Visual Basic 6.0 的启动和退出方法。

2．熟悉 Visual Basic 6.0 的集成开发环境。

3．掌握建立、编辑、编译、运行简单 Visual Basic 应用程序的全过程和工程管理的有关操作。

4．了解 Visual Basic 应用程序的常见错误类型，掌握常用的调试方法。

二、实训步骤及内容

（1）启动 Visual Basic 6.0。

（2）浏览 Visual Basic 6.0 集成开发环境中的菜单栏、工具栏、工程资源管理器、工具箱、对象窗口、属性窗口、代码窗口、窗体布局窗口等主要窗口。

（3）关闭工具箱、对象窗口、代码窗口、属性窗口、工程资源管理器窗口，然后再将其显示出来。

（4）最大化代码窗口，然后再还原。

（5）上机调试 1.1.1 节案例（工程和窗体均取名为"例 1.1"），并生成可执行文件，关闭 Visual Basic 6.0，在 Windows 环境下运行该程序。

（6）上机调试 1.2.1 节案例（工程和窗体均取名为"练习 1.1"），并生成可执行文件，移除工程，在 Windows 环境下运行该程序。

（7）打开工程"练习 1.1"，将工程和窗体均另存为"练习 1.2"并进行如下程序调试。

① 将"Form1.Caption = "育人有方,小孩重在教育""中的 Form1 改为 From2，运行程序观察有什么变化。

② 将"From1.Caption = "育人有方,小孩重在教育""改为"From1.Caption ="，观察会有什么变化。

（8）在窗体上建立三个命令按钮，如图 1.20 所示，单击后分别使窗体最大化、还原或最小化（提示：使用窗体的 WindowState 属性）。

图 1.20　运行结果

程序代码如下：

```
Private Sub Command1_Click()     '"最大化"按钮
    Form1.WindowState = 2        '最大化
End Sub
Private Sub Command2_Click()     '"还原"按钮
    Form1.WindowState = 0        '还原
End Sub
Private Sub Command3_Click()     '"最小化"按钮
    Form1.WindowState = _____   '最小化
End Sub
```

三、实训总结

根据操作具体情况，写出实训报告。

1.4　习题

一、单项选择题

1. Visual Basic 6.0 的编程机制是（　　　）。

　　A. 可视化　　　　B. 面向对象　　　　C. 事件驱动　　　　D. 图形界面

2. 以下不属于 Visual Basic 6.0 的工作状态的是（　　　）。

　　A. 中断　　　　　B. 设计　　　　　　C. 运行　　　　　　D. 调试

3. 事件的名称必须是（　　　）。

　　A. 窗体所能识别的　　　　　　　　　B. 能够被用户触发的

　　C. 对象所能识别的　　　　　　　　　D. 操作系统所能识别的

4. 在对象窗口中，双击窗体对象的任何地方可打开的窗口是（　　　）。

　　A. 对象窗口　　　B. 代码窗口　　　　C. 属性窗口　　　　D. 工具箱窗口

5. 以下说法错误的是（　　　）。

　　A. 按一次 Delete 键能删除一个或多个控件

　　B. 按住 Ctrl 键后，依次单击要选的各个控件，可同时选中多个控件

　　C. 按住 Shift 键后，依次单击要选的各个控件，可同时选中多个控件

　　D. 按一次 Back Space 键能删除一个或多个控件

6. 窗体文件的扩展名是（　　　）。

　　A. frm　　　　　B. .vbp　　　　　　C. .bas　　　　　　D. .cls

7. 创建一个只有一个窗体的简单应用程序，则该工程至少有（　　　）个文件需要用。

　　A. 1　　　　　　B. 2　　　　　　　　C. 3　　　　　　　　D. 0

8. 每建立一个窗体，工程管理器窗口中会增加一个（　　　）。

　　A. 工程文件　　　B. 窗体文件　　　　C. 类模块文件　　　D. 程序模块文件

9. 假设在窗体 Form1 上有一个名称为 Cmd1 的命令按钮，当单击该命令按钮时，在窗体上显示"Visual Basic 语言程序设计"。请完善下列事件过程。

```
Private Sub  (1)
    (2)
```

```
End Sub
```

二、填空题

1. 对象是将_____和_____封装起来的一个整体。

2. 与传统的程序设计语言相比，Visual Basic 最突出的特点是采用_____编程机制。

3. 对象的三个基本要素是_____、_____、_____。

4. Visual Basic 应用程序的错误可分为三类：_____、_____、_____。

5. Visual Basic 应用程序的设计步骤主要有_____、_____、_____、_____，共四步。

6. Visual 的含义是_____，它是开发_____的方法。

7. 为了使用 Visual Basic 的联机帮助，必须先安装_____。

8. Visual Basic 6.0 中文版共_____个版本，其中_____版功能最弱，_____版功能最强。

三、简述题

1. 当建立了有一个窗体模块的简单应用程序后，问该工程涉及多少个文件要保存？

2. 如果在设计时要看到代码窗口，怎样操作？

3. 叙述建立一个完整应用程序的过程。

4. 新建一个工程，在属性窗口中对窗体设置如下属性：

Width（宽） 6000

Height（高） 2000

Caption（标题） Visual Basic 应用程序

BackColor（背景颜色） 蓝色

Left（左边位置） 1800

Top（顶边位置） 300

在设置过程中，观察窗体外观有什么变化？

5. 在窗体上建立一个标签，当单击窗体时，在标签上显示"你单击了窗体"；当双击窗体时，在标签上显示"你双击了窗体"。

第 2 章 程序设计基础

学习目标：建立应用程序的用户界面之后，需要编写程序代码。程序中的大部分实际工作是用程序代码来处理的。本章将介绍构成 Visual Basic 应用程序的基本元素，包括数据类型、常量、变量、表达式和函数等。通过本章的学习，读者应该掌握以下内容。

- Visual Basic 中的基本数据类型的运用。
- 常量和变量的概念和基本运用。
- 熟练运用各种表达式。
- 熟练运用内部函数。
- 程序代码编写规则。

学习重点与难点：Visual Basic 程序设计中数据类型的学习和运用，掌握 Visual Basic 程序设计的内部函数和表达式的运用和操作。

2.1 数据类型、常量和变量案例

2.1.1 案例实现过程

【案例说明】

1. 在应用程序的代码窗口中分别输入以下四段代码，当程序运行时在窗体上单击，分别会发生什么情况，为什么？

```
Private Sub Form_Click()
  I = 10
  Print I
End Sub


Private Sub Form_Click()
  Dim I%
  I = 10
  Print I
End Sub


Option Explicit
Private Sub Form_Click()
  I = 10
  Print I
End Sub
```

```
Option Explicit
Private Sub Form_Click()
  Dim I%
  I = 10
  Print I
End Sub
```

2．在应用程序的代码窗口中分别输入以下三段代码，当程序运行时在窗体上反复单击，分别会发生什么情况，为什么？

```
Private Sub Form_Click()
  Dim n As Integer
  n = n + 1
  Print n
End Sub

Private Sub Form_Click()
  Static n As Integer
  n = n + 1
  Print n
End Sub

Dim n As Integer
Private Sub Form_Click()
  n = n + 1
  Print n
End Sub
```

【案例目的】

1．理解并能运用数据类型。
2．学习并掌握变量的声明方法和应用。
3．理解显式声明和隐式声明的区别。
4．学习并掌握动态变量和静态变量的运用。

【技术要点】

该应用程序设计步骤如下。

1．运用案例说明中的第一部分

（1）启动 Visual Basic 后，进入代码窗口（可以直接双击窗口），在过程框中选择 click 事件。

（2）分别运行案例说明中的第一部分的四段代码，其结果分别如下：

```
Private Sub Form_Click()
  I = 10
```

```
    Print I
End Sub
```

当其程序运行后，单击窗体，输入结果为 10，此时变量 I 没有进行定义，变量属性即隐式声明，赋值为数值型 10，最后再执行 print I，结果在窗体中输出 10。

```
Private Sub Form_Click()
  Dim I%
I = 10
  Print I
End Sub
```

当其程序运行后，单击窗体，输入结果为 10，此时变量定义为整型（也可以用 Dim I As Integer 进行定义声明），赋值 I 为 10，然后执行 Print I，结果输出也是 10。

说明　由上面两段代码运行结果可知，最后结果都一样，但我们知道，为了使程序具有较好的可读性，并利于程序的调试，应尽量避免使用未声明的变量，所以第二段程序代码更可取。

```
Option Explicit
Private Sub Form_Click()
  I = 10
  Print I
End Sub
```

当运行以上代码后，单击窗体，输出结果如图 2.1 所示。

图 2.1　未定义变量效果

从上面代码可以看出，变量 I 没有进行定义，所以程序运行结果提示为变量未定义。

说明　Option Explicit 语句用于在文件级强制对该文件中的所有变量进行显式声明。

```
Option Explicit { On | Off }
```

其中，

On 可选项。启用 Option Explicit 检查。如果在 Option Explicit 语句后没有指定 On 或 Off，则默认为 On。

Off 可选项。禁用 Option Explicit 检查。

如果使用，则 Option Explicit 语句必须出现在文件中其他所有源语句之前。当 Option

Explicit 出现在文件中时，必须使用 Dim、Private、Public 或 ReDim 语句显式声明所有变量。试图使用未声明的变量名将发生编译时错误。

```
Option Explicit
Private Sub Form_Click()
  Dim I%
  I = 10
  Print I
End Sub
```

当运行以上代码后，单击窗体，结果输出为 10，这一次没出错的原因，正是我们对变量进行了声明。

2．运用案例说明中的第二部分

（1）启动 Visual Basic 后，进入代码窗口（可以直接双击窗口），在过程框中选择 Click 事件。

（2）分别运行案例说明中的第二部分的三段代码，其结果分别如下：

```
Private Sub Form_Click()
  Dim n As Integer
  n = n + 1
  Print n
End Sub
```

当其运行以上代码后，单击窗体一次，结果输出为 1，再单击窗体一次，结果输出为 1，再单击 n 次，结果都输出为 1。

说明 在 Visual Basic 程序设计中，变量没有赋初值，默认为 0，此时 $n = n + 1$，n=0+1=1，当其再次执行时，由于 n 为动态变量，所有的动态变量将重新初始化。结果又为 n=0+1=1，以此类推，执行 n 次结果都为 1。

```
Private Sub Form_Click()
  Static n As Integer
  n = n + 1
  Print n
End Sub
```

当运行以上代码后，单击窗体一次，结果输出为 1，再单击窗体一次，结果输出为 2，再单击第 n 次时，结果都输出为 n+1。

说明 在 Visual Basic 程序设计中，变量没有赋初值，默认为 0，此时 n＝n＋1，第一次为 n=0+1=1，当其再次执行时，由于 n（Static）为静态变量，且经过处理退出该过程时，其值仍被保留，即变量所占的内存单元不被释放。当以后再次进入该过程时，原来的变量值可以继续使用。当其执行第二次时为 n=1+1=2，以此类推，执行 n 次结果都为 n+1。

```
Dim n As Integer
Private Sub Form_Click()
```

```
        n = n + 1
        Print n
    End Sub
```

当运行以上代码后，单击窗体一次，结果输出为 1，再单击窗体一次，结果输出为 2，再单击第 n 次时，结果都输出为 n+1。

说明　在函数、过程内部定义的为局部变量；在外部定义的是全局变量，局部变量在函数、过程执行完毕后便被释放。而在外部定义的全局变量在函数、过程执行完毕后不会释放，即变量所占的内存单元不被释放，Dim n As Integer 在此代码中为全局变量，所以执行的效果和过程如前一段代码。

2.1.2　相关知识及注意事项

1．数据类型

计算机在处理数据时，会碰到各种不同类型的数据。如人的姓名、联系地址是由一串字符组成的数据，年龄、成绩却对应一些数值数据，而是否大学毕业、是否结婚却只有两个值，是（真）和否（假）。不同类型的数据占用的存储空间不同，存储方式和处理方法也不相同，只有相同（或相容）类型的数据间才能进行操作，否则可能会出错。

数据是程序的必要组成部分，也是程序处理的对象。为了更好地处理各种各样的数据，Visual Basic 定义了多种数据类型（见表 2.1）。Visual Basic 提供的数据类型主要有数值型、字符型、布尔型、日期型、变体型和对象型。数值型数据分为整数、浮点数、字节型数和货币型数。其中整数又分为整型数和长整型数，浮点数（也称实型数或实数）分为单精度型数和双精度型数。

表 2.1　Visual Basic 的基本数据类型

数　据	关　键　字	占用字节数	类　型　符	范　围
整型	Integer	2	%	$-32768 \sim 32767$
长整型	Long	4	&	$-2147483648 \sim 2147483647$
单精度型	Single	4	!	$\pm 1.4E\text{-}45 \sim \pm 3.40E38$
双精度型	Double	8	#	$\pm 4.94D\text{-}324 \sim \pm 1.79D308$
货币型	Currency	8	@	
字节型	Byte	1		$0 \sim 255$
字符型	String	字符串长	$	
布尔型	Boolean	2		True 或 False
日期型	Date	8		1/1/100 ~ 12/31/9999
对象型	Object	4		任何对象引用
变体型	Variant	按需分配		

1）整型（Integer）和长整型（Long）

整型数和长整型数都是不带小数部分的数，它们可以表示正整数、负整数和零。整型数和长整型数的区别在于占用的字节数不同，可表示的数值范围也不同。

2）字节型（Byte）

字节型数可以表示无符号的整数，范围为 0～255，主要用于存储二进制数。

3）单精度型（Single）和双精度型（Double）

单精度型数和双精度型数都可以表示带有小数部分的数，表示的数的范围大，但运算时可能产生一个很小的误差。

单精度数最多可以表示 7 位有效数字，小数点可位于这些数字的任何位置。单精度数可用指数形式（科学记数法）来表示，即写成以 10 为底的指数形式，例如，6.53E8（6.53 $\times 10^8$）、9.273E-14（9.273$\times 10^{-14}$）等。

双精度数最多可以表示 15 位有效数字，小数点可位于这些数字的任何位置。双精度数也可用指数形式（科学记数法）来表示，例如，7.14D23（7.14$\times 10^{23}$），–3.736014D-13（–3.736014$\times 10^{-13}$）等。

说明　E 和 D 可以作为数的指数符号，它只能出现在数的中间，否则是无效的，如 E，E–5，9DX 等都是错误的。

4）货币型（Currency）

货币型数是一种专门为处理货币而设计的数据类型。它用于表示定点数，其小数点左边有 15 位数字，右边有 4 位数字。

5）字符型（String）

字符型数据（或称字符串）是指用双撇号括起来的一串字符。例如，"Conton"，"1 + 2 = ? "，"Good ⎵ Moring "（⎵ 表示空格），"程序设计方法"等都是字符串数据。其中，""" 称为起、止界限符。

字符串中包含的字符个数称为字符串长度。不含任何字符（即长度为 0）的字符串称为空字符串。在 Visual Basic 中，通常把一个汉字作为一个字符来处理。

字符串分为变长字符串和定长字符串。变长字符串的长度不固定，随着对字符串变量赋予新的字符串，它的长度可增可减。按照默认规定，一个字符串如果没有定义为固定长度，都属于变长字符串。变长字符串最多可包含 2GB 个字符。

定长字符串的长度保持不变，例如，声明一个长度为 8 的字符串变量，如果赋予字符串的字符少于 8 个，则用空格填满不足部分；如果赋予字符串的长度超过 8 个，则截去超出部分的字符。定长字符串最多可包含 65535 个字符。

6）布尔型（Boolean）

布尔型又称逻辑型，其数据只有 True（真）和 False（假）两个逻辑值。常用于表示逻辑判断的结果。

当把数值型数据转换为逻辑值时，0 会转换为 False，其他非 0 值转换为 True。把逻辑值转换为数值时，False 转换为 0，True 转换为–1。

7）日期型（Date）

日期型数据用来表示日期和时间。它采用两个 "#" 符号把日期和时间的值括起来，就像字符型数据用双撇号括起来一样，例如，#08/20/2008#，#2008-08-20#，#08/20/2008 ⎵ 12:55:10 ⎵ AM#。

8）对象型（Object）

对象型数据可用来表示应用程序中的对象。使用时先用 Set 语句给对象赋值，其后才能引用对象。

9）变体型（Variant）

变体型数据是一种可变的数据类型，可以存放任何类型的数据。当指定变量为 Variant 变量时，不必在数据类型之间转换，Visual Basic 会自动完成必要的转换。在程序中不特别说明时，Visual Basic 会自动将该变量默认为 Variant 型变量。例如：

```
a="99"                 '赋值一个字符串
a=a+10                 '转换为数值型运算
a=#10/19/2008#         '赋值一个日期
```

上述 a 的类型随赋值类型不同而不同，其转换处理是由 Visual Basic 自动完成的。

关于数据类型，做以下两点说明。

● 不同类型的数据，所占的存储空间不一样，因此选择使用合适的数据类型，可以节省空间和提高运行速度。例如，如果要表示学生成绩（0～100 的整数），可以采用整型数（Integer），这样比起采用单精度数或双精度数占用内存少，而且运算速度会快些。

● 数据的类型可在数据之后加上一个类型符来标识，例如，234&，651.56@，98!，809.67#等。

2. 常量与变量

1）常量

常量（也称常数）是在程序运行期间其值始终保持不变的量。Visual Basic 中有两种形式的常量：一般常量和符号常量。

（1）一般常量。

一般常量是在程序代码中直接给出的数据。例如：

数值常量：755，–458，–95.62，14E–7

字符串常量："how are you"，"17.57"，"02/01/2008"

逻辑值常量：True，False

日期常量：#09/11/2008#，#Jan 1，2008#

在 Visual Basic 中还允许使用八进制数和十六进制数；以&O 开头的数为八进制数，以&H 开头的数为十六进制数，例如，&O12，&H4E，&H3F2D。

Visual Basic 在判断常量类型时有时存在多义性，例如，数值 10.4 可能是单精度类型，也可能是双精度类型或货币类型。在默认情况下，Visual Basic 将选择需要内存容量最小的数据类型，故数值 10.4 将被作为单精度数处理。为了指明常量的类型，可以在常量后面加上类型符，如 10.4#，99.13@等。

（2）符号常量。

符号常量是在程序中用符号表示的常量。符号常量分为两大类，一类是系统内部定义的符号常量，这类常量用户随时可以使用，例如，系统定义的颜色常量 vbBlack（代表黑色），vbRed（代表红色）等。

另一类符号常量是用户用 Const 语句定义的，这类常量必须先声明后才能使用。

Const 语句的语法格式如下：

　　[Public|Private]Const　常量名　[As 数据类型]=表达式

功能：将表达式表示的数据值赋给指定的符号常量。

其中：

Public 为可选项，它说明所定义的符号常量可在整个应用程序中使用。

Private 为可选项，它说明所定义的符号常量只能在该过程范围内使用。若省略 Public 和 Private，则默认为 Private。

常量名的命名规则与变量名相同。为了便于辨认，习惯上，符号常量名采用大写字母表示。

以下是两个示例：

```
Const  PI=3.14159              '定义常量 PI，单精度数
Const MAX As Integer=876       '定义常量 MAX，整型数
```

注意　不能像修改变量的值那样修改符号常量，也不能对符号常量赋予新值。

2）变量

在 Visual Basic 中，可以用名字表示内存单元，这样就能访问内存中的数据。一个有名称的内存单元称为变量。在 Visual Basic 中运行应用程序时，要用变量来临时存储数据，变量的值可以发生变化。每个变量都有名字和数据类型，通过名字来引用一个变量，数据类型则决定了该变量的存储方式。

（1）变量的命名规则。

Visual Basic 变量的命名规则如下。

● 变量名必须以字母开头。

● 只能由字母、数字和下画线组成，不能含有小数点、空格等字符。

● 字符个数不得超过 255 个。

● 不能使用 Visual Basic 的关键字（也称保留字，如语句名、函数名等）作为变量名，因为关键字是 Visual Basic 使用的词，具有特定的意义。例如，Print，Sub，End 等都是 Visual Basic 的关键字，不能作为变量名，但 Print_1，Sub1 等可以作为变量名。

● Visual Basic 不区分变量名中字母的大小写，如 Hello，HELLO，hello 指的都是同一个名字。为变量命名时，最好使用有实际意义、容易记忆的变量名，例如，用 Average（或 Aver，或 A）代表平均数，用 Sum（或 S）代表总和。

（2）变量的声明。

变量的声明是指向程序说明要使用的变量，以便系统为其分配存储单元。

● 声明变量

用 Dim 等语句可以声明变量，其语法格式如下：

　　{Dim|Private|Static|Public}变量名[As 数据类型][,变量名[As 数据类型]…]

在用 Dim 语句声明一个变量后，Visual Basic 系统会自动为该变量赋初值。若变量是数

值类型，则初值为 0；若变量为变长字符类型，则初值为空字符串。未定义数据类型的变量，默认为 Variant。

根据数据类型不同，变量所占用的存储空间也有所不同。例如：

```
Dim  x  As  Integer      '把 x 定义为整型变量
Dim  b  As  Double       '把 b 定义为双精度变量
Dim  c  As  String*4     '把 c 定义为定长(长度 4)字符串变量
Dim  d  As  String       '把 d 定义为变长字符串变量
Dim  e                   '默认为变体型变量
```

Public，Private 或 Static 的使用方法与 Dim 语句相似，但作用有些差异。

在使用变量之前，采用 Dim，Public，Private 或 Static 语句来预先声明变量，称为显式声明变量。

● 隐式声明

Visual Basic 中允许不加声明就直接使用变量，此时默认的变量类型为变体类型（Variant）。Visual Basic 也允许使用类型符来声明变量的类型，例如，Num%是一个整型变量，Sum!则是一个单精度变量。这种没有预先声明就直接使用变量的方法称为隐式声明。

为了使程序具有较好的可读性,并利于程序的调试，应尽量避免使用未声明的变量。

（3）变量的生存周期。

变量是有生存周期的，也就是变量能够保持其值的时间。根据变量的生存周期，可以将变量分为动态变量和静态变量。

● 动态变量

动态变量是指程序运行进入变量所在的过程时，才分配给该变量内存单元。当退出该过程时，该变量占用的内存单元自动释放，其值消失。当再次进入该过程时，所有的动态变量将重新初始化。

使用 Dim 关键字在过程中声明的局部变量属于动态变量。在过程执行结束后，变量的值不被保留；每次重新执行过程时，变量重新声明。

● 静态变量

静态变量是指程序进入该变量所在的过程，且经过处理退出该过程时，其值仍被保留，即变量所占的内存单元不被释放。当以后再次进入该过程时，原来的变量值可以继续使用。使用 Static 关键字在过程中声明的局部变量属于静态变量。语句格式如下：

```
Static 变量 [As 数据类型]
```

3. 表达式

Visual Basic 中有 5 类表达式：算术表达式、字符串表达式、日期表达式、关系表达式和逻辑表达式。本节介绍前三类，后两类表达式将在后面章节介绍。

1）算术表达式

算术表达式也称数值表达式,它是用算术运算符把数值型常量、变量、函数连接起来的式子。表达式的运算结果是一个数值。

Visual Basic 有 8 种算术运算符，如表 2.2 所示。

表 2.2　算术运算符

运　算　符	名　　称	优　先　级	例　子
^	乘方	1	a ^ b
–	取负	2	–a
*,/	乘，除	3	A*b, a/b
\	整除	4	a\b
Mod	求余的模运算	5	a Mod b
+, –	加、减	6	a+b, a–b

同一表达式中若有两个同优先级的运算符，则运算顺序从左到右。

- /和 \ 的区别：1/2=0.5,1 \ 2=0，整除号 \ 用于整数除法。在进行整除时，如果参加运算的数含有小数，则将它们四舍五入，使其成为整型数或长整型数，然后再进行运算，其结果截尾成整型数或长整型数。
- 模运算符 Mod 用来求整型数除法的余数。例如：

```
9 Mod 7          '结果为 2
16 Mod 25        '结果为 16
25.56 Mod 6.91   '结果为 5
```

- 在表达式中乘号不能省略，如 a*b 不能写成 ab（或 a·b），(a+b)*(c+d)不能写成 (a+b)(c+d)。
- 括号不分大、中、小，一律采用圆括号。圆括号可以嵌套使用，即在圆括号的里面再套圆括号，但层次一定要分明，左圆括号和右圆括号要配对。例如，可以把 x[x (x + 1) + 1]写成 x*(x* (x+1)+1)。

以下是一些算术表达式的例子。

平常写法	Visual Basic 算术表达式
$10X^5+\dfrac{X}{20}+\sqrt[3]{X}$	10*X ^5+X/20+X ^(1/3)
$(-3)^5+\dfrac{4}{ab}$	(–3) ^ 5+4/(a*b)
$8\sin x^3-\sin^2 x$	8*sin(x ^3) – sin(x) ^ 2

2）字符串表达式

字符串表达式是采用连接符将两个字符串常量、字符串变量、字符串函数连接起来的式子。运算结果是一个字符串。

连接符有两个：& 和 +，它们的作用都是将两个字符串连接起来。例如：

"Visual Basic 程序"&"开发系统"　　结果是："Visual Basic 程序开发系统"

"692"+"8"　结果是："6928"

因为"+"容易与算术加法运算符发生混淆，建议最好使用"&"。此外，"&"还会自动将非字符串类型的数据转换成字符串后再进行连接。

3）日期表达式

日期表达式是用运算符（+或−）将算术表达式、日期型常量、日期型变量和函数连接起来的式子，有以下 3 种运算方式。

● 两个日期型数据相减，其结果是一个数值型数据（相差的天数）。例如：

#8/8/2008# - #6/3/2008#　　结果为：66

● 日期型数据加上天数，其结果为一个日期型数据。例如：

#12/1/2008# + 31　　　　　结果为：#01/01/2009#

● 日期型数据减去天数，其结果为一个日期型数据。例如：

#12/1/2008# - 32　　　　　结果为：#10/30/2008#

2.2　数学函数案例

2.2.1　案例实现过程

【案例说明】

1．设计一个应用程序，由用户在第一个文本框中输入一个任意两位数（如 54），单击"交换位置"命令按钮，则在第二个文本框中得到另一个两位数（十位和个位交换所得的新两位数即 45）。

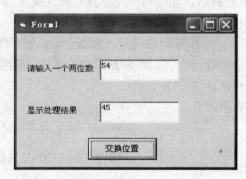

图 2.2　交换两位数

分析：要创建的应用程序用户界面如图 2.2 所示。窗体上含有两个标签、两个文本框和一个命令按钮。两个标签分别用于显示文字"请输入一个两位数"和"显示处理结果"，两个文本框分别用于输入一个两位数和显示处理后的两位数。本案例的关键是要利用数学函数，把原两位数拆分开，然后重新组合成一个新的两位数。

2．通过随机函数产生两个两位正整数，求这两个数之和并在窗体中显示出来。

分析：此例不涉及其他控件，只要用 print 方法就可以在窗体中输出结果，随机产生两位正整数，要用到 int((b-a+1)*rnd+a)，其中 a 应该为 10，b 应该为 99。

【案例目的】

1．掌握 Visual Basic 常用内部函数的用法。

2．能够熟练运用数学函数并能解决一些实际问题。

【技术要点】

实现上述案例的第一个"交换位置"，具体步骤如下。

1．创建界面

启动 Visual Basic 或选择"文件"菜单中的"新建工程"命令，从"新建工程"对话框中选择"标准 EXE"，系统会默认提供一个窗体（Form1）。用户可在此窗体上添加控件，以构建用户界面。

在窗体上添加控件：两个标签、两个文本框和一个命令按钮，进行适当的大小和位置调整，如图 2.3 所示。

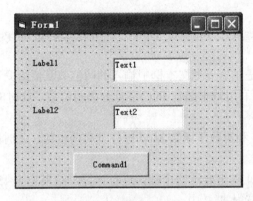

图 2.3　创建初始界面

2．修改属性

对刚才创建的控件进行属性修改，修改相应的值，如表 2.3 所示。

表 2.3　各控件属性值设置

控 件 名	属 性 名	属 性 值
Label1	caption	"请输入一个两位数"
Label2	caption	"显示处理结果"
Text1	text	为空 ""
Text2	text	为空 ""
Command1	caption	"交换位置"

3．编写代码

程序执行时，单击"显示处理结果"命令按钮，然后才有执行结果，所以应该对"显示处理结果"命令按钮进行编写代码。

此时，可以双击"显示处理结果"命令按钮进入代码窗口，写入代码。

说明　在 Visual Basic 程序设计中，采用"对谁操作就对谁写代码的原则"，即程序在运行时，将要对谁进行操作，那么必须对它编写代码。这样可以避免在复杂程序设计时搞错对象和代码错位的情况。

4．代码分析和调试

```
Private Sub Command1_Click()
    Dim x As Integer, a As Integer
    Dim b As Integer, c As Integer
    x = Text1.Text
    a = Int(x / 10)
    b = x Mod 10
    c = b * 10 + a
    Text2.Text = c
End Sub
```

（1）Dim x As Integer, a As Integer，Dim b As Integer, c As Integer 声明 x，a，b 和 c 为整型变量。

（2）x＝Text1.Text 是在第一个文本框中输入的两位数赋值给变量 x（如 54，即 x=54）。

（3）a ＝ Int(x/10)，利用数学函数 Int( )进行分离两位数，此时的结果为 5 即把十位数分离出来了 a=5。

（4）b ＝ x Mod 10，利用数学函数 Mod 进行分离两位数，此时的结果为 4，即把个位数分离出来了 b=4。

（5）c ＝ b * 10 + a 重新组合这两个数，进行计算，结果为 c=45，最后利用 Text2.Text ＝ c，把新得到的数显示在文本框 2 中。

实现上述案例"求两个随机数之和"，具体步骤如下：

（1）双击窗体进入代码编辑窗口，选择 Click 事件，并编写以下代码。

```
Private Sub Form_Click()
  Dim a As Integer,b As Integer, c As Integer
  Randomize                    '初始化随机数生成器
  a =Int(90*Rnd+10)            '产生[10，99]区间内的随机整数
  b =Int(90*Rnd+10)
  c =a + b                     '求两数之和
  Print"产生的两个随机数分别为："; a, b
  Print"两个随机数之和为："; c
End Sub
```

运行程序后单击窗体，输出结果是：

```
产生的两个随机数分别为：93    52
两个随机数之和为：145
```

（2）单击工具栏上的"结束"按钮，可结束程序的运行。再次运行程序后单击窗体，可得到另外一组输出结果：

```
产生的两个随机数分别为：26   30
两个随机数之和为：56
```

2.2.2　应用扩展

实现"交换两位数"案例，将代码做如下修改，具体步骤如下：

```
Private Sub Form_Click()
    Dim x As Integer, a As Integer
    Dim b As Integer, c As Integer
    x = Text1.Text
    a = x \ 10                  '求十位数
    b = x - 10 * a              '求个位数
    c = b * 10 + a
    Text2.Text = c
End Sub
```

通过以上代码，也可以实现交换两位数的功能，通常，解决某个问题的程序方法有多种，应该从中选择较优的一种方法。

2.2.3　相关知识及注意事项

1．常用内部函数

内部函数是由 Visual Basic 系统提供的，每个内部函数完成某个特定的功能。在程序中使用函数称为调用函数，函数调用的一般格式为

函数名(参数 1，参数 2，…)

其中，参数（也称自变量）放在圆括号内，若有多个参数，以逗号分隔。

函数调用后，一般都有一个确定的函数值，即返回值。例如：

y=Sqr(81)

其中，Sqr 是内部函数名，81 为参数。运行时,该语句调用内部函数 Sqr 来求 81 的平方根，其计算结果由系统返回作为 Sqr 的值。本例还把返回值赋给变量 y。

Visual Basic 的内部函数大体上分为四大类：数学函数、字符串函数、日期与时间函数和转换函数。

2．数学函数

在数值计算中，经常会遇到一些常用算术函数的计算，如 $\sin x$，$\cos x$，$\sqrt{x}$，取整数等，如果用到这些算术函数时，都要由使用者自己编写计算程序，那将是十分烦琐的工作。为此，Visual Basic 中备有各种计算算术函数的子程序，在程序中要使用某个函数时，只要调用该函数就行了。

Visual Basic 提供的 12 种常用数学函数如表 2.4 所示。

表 2.4　常用数学函数

函　数	返回值类型	功　能	例　子	结　果
Abs(x)	与 x 相同	x 的绝对值	Abs(−4.6)	4.6

续表

函　　数	返回值类型	功　　能	例　　子	结　　果
Sqr(x)	Double	x 的平方根	Sqr(9)	3
Sin(x)	Double	x 的正弦值	Sin(30*3.14/180)	0.499…
Cos(x)	Double	x 的余弦值	Cos(60*3.14/180)	0.500…
Tan(x)	Double	x 的正切值	Tan(60*3.14/180)	1.729…
Atn(x)	Double	x 的反正切值	4*Atn(1)	3.14159…
Exp(x)	Double	e（自然对数的底）的幂值	Exp(x)	e^x
Log(x)	Double	x 的自然对数	Log(x)/Log(10)	$Log_{10}x$
Lnt(x)	Double	取不大于 x 的最大数	Int(99.8) Int(−99.8)	99 −100
Fin(x)	Double	取 x 整数部分	Fin(99.8) Fin(−99.8)	99 −99
Sgn(x)	Integer	取 x 符号	Sgn(5) Sgn(0) Sgn(−5)	1 0 −1
Rnd(x)	Single	产生 0～1 之间（不包括 1）的随机数	Rnd	随机数

使用数学函数的几点说明。

（1）三角函数的自变量单位是弧度，如 Sin47° 应写成 Sin(47*3.14159/180)。

（2）函数 Int 是求小于或等于 x 的最大整数。例如，Int(2)=2，Int(−2.5)=−3，也就是说，当 x≥0 时就直接舍去小数，若 x<0 则舍去小数位后再减 1。

利用 Int 函数可以对数据进行四舍五入。例如，对一个正数 x 舍去小数位时进行四舍五入，可采用如下式子：

```
Int(x+0.5)
```

当 x=9.4 时，Int(9.4 + 0.5)= 9

当 x=9.5 时，Int(9.5 + 0.5)= 10

（3）用随机函数可以模拟自然界中的各种随机现象，它所产生的随机数可以提供给各种运算或试验使用。

Rnd 通常与 Int 函数配合使用。例如，Int(4*Rnd+1)可以产生 1～4 范围内（含 1 和 4）的随机整数，也就是说，该表达式的值可以是 1，2，3 或 4，这由 Visual Basic 运行时随机给定。

要生成[a，b]区间范围内的随机整数，可以使用公式：

```
Int((b-a+1)*Rnd+a)
```

当反复运行一个程序时，同一序列的随机数会重复出现。为了避免这种情况的发生，在调用 Rnd 函数之前，先使用 Randomize(n)语句（n 为整型数）或 Randomize 语句（不带参数）来初始化随机数生成器。

2.3 字符串函数、日期函数、类型转换函数案例

2.3.1 案例实现过程

【案例说明】

1. 使用字符串函数示例。先从字符串 a=Visual Basic 中找出某个指定字符（本例为空格），再以此字符为界拆分为两个字符 Visual 和 Basic。

2. 使用日期和时间函数，计算于 2010 年 11 月 12 日在广州召开的亚运会距离今天还有多少天，是星期几，本月份是几月，现在的时间是多少？

3. 使用转换函数完成数字或字符串的加或连接操作。

分析 1：要把 Visual Basic 以空格为界分成两个字符，首先应该找到空格，并求出其所在位置的值，然后再用函数进行分解。

分析 2：实现上述功能要用到 weekday、year、monthhour 和 minute 等函数。

【技术要点】

实现上述案例的第一个"将原字符拆分成 Visual 和 Basic 两个字符"，具体步骤如下。

1. 双击窗体进入代码编辑窗口，选择 Click 事件，并编写以下代码。

```
Private Sub Form_Click()
    Dim a As String,b As String,c As String,n As Integer
    A="Visual ⊔ Basic"        ' ⊔ 表示空格,输入时按空格键
    n=InStr(a," ⊔ ")          '查找空格位置
    b=Left(a,n - 1)           '取左边部分
    c=Mid(a,n + 1)            '取右边部分
    Print b                   '显示左边部分
    Print c                   '显示右边部分
End Sub
```

程序运行后单击窗体，输出结果是：

```
Visual
Basic
```

实现上述案例的第二个"计算现在距 2010 年广州亚运会还有多少天……"过程和效果，具体步骤如下：

2. 双击窗体进入代码编辑窗口，选择 Click 事件，并编写以下代码。

```
Private Sub Form_Click()
    x = #11/12/2010#
    a = x - Date
    b = Weekday(x)
    c = Year(Date)
```

```
        d = Month(Date)
        e = Hour(Time)
        f = Minute(Time)
        Print "现在距 2010 年广州亚运会还有: "; a; "天"
        Print "2010 年 11 月 12 日是: 星期"; b - 1
        Print "本月份是: "; c; "年"; d; "月"
        Print "现在是: "; e; "时"; f; "分"
    End Sub
```

运行程序后单击窗体,输出结果如下:

现在距 2010 年广州亚运会还有: 750 天
2010 年 11 月 12 日是: 星期 5
本月份是: 2008 年 10 月
现在是: 12 时 51 分

实现上述案例的第三个"使用转换函数完成数字或字符串的加和连接操作",具体步骤如下。

3. 双击窗体进入代码编辑窗口,选择 Click 事件,并编写以下代码。

```
Private Sub Form_Click()
    x="123"
    y="123"
    a=Chr(Asc(x)+5)
    b=Str(Val(x)+5)
    c=Val(Str(y)+ "5")
    Print a, b, C
End Sub
```

运行程序后单击窗体,输出结果如下:

```
6       128         1235
```

2.3.2　应用扩展

在"将原字符拆分成 Visual 和 Basic 两个字符"中,若用 Right 函数来代替 Mid 函数,应如何改动? 修改代码如下:

```
Private Sub Form_Click()
    Dim a As String, b As String, c As String, n As Integer
    "Visual ⊔ Basic"          ' ⊔ 表示空格,输入时按空格键
    n=InStr(a,"⊔ ")           '查找空格位置
    b = Left(a, n - 1)        '取左边部分
    c = Right( ____ , ____ )  '取右边部分
    Print b                   '显示左边部分
    Print c                   '显示右边部分
End Sub
```

程序运行后单击窗体,输出结果是:

```
Visual
Basic
```

答案：a, Len(a)-n

要达到某一期望结果，就上例而言，程序设计没有一个固定的模式，读者可以综合运用相关函数来达到要求。

2.3.3 相关知识及注意事项

1．字符串函数

字符串函数用于进行字符串处理。表 2.5 列出了常用的字符串函数。

表 2.5 常用的字符串函数

函 数	返回值类型	功 能	例 子	结 果
Len(字符串)	Integer	字符串长度	Len("ABCD")	4
Left(字符串,n)	String	取左边 n 个字符	Left("ABCD",3)	"ABC"
Righ(字符串,n)	String	取右边 n 个字符	Right("ABCD",3)	"BCD"
Mid(字符串,p[,n])	String	从第 p 个开始取 n 个字符	Mid("ABCDE",2,3)	"BCD"
Instr([f,]字符串 1，字符串 2[,k])	Integer	求串 2 在串 1 中出现的位置	Instr("ABabc","ab")	3
String(n,字符)	String	生成 n 个字符	String(4,"*")	"****"
Space(n)	String	生成 n 个空格	Space(5)	5 个空格
Ltrim(字符串)	String	去掉左边空格	Ltrim(" ⊔ ⊔ AB ⊔ ")	"AB ⊔ "
Rtrim(字符串)	String	去掉右边空格	Rtrim(" ⊔ ⊔ AB ⊔ ")	" ⊔ ⊔ AB"
Trim(字符串)	String	去掉左、右边空格	trim(" ⊔ ⊔ AB ⊔ ")	"AB"
Lcase(字符串)	String	转成小写	Lcase("Abab")	"abab"
Ucase(字符串)	String	转成大写	Ucase("Abab")	"ABAB"
StrComP(字符串 1，字符串 2[,k])	Integer	串 1<串 2 −1 串 1=串 2 0 串 1>串 2 1	StrComp("AB"，"ABC")	−1

使用字符串函数的几点说明。

（1）在函数 Mid 中，若省略 n，则得到的是从 p 开始的往后所有字符，如 Mid("ABCDE",2)的结果为"BCDE"。

（2）在字符串处理中，还常用一个插入字符串语句 Mid，该语句格式如下：

```
Mid(字符串, p[, n])=子字符串
```

该语句用"子字符串"替换"字符串"中从 p 开始的与"子字符串"等长的一串字。例如，假设 S="ABCDE"，执行语句 Mid(S,3)="99"后，S 的值为"AB99E"。

若带参数 n，则用"子字符串"左起 n 个字符来替换"字符串"中从 p 开始的 n 个字符。

（3）在函数 Instr 中，f 和 k 均为可选参数，f 表示开始搜索的位置（默认值为 1），k 表示比较方式。若 k 为 0（默认），表示区分大小写；若 k 为 1，则不区分大小写。例如，

Instr(3，"A12a34A56"，"A")的结果为 7，而 Instr(3，"A12a34A56"，"A"，1)的结果为 4。

函数 StrComD 中的参数 k 含义与此相同。

（4）在函数 String 中，字符也可以用 ASCII 代码来表示，例如，String(6,42)与 String(6，"*")作用相同。

（5）表 2.4 及表 2.6 所列出的函数中，凡返回值为字符串（String）的函数，其函数名的尾部也可加入"$"，如 Left("ABC",1)也可写为 Left$("ABC"，1)。

2．日期与时间函数

日期与时间函数用于进行日期和时间处理。表 2.6 列出了常用的日期与时间函数。

表 2.6　常用的日期与时间函数

函　　数	返回值类型	功　　能	例　　子	结　　果
Date	Date	返回系统日期	Date	例：11/10/2008
Time	Date	返回系统时间	Time	例：7：03：28
Now	Dme	返回系统日期和时间	Now	例：11/10/2008 7：03：28
Day(日期)	Integer	返回日数	Day(#2008/10/24#)	24
Month(日期)	Integer	返回月份数	Month(#2008/10/24#)	10
Year(日期)	Integer	返回年度数	Year(#2008/10/24#)	2008
Weekday(日期)	Integer	返回星期几	Weekday(#2008/10/24#)	5
Hour(时间)	Integer	返回小时数	Hour(#8：3：28 PM#)	20
Minute(时间)	Integer	返回分钟数	Minute(#8：3：28 PM#)	3
Second(时间)	Integer	返回秒数	Second(#8：3：28 PM#)	28

说明　函数 Weekday 返回值为 1～7，依次表示星期日到星期六。

3．类型转换函数

类型转换函数用于数据类型的转换。表 2.7 列出常用的类型转换函数。

表 2.7　常用的类型转换函数

函　　数	返回值类型	功　　能	例　　子	结　　果
Val(x)	Double	将数字字符串 x 转换为数值	2+Val("12")	14
Str(x)	String	将数值转为字符串，字符串首位表示符号	Str(5)	"␣5"
Asc(x)	Integer	求字符串中首字符的 ASCII 码	Asc("AB")	65
Chr(x)	String	将 x 转换为字符	Chr(65)	"A"
Cint(x)	Integer	将 x 转为整型数，小数部分四舍五入	Cint(1234.57)	1235
Clng(x)	Long	将 x 转为长整型数，小数部分四舍五入	Clng(325.3)	325
Csng(x)	Single	将 x 舍入为单精度数	Csng(56.5421117)	56.54211
Cdbl(x)	Double	将 x 转为双精度数	Cdbl(1234.5678)	1234.5678
Ccur(x)	Currency	把 x 转换为货币型数，小数部分最多保留 4 位且自动四舍五入	Ccur(876.43216)	876.4322
Cvar(x)	Variant	把 x 转换为变体型数	Cvar(99&"00")	"9900"

续表

函 数	返回值类型	功 能	例 子	结 果
Hex(x)	String	把十进制数转换为十六进制数	Hex(31)	"1F"
Oct(x)	String	把十进制数 x 转换为八进制数	Oct(20)	"24"

说明 Val 函数将数字字符串转换为数值型数字时，会自动将字符串中的空格去掉，并依据字符串中排列在前面的数值常量来定值，例如：

Val("A12")的值为 0

Val("12A12")的值为 12

Val("1.2e2")的值为 120

4．程序代码编写规则

任何一种程序设计语言都有一套严格的编程规定。因此在开始编程之前，需要了解在 Visual Basic 中编写程序代码时要遵守的规则，这样写出的程序才能被 Visual Basic 正确地识别和执行。

1）语句及语法

Visual Basic 程序中的语句是执行具体操作的指令，由 Visual Basic 关键字、属性、表达式及 Visual Basic 可识别符号组成。例如，有下列赋值语句：

```
Textl. Text   =  "程序设计语言"
    ↑      ↑     ↑      ↑
  对象名  属性名  赋值号  表达式
```

简单的语句只有一个关键字，例如：

```
End
```

建立程序语句时必须遵守的规则称为语法。

为了便于说明，本书对语句、方法及函数的语法格式中的符号采用统一约定，专用符号如下。

● []表示方括号内的内容是可选项,用户可根据需要选用或不选用。书写代码时方括号本身不要写入。

● {}表示多项中之一项。

● |（竖线）用来分隔多个选择项，表示选择其中之一。

● ,… 表示同类项目的重复出现。

2）代码书写规则

在书写程序代码时，要遵守以下规则。

● 一行写多条语句的规定。通常一条语句占一行，如果要在一行中写多条语句，则每条语句之间必须用冒号作为分隔符,例如：

```
Sum=Sum+X: Count=Count+1
```

Visual Basic 规定，一个程序行的长度最多不能超过 1023 个字符。

- 一条语句写成多行的规定。有时一条语句很长，一行写不下，可使用续行符（一个空格后面跟随一个下画线 "_"），将长语句分成多行。例如：

```
Print Textl. Text & Text2. Text & Text3.Text & Text4. Text_
& Left(Text5.Text,3)
```

但要注意，续行符后面不能加注释，也不能将 Visual Basic 关键字或字符串分隔在两行。

- 不区分大小写字母。Visual Basic 不区分应用程序代码字母的大小写，用户可以随意使用大小写字母编写代码。为了便于阅读，Visual Basic 会自动将代码中关键字的首字母转换为大写，其余字母转换为小写。
- 各关键字之间，关键字和变量名、常量名、过程名之间一定要有空格分隔。
- 使用缩进格式。在编写程序代码时，为了使程序结构更具可读性，可以使用缩进格式来反映代码的逻辑结构和嵌套关系，例如：

```
Private Sub Form_Click()
    x=5
    If x<0 Then
        Print "x<0"
    Else
        Print "x>=0"
    End If
End Sub
```

- 严格按照 Visual Basic 规定的格式和符号编写程序。除注释内容及字符串常量外，语句中的标点符号不能使用中文的标点符号，必须使用英文标点符号。

3）结构化程序的基本结构

结构化程序设计方法有三种基本控制结构，它们是顺序结构、选择结构和循环结构，这三种基本结构具有单入口、单出口的特点。图 2.4 是这三种基本控制结构的流程图。

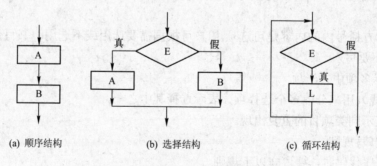

(a) 顺序结构   (b) 选择结构   (c) 循环结构

图 2.4　三种基本控制结构的流程图

顺序结构是这三种结构中最基本的结构，它由一串按顺序排列的语句组成。运行时，按语句出现的先后次序执行，如图 2.4（a）从 A 顺序执行到 B。

选择结构（又称分支结构）如图 2.4（b）所示，通过 E 判断后分支，满足条件时执行 A，否则（不满足条件）执行 B。

循环结构如图 2.4（c）所示，通过 E 判断，满足条件时重复执行循环体 L（一组语句或称语句块），不满足条件时跳出循环（出口）。

Visual Basic 支持结构化的程序设计方法，人们可以用这三种基本结构及其组合来描述程序，从而使程序结构清晰，可读性好，也易于查错和修改。

2.4　本章实训

一、实训目的

1. 掌握数据类型、常量、变量和表达式的理解。
2. 熟练运用数学函数、字符串函数、日期函数和类型转换函数。
3. 运用以上知识点解决实际问题。

二、实训步骤及内容

1. 分别输入 2.1.1 节案例程序，观察运行结果与书中给定的结果是否相符，并做相应的分析。

2. 利用两个文本框输入两个数，单击"计算"按钮时，将两数的平方和显示在第三个文本框中，程序运行结果如图 2.5 所示。

程序代码如下：

```
Private Sub Command1_Click()
    Dim x As Single
    Dim y As Single
    x = Val(Text1.Text)
    y = Val(_____)
    Text3.Text = x * x + y * y
End Sub
```

3. 设计程序，在一个文本框中输入一串字符（长度大于 2），单击"处理"按钮时，取出该字符串的头、尾部各一个字符，合并后显示在第二个文本框中。如输入"abcdef"，输出"af"，程序运行结果如图 2.6 所示。

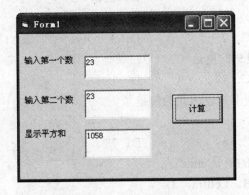

图 2.5　运行结果

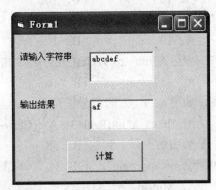

图 2.6　运行结果

程序代码如下：

```
Private Sub Command1_Click()
    Dim x As String
    x=Left(Text1.Text,1)+_____(Text1.Text,1)
    Text2.Text=x
End Sub
```

三、实训总结

根据操作实际情况，写出实训报告。

2.5　习题

一、单选题

1. 下列①各项中，只有（　　）才是常量；②各项中，（　　）不是常量。

① A. E−3　　　　B. E+03　　　　C. 10^3　　　　D. 1.E03

② A. 1E−3　　　　B. 13　　　　C. "abc"　　　　D. X1*3

2. 下列①各项中，可以作为变量名的是（　　）；②各项中，（　　）不能作为常量名。

① A. al_0　　　　B. Dim　　　　C. K6/600　　　　D. CD[1]

② A. ABCabc　　　　B. A12345　　　　C. 18AB　　　　D. Name1

3. 空字符串是指（　　）。

A. 长度为 0 的字符串　　　　B. 只包含空格字符的字符串

C. 长度为 1 的字符串　　　　D. 不定长的字符串

4. 使用变量 x 存放数据 12345678.987654，应该将 x 声明为（　　）。

A. 单精度（Single）　　　　B. 双精度（Double）

C. 长整型（Long）　　　　D. 货币型（Currency）

5. 表达式 3^2*12−4^(2/4)的值为（　　）。

A. 104　　　　B. 106　　　　C. 108　　　　D. 出错

6. 表达式 33 Mod 17\3*2 的值为（　　）。

A. 10　　　　B. 1　　　　C. 2　　　　D. 3

7. 表达式 Int(−20.9)+Int(20.9+0.5)−Fix(−17.9)的值是（　　）。

A. −17　　　　B. 16　　　　C. 17　　　　D. 18

8. 如果 a，b，c 的值分别是 3，2，−3，则下列表达式的值是（　　）。

Abs(b+c)+a*Int(Rnd+3)+Asc(Chr(65+a))

A. 10　　　　B. 68　　　　C. 69　　　　D. 78

9. 设 m="morning"，下列（　　）表达式的值是"mor"。

A. Mid(m，5，3)　　　　B. Left(m，3)

C. Right(m，4，3)　　　　D. Mid(m，3，1)

10. 表达式 sin(a+b)^6 所对应的数学式是（　　）。

　　A．$\sin(a+b)^6$　　　　B．$\sin^6(a+b)$　　　　C．sin6(a+b)　　　D．6sin(a+b)

11．如果 x 是一个正实数，对 x 的第 3 位小数四舍五入的表达式是（　　　）。

　　A．0.01*Int(100*x+0.5)　　　　　　B．0.01*Int(10*x+0.5)

　　C．0.01*Int(x+0.5)　　　　　　　　D．0.01*Int(x+5)

12．求一个三位正整数 n 的十位数的方法是（　　　）。

　　A．Int(n/10)-Int(n/100)*10　　　　B．Int(n/10)-Int(n/100)

　　C．n-Int(n/100)*100　　　　　　　D．Int(n-Int(n/100) * 100)

13．设 A="12345678"，则表达式 Val(Left(A，4)+Mid(A，4，2))的值是（　　　）。

　　A．123456　　　B．123445　　　C．8　　　　　　D．6

14．要使下列式子成立，x 应取（　　　）。

　　A．14 x<15　　　B．14<x 15　　　C．14<x<15　　　D．14 x 15

15．在下列函数中，（　　　）函数的执行结果与其他三个不一样。

　　A．String(3, "5")　　　　　　　　B．Str(555)

　　C．Right("5555",3)　　　　　　　　D．Left("55555",3)

16．设变量 A 的值为–2，则（　　　）函数的执行结果与其他三个不一样。

　　A．Val("A")　　　B．Int(A)　　　C．Fix(A)　　　　D．-Abs(A)

17．要在窗体 Form1 的标题栏上显示"统计程序"可用（　　　）语句。

　　A．Form1．Name = "统计程序"　　　B．Form1.Caption = "统计程序"

　　C．Form1．Caption = 统计程序　　　D．Form1.Name = 统计程序

二、填空题

1．把下列数学式写成等价的 Visual Basic 表达式。

（1）$\sin 50°$ 写成＿＿＿＿＿＿＿。

（2）$\dfrac{2+xy}{2-y^2}$ 写成＿＿＿＿＿＿＿。

（3）$a^2-\dfrac{3ab}{3+a}$ 写成＿＿＿＿＿＿＿。

（4）$\sqrt[8]{x^3}+\sqrt{y^2+4\dfrac{a^2}{x+y^3}}$ 写成＿＿＿＿＿＿＿。

2．要产生 50～55 范围内（含 50 及 55）的随机整数，采用的 Visual Basic 表达式是＿＿＿＿＿＿＿。

3．写出下列表达式的值。

（1）Val("15 ⊔ 3") – Val("15-la3")的值是＿＿＿＿＿＿。

（2）7 Mod 3 + 8 Mod 5 * 1.2 – Int(Rnd)的值是＿＿＿＿＿＿。

（3）Val("120") + Asc("abc") – Int(Rnd)的值是＿＿＿＿＿＿。

（4）Mid("China",3,2) + Lcase("China")的值是＿＿＿＿＿＿。

（5）Len(Chr(70) + Str(0)) + Asc(Chr(67))的值是＿＿＿＿＿＿。

（6）Mid(Trim(Str(345)),2)的值是＿＿＿＿＿＿。

（7）Year(Now) – Year(Date)的值是＿＿＿＿＿＿。

4. 下列语句执行后，s 的值是_____。

```
t="数据库管理系统"
s=Right(t, 2)+Mid(t,4,2)+Left(t,3)
```

2.6　本章小结

　　本章主要介绍了 Visual Basic 应用程序的基本元素，包括数据类型、常量、变量、表达式和函数等。在介绍基本概念和术语的同时，通过几个案例重点对变量、数学函数、字符串函数、日期函数和类型转换函数进行了全面的操作和讲解。

　　本章所涉及的函数众多，从案例中只能学习到部分具体函数的运用，希望读者能通过本章的案例学习，起到举一反三的作用。

第 3 章　赋值与输入和输出

学习目标：一个完整的 Visual Basic 应用程序，一般都包含三部分内容，即输入数据、计算处理、输出结果，它们的顺序关系是：输入、处理和输出。用应用程序处理数据的主要目的是要得到预期的结果，而这个结果必须输入和处理数据，所以一个没有输入、处理和输出功能的应用程序一般没有实用价值。

本章将介绍 Visual Basic 中实现输入／输出及运算的相关语句、方法及有关控件，利用这些方法，就可以设计顺序结构的程序。通过本章的学习，读者应该掌握以下内容：

- Visual Basic 中赋值语句和常用基本语句的用法；
- print 方法输出数据；
- 窗体和基本控件的运用；
- 运用对话框。

学习重点与难点：Visual Basic 程序设计中数据的输入和输出，掌握 Visual Basic 程序设计数据输入和输出的两种实现方法和相关控件。

3.1　赋值语句案例

3.1.1　案例实现过程

【案例说明】

1. 已知 a=5，b=7，计算 c=$\sqrt{a^2+b^2}$ 的值。2. 设计一个"万年历"程序，用来查看某年的元旦是星期几，运行结果如图 3.1 所示。

图 3.1　运行结果

分析 1：此案例赋值语句的运用，后面会详细讲述。还会用到求平方根函数 Sqr。

分析 2：求输入年份的元旦是星期几，除了相关的赋值语句外，还要会求任何一年的元旦是星期几，式子如下：$f = y - 1 + \left[\dfrac{y-1}{4}\right] - \left[\dfrac{y-1}{100}\right] + \left[\dfrac{y-1}{400}\right] + 1$，k=f Mod 7。其中[]表示求整，y 为某年公元年号，计算出 k 为星期几，k=0 表示星期天。

【案例目的】

1. 理解并能运用赋值语句。
2. 掌握并熟练操作变量的赋值方法。

【技术要点】

赋值语句是程序设计中最基本、最常用的语句，它的语法格式如下：

[Let]变量名或属性名=表达式

功能：计算右端的表达式，并把结果赋值给左端的变量或对象属性。Let 表示赋值，通常可省略。

1. 已知 a=5，b=7，计算 $c=\sqrt{a^2+b^2}$ 的值

编写的窗体单击事件过程代码如下：

```
Private Sub Form_Click()

    Dim a As Single, b As Single, c As Single
    a=5
    b=7
    c=Sqr(a*a+b*b)
    Print "c="; c
End sub
```

运行程序后单击窗体，输出结果如下：

```
c=8.602325
```

本事件过程采用的是顺序程序结构，运行过程是：先把 5 赋值给变量 a，把 7 赋值给变量 b，再计算表达式 Sqr(a*a+b*b)，其结果 8.602325 赋值给变量 c，最后输出 c 的结果。

这里所说的将值赋给变量，实际上是将值送到变量的存储单元中去。在程序中，每使用（或声明）一个变量，Visual Basic 系统都会自动为该变量分配存储单元（若干个字节）。变量的值就是对应存储单元中存放的数据值。

2. 设计一个"万年历"程序，用来查看某年的元旦是星期几

（1）把程序所用的数学式子转为程序语言所表达的格式。

$f = y - 1 + \left[\dfrac{y-1}{4}\right] - \left[\dfrac{y-1}{100}\right] + \left[\dfrac{y-1}{400}\right] + 1$ 对应的语句表达式为：

```
f=y+Int(y/4) - Int(y/100)+Int(y/400)+1
```

（2）创建应用程序的用户界面。

在窗体上建立两个标签（Label1，Label2）、两个文本框（Text1，Text2）和一个命令按钮（Command1）。

（3）设置对象属性，如表 3.1 所示。

表 3.1　对象属性设置

控 件 名	属 性	属 性 值
Command1	caption	查看
Label1	caption	输入年份
Label2	caption	星期
Text1	text	""（为空）
Text2	text	""（为空）

（4）编写程序代码。

功能要求：用户在"输入年份"文本框（Text1）中输入某一年份；单击"查看"按钮时，则在"星期"文本框（Text2）中显示出星期几。

编写"查看"按钮（Command1）单击事件过程代码如下：

```
Private Sub Command1_Click()
    Dim y As Integer,f As Integer,k As Integer
    y=Val(Text1.Text) - 1
    f=y+Int(y/4) - Int(y/100)+Int(y/400)+1
    k=f Mod 7
    Text2.Text=k
End Sub
```

运行结果如图 3.1 所示。

3.1.2　相关知识及注意事项

关于赋值语句：

（1）表达式中的变量必须是赋过值的，否则变量的初值自动取零值（变长字符串变量取空字符）。例如：

```
a=3
c=a+b+3, b 未赋值, 为 0, 执行后, c 值为 6。
```

（2）利用赋值语句，可以改变变量的值，因此同一变量在不同时刻可以取不同的值。

【例 3-1】　变量赋值示例。

```
Private Sub Form_Click()
a=2
Print "*A=";a
a=4
Print "**A=";a
```

```
a=a*2+2
Print "***A=";a
End Sub
```

运行程序后单击窗体，输出结果如下：

```
*A= 2
**A=4
***A=10
```

当将某个值赋给某个变量时，就把该变量原有的值"冲"掉，换成新的值。例如，上述事件过程中第 1 条赋值语句把 2 赋给 a，第 2 条赋值语句在将 4 赋给 a 时，就把 a 中原有的值 2 "冲"掉，换成新值 4。

（3）赋值语句跟数学中的等式具有不同的含义。例如，赋值语句 x=x+1，表示把变量 x 的当前值加上 1 后将结果赋给变量 x，如果 x 的当前值为 2，执行这条语句后，x 的值为 3。而数学中，x=x+1 是不成立的。

在上例中，语句 a=a*2+2 的含义是把 a 原有的值 4 乘以 2 后加 2，然后将结果 10 再送回到 a 中去。

从语句 a=a*2+5 中也可以看出，变量出现在赋值号的右端和左端，其用途是不相同的。出现在右端表达式中时，变量是参与运算的元素（其值被读出）；出现在左端时，变量起存放表达式的值的作用（被赋值）。

3.2   Print 方法输出数据和特殊打印格式案例

3.2.1   案例实现过程

【案例说明】

1. 使用 Print 方法输出全班学生的平均年龄，已知 18 岁 10 人，19 岁 20 人，20 岁 20 人，21 岁 10 人。
2. 使用 Tab 对输出进行定位，输出结果如图 3.2 所示。

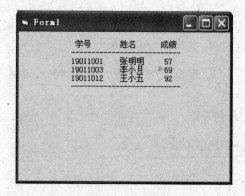

图 3.2   定位函数的输出结果

【案例目的】

1. 理解 Print 方法和特殊打印格式。
2. 学习并掌握 Print 方法的多种格式应用。
3. 学习特殊打印格式的运用。

【技术要点】

该应用程序设计步骤如下。

1．运用案例说明中的第一部分

（1）启动 Visual Basic 后，进入代码窗口（可以直接双击窗口），在过程框中选择 Click 事件。

（2）运行下面的代码：

```
Private Sub Form_Click()
    Dim a As Integer,b As Integer,c As Integer
    Dim d As Integer,s As Integer,m As Single
    a=10:b=20:c=20:d=10
    s=a+b+c+d
    m=(a*18+b*19+c*20+d*21)/s          '舍入到小数后 1 位
    Print "平均年龄: ";Int(m*10+0.5)/10
End Sub
```

单击窗体，结果是在窗体中输入：平均年龄：19.5。

2．运用案例说明中的第二部分

使用 Tab 对输出进行定位。

（1）启动 Visual Basic 后，进入代码窗口（可以直接双击窗口），在过程框中选择 Click 事件。

（2）运行下面的代码。

```
Private Sub Form_Click()
    Print
    Print Tab(15);"学号";Tab(26);"姓名";Tab(36);"成绩"
    Print Tab(14);String(27,"-")      '输出 27 个减号字符 "-"
    Print Tab(14);"19011001";Tab(26);"张明明";Tab(36);57
    Print Tab(14);"19011003";Tab(26);"李小月";Tab(36);69
    Print Tab(14);"19011012";Tab(26);"王小五";Tab(36);92
    Print Tab(14);String(27,"-")      '输出 27 个减号字符 "-"
End Sub
```

运行结果如图 3.2 所示。

3.2.2　相关知识及注意事项

1．Print 方法

Print 方法用于在窗体、图片框和打印机上显示或打印输出文本。

语法格式：[对象名．]Print [表达式列表]

说明：

（1）对象名可以是窗体（Form）、图片框（PictureBox）或打印机（Printer）的名称。
如果省略对象名，则在当前窗体上直接输出。例如：

```
Print"程序设计"              '在当前窗体上输出
Picturel.Print"程序设计"     '在图片框上输出
```

（2）表达式列表可以是一个或多个表达式，如果省略，则输出一个空行。例如：

```
Private Sub Form_Click()
    a=3
    b="VV"
    Print 50*a               '计算并输出表达式的值
    Print b                  '输出变量的值
    Print                    '输出空行
    Print "The Total is"     '输出字符串常量
End Sub
```

输出数值数据时，前面有一个符号位（正号以空格表示），后面留有一个尾随空格；输出字符串时，前后不留空格。

运行结果如图 3.3 所示。

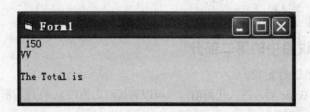

图 3.3   运行结果

（3）当输出多个表达式时，各表达式之间用分号"；"或逗号"，"隔开。使用分号分隔符，则按紧凑格式输出，即后一项紧跟前一项输出；使用逗号分隔符，则各输出项按区段格式输出，此时系统会按 14 个字符位置将输出行分为若干个区段（划分区段的数目，与行宽有关），逗号后的表达式将在当前输出位置的下一个区段输出。例如：

```
Private Sub Form_Click()
    a=3:  b=4
    Print a,b,4+a
    Print 2*b
    Print a,b
    Print "a=";a,"b=";b
End Sub
```

运行结果如图 3.4 所示。

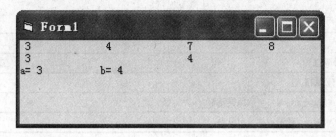

图 3.4　运行结果

（4）若语句行末尾没有分隔符，则输出当前输出项后自动换行；若以分号或逗号结束，则输出当前输出项后不换行，下一个 Print 输出的内容将紧凑输出（以分号结尾）或输出在下一个区段上（以逗号结尾）。

在上例中，第 2 行语句"Print a，b，4+a，"以逗号结束，则下一个 Print 输出的 8 显示在下一个区段上。

2．Spc 函数

函数格式：Spc(n)

功能：在输出下一项之前插入 n 个空格。例如：

```
Print"学号";"姓名"；Spc(5);"成绩"
```

输出结果是(⊔表示空格)：

学号⊔⊔姓名⊔⊔⊔⊔⊔成绩

3．tab 函数

函数格式：tab(n)

功能：把输出位置移到第 n 列。

通常，最左边列号为 1。当 n 大于行的宽度时，输出位置为：nMod 行宽。例如，

```
Print tab(2) ;"学号";tab(11);"姓名";tab(21);"成绩"
```

输出结果是（1 个汉字占两个位置）：

⊔学号⊔⊔⊔⊔姓名⊔⊔⊔⊔⊔成绩

4．Format 函数

函数格式：Format（表达式[, 格式串]）

功能：根据格式串规定的格式来输出表达式的值。

数值类格式串及其含义如表 3.2 所示。

表 3.2　数值类格式串及其含义

格　式　串	含　义
#	数字占位符，显示一位数字。如 121.5 采用格式"###"，显示为 122(后一位四舍五入)
0	数字占位符，前、后会补足 0。如 121.5 采用格式"000.00"，显示为 121.50
.	小数点
%	百分比符号

格 式 串	含 义
,	千位分隔符
E-, E+	科学记数法格式
-, +, $	负、正号及美元符号，可以原样显示
\	将格式串的下一符号原样显示出来

以下举一些简单的实例：

```
Private Sub Form_Click()
  a=4513.7:b=3456.78:TimeVar=#8:30:05 AM#
  Print Format(a,"##,###.##")
  Print Format(a,"$##,###.00")
  Print Format(b,"+##,###.#")
  Print Format(TimeVar,"h:m:s")
End Sub
```

输出的结果是：

```
4,513.7
$4,513.70
+3,456.8
8:30:5
```

5. 常用基本语句

1）注释语句 Rem

为了提高程序的可读性，通常应在程序的适当位置加上必要的注释。

语法格式：Rem 注释内容　或 '注释内容

功能：在程序中加入注释内容，以便于对程序的理解。例如：

```
Rem 交换变量 a 和 b 的值
c=a        'c 为中间临时单元
a=b
b=c
```

说明：

● 如果使用关键字 Rem，在 Rem 和注释内容之间要加一个空格。

● 在其他语句后使用 Rem 关键字，必须使用冒号(:)与前面的语句隔开。注释符（单撇号'）可以直接写在其他语句后面。

2）加载对象语句 Load

语法格式：Load 对象名

功能：把对象名代表的窗体对象、控件数组元素等加载到内存中。

说明　使用 Load 语句可以加载窗体，但不显示窗体。当 Visual Basic 加载窗体对象时，先把窗体属性设置为初始值，再执行 Load 事件过程。例如：

```
    Load Form1              '加载窗体 Form1
    Load option(2)          '加载控件数组中的一个元素
```

3）卸载语句 Unload

语句的语法格式：Unload　对象名

功能：从内存中卸载指定窗体或控件。

如果卸载的对象是程序唯一的窗体，将终止程序的执行，例如：

```
Private Sub Command1_Click( )
    Unload Me        '卸载当前窗体
    End Sub
```

说明　Me 是系统关键字，用来代表当前窗体。

4）结束语句 End

语句的语法格式：End

功能：结束程序的运行。

End 语句能够强行终止程序代码的执行，清除所有变量，并关闭所有数据文件。在程序运行中，用户也可以单击工具栏上的"结束"按钮来强行结束程序的运行。

5）暂停语句 Stop

在调试程序中，有时希望程序运行到某一语句后暂停，以便让用户检查运行中的某些动态信息。暂停语句就是用来完成这一功能的。

语法格式：Stop

功能：暂停程序的运行。

Stop 语句可以在程序中设置断点。与 End 语句不同的是，在解释方式下，Stop 不会关闭任何文件和清除变量。关于 Stop 语句的实际应用，请见后面相关章节。

说明：

● 暂停程序的运行，也可以通过单击工具栏上的"中断"按钮来实现。

● 如果在可执行文件（.exe）中含有 Stop 语句，则执行该语句会关闭所有的文件而退出程序。因此，当程序调试结束，有时程序运行过程中进入"死锁"或"死循环"（由程序错误引起），而无法用正常操作"中断"和"结束"，可按 Ctrl+Break 键来强制性地暂停程序的运行。

3.3　窗体案例

3.3.1　案例实现过程

【案例说明】

显示唐诗"回乡偶书（贺知章）"，要求设置如下 3 个命令按钮。

● "显示"按钮：用于显示唐诗"回乡偶书（贺知章）"。

● "清除"按钮：用于清除所生成的文本。
● "结束"按钮：结束程序的运行。
程序运行结果如图 3.5 所示。

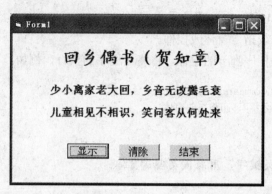

图 3.5　显示结果

【案例目的】

1．理解在窗体中多种方法的运用。
2．学习并掌握窗体中的基本操作方法。

【技术要点】

（1）创建应用程序的用户界面和设置对象的属性。

在窗体上建立 3 个按钮 CmdPrt、CmdCls 和 CmdEnd，其 Caption 属性分别为"显示"、"清除"和"结束"，如图 3.5 所示。

（2）编写程序代码。编写的 3 个按钮的单击事件过程代码如下。

```
Private Sub CmdPrt_Click()          '"显示"按钮
    BackColor=RGB(255,255,255)      '背景色(白色)
    ForeColor=RGB(0,0,255)          '前景色(蓝色)
    FontName="楷体_GB2312"          '字体名
    FontSize=20                     '字号
    FontBold=True                   '粗体
    CurrentX=1200                   '横坐标
    CurrentY=350                    '纵坐标
    Print "回乡偶书（贺知章）"
    FontName="宋体"
    Print
    FontSize=13
    Print Spc(6);"少小离家老大回，乡音无改鬓毛衰"
    Print
    Print Spc(6);"儿童相见不相识，笑问客从何处来"
End Sub
Private Sub CmdCls_Click()          '"清除"按钮
    Cls
```

```
    End Sub
    Private Sub CmdEnd_Click()          ' "结束" 按钮
        End
    End Sub
```

程序运行后单击"显示"按钮，输出结果如图 3.5 所示。

3.3.2　相关知识及注意事项

1．窗体

窗体（Form）是设计 Visual Basic 应用程序的基本平台。窗体本身是一个对象，它有自己的属性、事件和方法，以便控制窗体的外观和行为。窗体又是其他对象的载体或容器，几乎所有的控件都设置在窗体上。

多数应用程序是从窗体开始执行的。程序运行时，每个窗体对应于程序的一个窗口：对于一个简单程序，一个窗体已经足够了，但对于一个大的程序，也许需要几个、十几个甚至几十个窗体。

2．窗体的基本属性

窗体属性决定着窗体的外观和行为。新建工程时，Visual Basic 系统会自动建立一个空白窗体，并为该窗体设置默认属性。在程序设计时，可在属性窗口中手工设置窗体的属性。也可以在程序运行时由代码实现窗体属性的设置。

以下介绍一些常用的窗体属性。

（1）Name（名称）：指定窗体的名称。在工程中首次创建窗体时默认为 Form1，添加第二个窗体时，其名称默认为 Form2，依次类推。用户可在属性窗口的"名称"栏中设置窗体名，但在应用程序运行时，它是只读的，即不能在应用程序中修改。引用窗体的 Name 属性的语法格式为

```
    窗体名.Name        '如 Form1.Name
```

（2）Caption（标题）：指定窗体的标题。窗体使用的默认标题为 Form1，Form2，…。

（3）AutoRedraw（自动重画）：控制屏幕图像的重建。若该属性设置为 True（默认值），当二个窗体被其他窗体覆盖又返回到该窗体时，Visual Basic 将自动刷新或重画该窗体上的所有图形；若该属性设置为 False，则必须通过事件过程来设置这一操作。

（4）BackColor（背景颜色）和 ForeColor（前景颜色）：指定窗体的背景颜色和前景颜色。关于 Visual Basic 使用的颜色码。

（5）BorderStyle（边框类型）：指定窗体边框的类型，共有 6 种属性，如 0——None（无边框），1——Fixed Single（窗体大小不变且具有单线边框）等。该属性只能在设计阶段设置。

（6）ControlBox（控制框）：指定是否在窗体左上角出现控制菜单框（也称控制菜单按钮）。默认值为 True。

（7）Enabled（允许）：决定是否响应用户事件。默认值为 True，表示响应用户事件。

（8）Font（字体）：确定窗体上字体的样式、大小、字体效果等。设置该属性时，先选

定窗体，在属性窗口中选择属性"Font"，再单击属性行右端的"…"按钮，系统弹出一个"字体"对话框，如图 3.6 所示，从中选择即可。

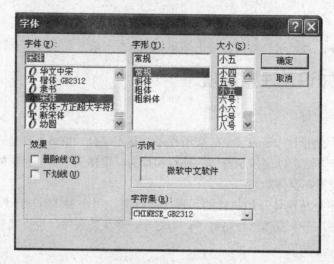

图 3.6 "字体"对话框

若要在程序代码中处理字体，应采用下列字体属性：

① FontName：字体名称。

② FontSize：字体大小（字号）。

③ FontBold：是否粗体，可设置值为 True 或 False。

④ FontItalic：是否斜体，可设置值为 True 或 False。

⑤ FontStrikethru：是否为删除线，可设置值为 True 或 False。

⑥ FontUnderline：是否为下画线，可设置值为 True 或 False。

⑦ FontTransParent：确定显示的信息是否与背景重叠，当属性值为 True（默认值）时，表示保留背景，使前景的文本或图形与背景重叠显示；当设置属性值为 False 时，背景将被前景的文本或图形覆盖。

（9）Height（高），Width（宽），Top（顶边位置）和 Left（左边位置）：Height 和 Width 属性决定窗体的初始高度和宽度；Top 和 Left 属性决定窗体顶边和左边的坐标值，Top 表示窗体到屏幕顶部的距离，Lelf 表示窗体到屏幕左边的距离。

在 Visual Basic 使用的坐标系统中，默认的坐标原点(0，0)在窗体的左上角。坐标系统的每个轴都有刻度，其默认单位为缇（Twip，567 缇为 1 厘米，1440 缇为 1 英寸）。所有控件的移动、调整大小和图形绘制语句，一般都使用缇为单位。

Visual Basic 提供了位置属性 CurrentX 和 CurrentY，分别表示窗体当前位置的横坐标和纵坐标。

（10）Icon（图标）：指定在窗体最小化时显示的图形。

（11）MaxButton，MinButton（最大化、最小化按钮）：指定是否显示窗体右上角的最大化、最小化按钮。

（12）Picture（图形）：用于在窗体上设置要显示的图形。在属性窗口中单击该属性行右端的…按钮，打开一个"加载图片"对话框，可以从中选择一个合适的图形文件。也可以在应用程序中使用以下语句格式来设置：

```
[对象. ]Picture=LoadPicture（"文件名"）
```

其中，LoadPicture 是一个装载图片函数。

（13）Visible（可见性）：设置对象的可见性，默认值为 True。若设置为 False，窗体及其上面的对象都将被隐藏。

对窗体使用 Show 或 Hide 方法，分别与在代码中将窗体的 Visible 属性设置为 True 或 False 的效果是一样的。

（14）WindowState（窗口状态）：设置窗体运行时的显示状态。有 3 种属性值：0（默认）——正常状态，1——最小化状态；2——最大化状态。

3．窗体的事件

窗体作为对象，能够对事件作出响应。窗体事件过程的一般格式为：

```
Private Sub Form_事件名([参数表])
...
End Sub
```

不管窗体名字如何定义，在事件过程中只能使用 Form。在过程内对窗体进行引用时才会用到窗体名字。

与窗体有关的常用事件有以下几种。

（1）Load（装载）事件。一旦装载窗体，就会自动触发该事件。如果使用 Load 语句调用该窗体，或者在其他窗体中引用该窗体的控件，都会触发 Load 事件。

通常，窗体的 Load 事件过程是应用程序中第一个被执行的过程，常用来进行初始化处理。Form_Load 过程执行完之后，Visual Basic 将等待下一事件发生。

（2）Unload（卸载）事件。当卸载窗体时触发 Unload 事件。单击窗体上的"关闭"按钮时也会触发该事件。利用 Unload 事件可在关闭窗体或结束应用程序时做一些必要的善后处理工作。

（3）Activate（活动），Deactivate（非活动）事件。当窗体变为活动窗体时触发 Activate 事件，当窗体不再是活动窗体时触发 Deactivate 事件。通过操作可以把窗体变为活动窗体，例如，单击窗体或在程序中执行 Show 方法等。

（4）Paint（绘画）事件。该事件被激发的前提是窗体的 AutoRedraw 属性被设置为 False。当首次显示窗体，窗体被移动或改变大小，或者窗体被其他窗体覆盖时，将触发 Paint 事件。

（5）Click（单击）事件。当用户用鼠标单击窗体时触发该事件。当单击窗体内的某个位置时，Visual Basic 将调用窗体事件过程 Form_Click。如果用户单击的是窗体内的控件，调用的是相应控件的 Click 事件过程。

（6）DblClick（双击）事件。当用户用鼠标双击窗体时触发该事件。这一过程实际上触发了两个窗体事件：第一次按鼠标键时产生 Click 事件，第二次按鼠标键时产生 DblClick 事件。

（7）KeyPress（按键）事件。当按下键盘上的某个键时，将触发 KeyPress 事件过程的格式为

```
Private Sub 对象_KeyPress(KeyAscii As Integer)
…  …
End Sub
```

其中，参数 KeyAscii 返回所按键的 ASCII 码。例如，按下 A 键，KeyAscii 的值为 65；按下 a 键，则 KeyAscii 的值为 97，等等。KeyPress 还能识别 Enter（回车），Tab 和 BackSpace 三种控制键。对于其他控制键，不做响应。

KeyPress 事件也可用于其他可接受键盘输入的控件（如文本框等）。

4．窗体的方法

（1）Show(显示)方法。用于快速显示一个窗体，使该窗体变成活动窗体。执行 Show 方法时，如果窗体已装载，则直接显示窗体；否则先执行装载窗体操作，再显示。

说明　Load 语句只是装载窗体，并不显示窗体。要想显示窗体，应执行窗体的 Show 方法。

（2）Print（打印）方法。用于在窗体上输出数据。

（3）Cls（清除）方法。用于清除运行时在窗体上显示的文本或图形。但 Cls 并不能清除在设计阶段设置的文本和图形。

（4）Move（移动）方法。用于移动并改变窗体或控件的位置和大小。其格式为[对象] Move Left [，Top[，Width[，Height]]]。

其中，Left 和 Top 参数表示将要移动对象的目标位置的 x，y 坐标。Width 和 Height 参数表示移动到目标位置后对象的宽度和高度，以此改变对象的大小。

5．窗体的焦点与 Tab 键序

1）焦点

一个应用程序可以有多个窗体，每个窗体上又可以有很多对象，但用户任何时候只能操作一个对象。我们称当前被操作的对象获得了焦点（Focus）。焦点是对象接收鼠标或键盘输入的能力。当对象具有焦点时，才能接收用户的输入。

例如，程序运行时，如果用鼠标单击（即选定）文本框，光标会在文本框内闪烁。称该文本框得到了焦点，此时用户可以向文本框输入信息。

窗体和大多数控件都可以接收焦点。但焦点在任何时候只能有一个。改变焦点将触发焦点事件。当对象得到或失去焦点时，分别产生 GotFocus 或 LostFocus 事件。

要将焦点赋给对象（窗体或控件），有以下几种方法。

● 用鼠标选定对象。

● 按快捷键选定对象。

● 按 Tab 键或 Shift+Tab 键在当前窗体的各对象之间切换焦点。

● 在代码中用 SetFocus 方法来设置焦点。例如：

```
Text1. SetFocus    '把焦点设置在文本框 Text1 上
```

但要注意，只有当对象的 Enabled 和 Visible 属性为 True 时，它才能接收焦点。

Enabled 属性允许对象响应由用户引发的事件，如键盘和鼠标事件，而 Visible 属性决定了对象在屏幕上是否可见。

2）Tab 键序

Tab 键序是指用户按 Tab 键时，焦点在控件间移动的顺序。当向窗体中设置控件时，系统会自动按顺序为每个控件指定一个 Tab 键序。Tab 键序也反映在控件的 TabIndex 属性中，其属性值为 0，1，2，…。通过改变控件的 TabIndex 属性值，可以改变默认的焦点移动顺序。

3.4　基本控件案例

3.4.1　案例实现过程

【案例说明】

窗体为应用程序提供了一个窗口，但是仅有窗体是不够的，还需要在其中放置各种控件才能实现用户与应用程序之间的信息交互。本节案例将介绍控件的公共属性和 3 种基本控件——命令按钮、标签和文本框。

输入一个总秒数，化成小时、分钟和秒数，然后显示出来。如输入 5000 秒，应输出 1 小时 23 分 20 秒。

当程序在运行时，在总秒数对应的方本框中输入要转化的秒数，单击"计算"按钮，会计算出相应的值，其运行结果如图 3.7 所示。

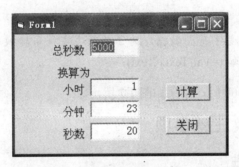

图 3.7　运行结果

【案例目的】

1．熟悉控件的公共属性。
2．理解并掌握文本框、标签框和命令按钮的各项参数。
3．熟练运用文本框、标签框和命令按钮进行程序设置。

【技术要点】

（1）创建应用程序的用户界面和设置对象属性。

在窗体上建立 5 个标签 Label1～Label5、4 个文本框 Text1～Text4 和两个命令按钮 Command1，Command2，5 个标签及两个命令按钮的 Caption 属性值如图 3.7 所示。

文本框 Text1 用于输入总秒数，文本框 Text2～Text4 用于显示时、分、秒数。这 4 个文本框的 Text 属性值均为空。

（2）编写程序代码。

功能要求：程序运行时，用户在"总秒数"文本框（Text1）内输入总秒数，当单击"计算"按钮时，进行计算和在"小时"文本框（Text2）、"分钟"文本框（Text3）和"秒数"文本框（Text4）中显示数值。

两个命令按钮单击事件过程代码如下：

```
Private Sub Command1_Click()
    Dim h As Integer,m As Integer,s As Integer,t As Integer
    t=Val(Text1.Text)
    h=t\3600
    t=t - h*3600
    m=t\60
    s=t - m*60
    Text2.Text=h
    Text3.Text=m
    Text4.Text=s
    Text1.SetFocus
End Sub
Private Sub Command2_Click()
    End
End Sub
```

说明　文本框只能接受字符型数据，为了将数字字符串转换成数值型数据，可以使用 Visual Basic 的 Val 函数，如 t=Val(Text1.Text)。

当输入的总秒数为 5000 时，结果如图 3.7 所示。

3.4.2　相关知识及注意事项

1. 控件的公共属性

控件有很多共同的属性，下面介绍多数控件所共有的常用属性。在以后介绍具体控件时，将不再重复介绍这些属性。

（1）Name 属性。用于定义控件对象的名称。每当新建一个控件时，Visual Basic 会给该控件指定一个默认名，如 Command1，Command2，…；Text1，Text2，…等。控件的 Name（名称）属性必须以字母开头，其后可以是字母、数字和下画线。名称长度不能超过 40 个字符。

用户可以在属性窗口的"名称"栏中设置控件的名称。但在应用程序运行时，Name 属性是只读的，即不能在应用程序中修改。

（2）Caption 属性。用于确定控件的标题。对于命令按钮、标签等控件，此属性保存的文字内容会出现在控件的上方。Caption 属性是说明性的文字，可以是任意的字符串。

当创建一个控件时，其默认标题与默认的 Name 属性值相同，如 Command1，Label1等。可以通过程序代码改变其值，例如：

```
Command1.Caption="结束"
```

执行该语句将使命令按钮 Command1 的标题更改为"结束"。

可以在 Caption 属性中为控件指定一个访问键。设置方法是：在想要指定为访问键的字符前加一个"&"符号。例如，将命令按钮的 Caption 属性设置为"结束(&E)"，运行时该控件外观如图 3.8 所示，只要用户同时按下 Alt 键和 E 键，就能执行该按钮命令（要写代码才可以）。

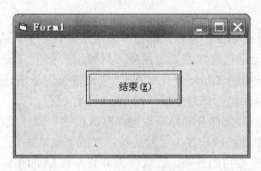

图 3.8　具有访问键的命令按钮

（3）Enabled 属性。决定控件是否对用户产生的事件作出响应。如果将控件的 Enabled 属性值设置为 True（默认值），则控件有效，允许控件对事件作出响应；当设置 Enabled 属性为 False 时，则控件变成浅灰色，不允许使用。

（4）Visible 属性。决定控件是否可见，默认值为 True。当设置 Visible 属性为 False 时，控件不可见。

（5）Height，Width，Top 和 Lelf 属性。Height 和 Width 属性确定控件的高度和宽度，Top 和 Lelf 属性确定控件在窗体中的位置。Top 表示控件到窗体顶部的距离，Lelf 表示控件到窗体左边框的距离。图 3.9 给出了控件这 4 个属性值与窗体的关系。

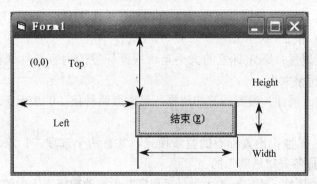

图 3.9　控件的属性值与窗体的关系

（6）BackColor 和 ForeColor 属性。这两个属性用于设置控件的背景色和前景色。

（7）FontName，FontSize，FontBold，FontItalic，FontStrikethru 和 FontUnderline 属性。这些属性用于设置控件中显示文本所用的字体、字号、是否粗体、是否斜体、是否加删除线和是否带下画线。

（8）Font 属性。确定控件中显示的文本所用字体的样式、大小、字体效果等。设置该属性时，先选定控件，从属性窗口中选择属性"Font"，再单击属性行右端的"…"按钮，然后在打开的"字体"对话框（如图 3.6 所示）直接设置即可。

2．命令按钮

命令按钮（CommandButton）用于接收用户的操作信息，并引发应用程序的某个操作。当用户用鼠标单击命令按钮，或者选中命令按钮后按 Enter 键时，就会触发该命令按钮相应的事件过程。

1）常用属性

Default 属性和 Cancel 属性：窗体上的命令按钮常会有一个默认按钮和一个取消按钮。所谓"默认按钮"是指无论当前焦点处于何处，只要用户按下 Enter 键就等价于单击该按钮，则自动执行该命令按钮的 Click 事件过程；"取消按钮"是指只要用户按下 Esc 键，就等价于单击该按钮，则自动执行该命令按钮的 Click 事件过程。

Default 属性和 Cancel 属性分别用于设置"默认按钮"和"取消按钮"，当其值设置为 True 时，表示将对应的命令按钮设置为"默认按钮"或"取消按钮"。

Style 属性：设置命令按钮的外观，默认值为 0 表示以标准的 Windows 按钮方式显示；其值为 1 时，表示以图形按钮显示，此时可用 Picture，DownPicture 和 DisabledPicture 属性来分别指定按钮在正常、被按下和不可用三种状态下的图片。

2）常用事件和方法

命令按钮最常用的事件是 Click（单击）事件，但不支持 DblClick（双击）事件。

命令按钮常用的方法是 SetFocus 方法。

3．标签

标签（label）主要用来显示比较固定的提示性信息。通常使用标签为文本框、列表框、组合框等控件附加描述性信息，其默认名称为 Label1，Label2，…。

● 常用的属性

（1）Alignment 属性：设置标签中文本的对齐方式，共有三个可选项：0（左对齐，默认值），1（右对齐）和 2（居中）。

（2）AutoSize 属性：确定标签的大小是否根据标签的内容自动调整大小。默认值为 False，表示不自动调整大小。

（3）BorderStyle 属性：设置标签的边框，可以取两种值，0 表示无边框（默认值），1 表示加上边框。

（4）BackStyle 属性：设置标签的背景模式，共有两个选项，1 表示标签将覆盖背景（默认值），0 表示标签是"透明"的。

（5）WordWrap 属性：设定标签大小是否根据其内容改变垂直方向的大小，即是否以增/减行来适应内容的变动，但保持宽度不变。当属性值为 False（默认值）时，表示不改变标签的垂直方向大小以适应标签内容的变动。设置为 True 时，表示将改变标签的垂直方向大小以适应标签内容的变动。

为了使 WordWrap 起作用，应该把 AutoSize 属性设置为 Ture。

● 常用事件和方法

标签可触发 Click，DblClick 等事件。

标签支持 Move 方法，用于实现控件的移动。

4．文本框

文本框（TextBox）是一个文本编辑区域，用户可以在该区域中输入、编辑和显示文本内容。默认情况下，文本框只能输入单行文本，并且最多可以输入 2048 个字符。

● **常用属性**

文本框具有一般控件的常用属性，但文本框没有 Caption 属性。下面介绍它的一些特殊属性。

（1）Maxlength 属性：该属性确定文本框中文本的最大长度。默认值为 0，对于单行显示的文本框，指定其最大长度为 2KB；对于多行显示的文本框，指定其最大长度为 32KB。若将其设置为正整数值，这一数值就是可容纳的最大字符数。

（2）Multiline 属性：该属性指定文本框中是否允许显示和输入多行文本。当该属性值为 False 时，文本框只能输入单行文本；当设定该属性值为 True 时，可以使用多行文本。在多行文本框中，当显示和输入的文本超过文本框的右边界时，文本会自动换行，在输入时也可以按 Enter 键强行换行，按 Ctrl+Enter 键可以插入一个空行。

（3）PasswordChar 属性：该属性确定在文本框中是否显示用户输入的字符，常用于密码输入。当把该属性设置为某个字符，如"*"时，以后用户输入到文本框中的任何字符都将以"*"替代显示，而在文本框中的实际内容仍是输入的文本，只是显示结果被改变了，因此可作为密码使用。

注意　只有在 Multiline 属性被设置为 False 的前提下，PasswordChar 属性才能起作用。

（4）ScrollBars 属性：该属性指定在文本框中是否出现滚动条。共有 4 个属性值：默认值为 0，表示不出现滚动条；值为 1 表示出现水平滚动条；值为 2 表示出现垂直滚动条；值为 3 表示同时出现水平滚动条和垂直滚动条。

注意　使文本框出现滚动条的前提是 Multiline 属性必须设置为 True。

（5）SelStart 属性、SelLength 属性和 SelText 属性：这三个属性用来标识用户选定的文本，它们只在运行阶段有效。SelStart 表示选定文本的开始位置，默认值为 0，表示从第 1 个字符开始；SelLength 表示选定文本的长度；SelText 表示选定的文本内容。

（6）Text 属性：该属性设置或返回文本框中所包含的文本内容。默认值为 Text1，Text2，…。

（7）Locked 属性：该属性设置文本框是否可以进行编辑修改。当设置值为 False（默认值）时，表示文本框可以编辑修改；若设置为 True 时，表示文本框为只读。

● **常用事件和方法**

文本框支持 Click，DblClick 等鼠标事件，同时支持 Change，GotFocus，LostFocus 等事件。

当文本框的 Text 属性内容发生变化时，触发文本框的 Change 事件。常在该事件过程中编写程序代码对文本框内容进行具体处理。

文本框常用方法有 SetFocus 方法和 Move 方法。

3.5　对话框案例

3.5.1　案例实现过程

【案例说明】

设计程序，由用户从输入框输入圆的半径，输出圆的周长和面积。

分析功能要求：当用户单击"开始"按钮（Command1）时，弹出一个输入对话框，供用户通过消息框提示"计算机已完成"。单击"结束"按钮（Command2）结束程序的运行。

程序运行效果如图 3.10 所示。

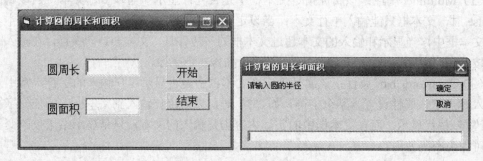

图 3.10　程序运行效果

【案例目的】

1. 掌握输入框和消息框各项参数的理解和运用。
2. 能运用输入框和消息框解决实际输入问题。

【技术要点】

（1）创建应用程序的用户界面和设置对象的属性。窗体上含有两个标签、两个文本框（Text1 和 Text2）和两个命令按钮（Command1 和 Command2），如图 3.11 所示，文本框 Text1 和 Text2 都用于输出信息，故设置 Locked 属性为 Ture，其 Text1 属性均为空。

（2）编写程序代码。

编写的两个按钮单击事件过程的代码如下：

```
Private Sub Command1_click()          '"开始"
    Dim r As Single,k As Single,s As Single
    r=Val(InputBox("请输入圆的半径","计算圆的周长和面积"))
    k=2*3.14159*r
    s=3.14159*r*r
    Text1.Text=k
    Text2.Text=s
    MsgBox "计算已完成",
End Sub
```

```
Private Sub Command2_click()          ' "结束"
    End
End Sub
```

当输入的圆半径为 50 时，运行结果如图 3.11 所示

图 3.11　输入数据后运行结果

3.5.2　相关知识及注意事项

对话框是程序与用户进行交互的重要途径。对话框既可以用于显示信息，也可以用于输入信息。在 Visual Basic 中能够建立两种预制对话框：输入对话框和消息对话框。这两种对话框的实现都只需使用系统提供的函数（InputBox 和 MsgBox），而不必为对话框另建窗体。

1. 输入对话框

InputBox 函数用于产生一个能接受用户输入的对话框，其语法格式如下：

　　变量=iputBox（提示[，标题][，默认值][，ypos][，ypos]）

其中：

（1）"提示"指定在对话框中显示的文本。要使"提示"文本换行显示，可在换行处插入回车符（Chr（13））、换行符（Chr（10））（或系统符号常量 vbcrLf）或回车换行符（Chr（13）+（Chr（10）），使显示的文本换行。

（2）"标题"指定对话框的标题。

（3）"默认值"用于指定输入框（用于输入内容的文本框）中显示的默认文本。

（4）xpos 和 ypos 分别指定对话框的左边和上边与屏幕左边和上边的距离。

例如下列语句：

FileName$=InputBox("请输入你该卡号的密码（不超过 6 个字符）","卡号框","888888")
将产生一个如图 3.12 所示的输入对话框。当用户在对话框中输入文本后，单击对话框的"确定"按钮，输入的文本将返回给变量 filename$。当用户单击"取消"按钮时，返回的是一个空字符串。

图 3.12　输入对话框

如果把上述语句改为：

FileName$=InputBox("请输入你该卡号的密码"+Chr(13)+"*（不超过 6 个字节）","卡号框","888888")，则是把"提示"信息分为"请输入你该卡号的密码"和"*（不超过 6 个字节）"两行显示，如图 3.13 所示。

图 3.13 "提示"信息分行显示

2．消息对话框

使用 MsgBox 函数可以产生一个对话框来显示消息，如图 3.14 所示，当用户单击某个按钮后，将返回一个数值以标明用户单击了哪个按钮。其语法格式是：

变量=MsgBox（提示[，对话框类型[，对话框标题]]）

其中：

（1）"提示"指定在对话框中显示的文本。在"提示"文本中使用回车符（Chr(13)）、换行符（Chr（10））或回车换行符（Chr(13)+Chr(10)），使显示的文本换行。

（2）"对话框标题"指定对话框的标题。

（3）"对话框类型"指定对话框中出现的按钮和图标，一般有三个参数，其取值和含义如表 3.3、表 3.4 和表 3.5 所示。

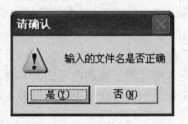

图 3.14 消息对话框

表 3.3 参数 1——出现按钮

值	符 号 常 量	显示的按钮
0	vb0KOnly	"确定"按钮
1	vbokCancel	"确定"和"取消"按钮
2	vbAbortRetryIgnore	"中止"、"重试"和"忽略"按钮
3	vbYesNoCancel	"是"、"否"和"取消"按钮
4	vbYesNO	"是"和"否"按钮
5	vbRetryCancel	"重试"和"取消"按钮

表 3.4　参数 2——图标按钮

值	符 号 常 量	显示的图标
16	vbCritical	停止图标
32	vbQuestion	问号(?)图标
48	vbExclamation	感叹号(!)图标
64	vbInformation	消息图标

表 3.5　参数 3——默认按钮

值	符 号 常 量	默认的活动按钮
0	vbDefaultButton1	第一个按钮
265	vbDefaultButton2	第二个按钮
512	vbDefaultButton3	第三个按钮

这三种参数值决定了对话框的模式。可以把这些参数值（每组值只取一个）相加以生成一个组合的按钮参数值。例如：

```
y=MsgBox("输入的文件名是否正确",52,"请确认")
```

显示的对话框如图 3.15 所示。其中 52=4+48+0 表示显示两种按钮（"是"和"否"）、采用感叹号（!）图标和指定第一个按钮为默认的活动按钮。

（4）MsgBox 返回值指明了用户在对话框中选择了哪一个按钮，如表 3.6 所示。

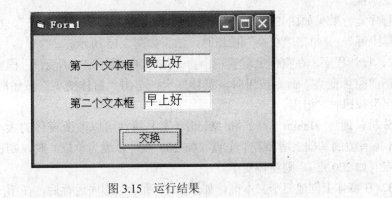

图 3.15　运行结果

表 3.6　函数返回值

值	符 号 常 量	显示的按钮
1	vbOK	"确定"按钮
2	vbCancel	"取消"按钮
3	vbAbort	"中止"按钮
4	vbRetry	"重试"按钮
5	vbIgnore	"忽略"按钮
6	vbYes	"是"按钮
7	vbNo	"否"按钮

（5）选项中的值可以是数值，也可以是符号常量，例如：

```
x=vbYesNoCancel+vbQuestion+vbDefaultButtonl
y=MsgBox("输入的文件名是否正确",x,"请确认")
```

（6）如果省略了某一选项，必须加入相应的逗号分隔符，例如：

```
y=MsgBox("输入的文件名是否正确","请确认")
```

（7）若不需要返回值，则可以使用 MsgBox 的语句格式：

```
MsgBox 提示[,对话框类型[,对话框标题]]
```

3.6 综合案例

案例实现过程

【案例说明】

1．设计程序，实现两个文本框内容的交换。

分析：交换两个文本框中的内容，与交换两个变量值一样。使用一个变量 t，先将第一个文本框的内容暂存于 t，再将第二个文本框的内容存入第一个文本框，最后将 t 值存入第二个文本框。

程序运行效果如图 3.15，当其在第一个文本框中输入"晚上好"、在第二个文本框中输入"早上好"，并单击"交换"按钮时，结果如图 3.15 所示。

2．设计程序，在窗体上设置三个命令按钮（如图 3.16 所示）。程序进入运行状态后，当单击"窗体变大"命令按钮时，窗体变大；单击"窗体变小"按钮时，窗体变小；单击"退出"按钮时，退出。

分析：通过 Height（高）和 Width（宽）属性可以改变窗体的大小。当在 Height 和 Width 原有值的基础上增加若干个点（如 200 点，以缇为单位）时，则窗体变大；若减少若干个点（如 200 点），则窗体变小。

3．在窗体上创建三个文本框，如图 3.17 所示。程序运行后，在第一个文本框中输入文字时，在另外两个文本框中显示相同的内容，但显示的字号和字体不同。单击"清除"按钮时，清除三个文本框中的内容。

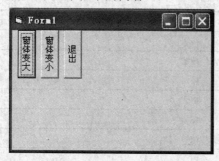
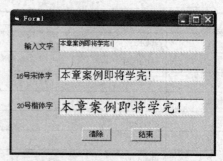

图 3.16　运行界面　　　　　　　　　　图 3.17　显示不同的文字效果

4. 设计程序，实现标签的显示和隐藏，并改变文字的颜色。

程序运行效果如图 3.18 所示。

图 3.18 程序运行效果

【案例目的】

1. 熟练运用本章所学的各种知识点。

2. 能对本章所学的各种知识进行技巧性运用处理。

【技术要点】

1. 运用案例说明中的第一部分

设计程序，实现两个文本框内容的交换。

（1）在窗体上建立两个标签、两个文本框和一个命令按钮，如图 3.15 所示。

两个标签分别显示"第一个文本框"和"第二个文本框"，命令按钮 Command1 的 Caption 属性设置为"交换"。两个文本框 Text1 和 Text2 用于存放要交换的内容，其 Text 属性值均为空。

（2）编写程序代码如下。

```
Private Sub Command1_Click()    '"交换"按钮
Dim t As String,a As String,b As String
a=Text1.Text
b=Text2.Text
t=a
a=b
b=t
Text1.Text=a
Text2.Text=b
End Sub
```

程序运行时，在"第一个文本框"Text1 中输入"早上好"，在第二个文本框中输入"晚上好"，单击"交换"按钮后，运行结果如图 3.15 所示。

2. 运用案例说明中的第二部分

设计程序，在窗体上设置三个命令按钮（如图 3.16 所示）。程序进入运行状态后，当单击"窗体变大"按钮时，窗体变大；单击"窗体变小"按钮时，窗体变小；单击"退出"按钮时，退出。

（1）在窗体上建立三个命令按钮 Command1，Command2 和 Command3，其 Caption 属性分别为"窗体变大"、"窗体变小"和"退出"，如图 3.16 所示。

（2）编写程序代码。

编写的 4 个事件过程代码如下。

```
Private Sub Form_Load()
   Form1.Height=4000
   Form1.Width=4000
   Form1.Top=1000
   Form1.Left=1000
End Sub
Private Sub Command1_Click()              '"窗体变大"按钮
   Form1.Height=Form1.Height+300          '每次增加300点
   Form1.Width=Form1.Width+300
End Sub
Private Sub Command2_Click()              '"窗体变小"按钮
   Form1.Height=Form1.Height - 300        '每次减少300点
   Form1.Width=Form1.Width - 300
End Sub
Private Sub Command3_Click()              '"退出"按钮
   Unload Me
End Sub
```

3. 运用案例说明中的第三部分

在窗体上创建三个文本框，如图 3.17 所示。程序运行后，在第一个文本框中输入文字时，在另外两个文本框中显示相同的内容，但显示的字号和字体不同。单击"清除"按钮时，清除三个文本框中的内容。

（1）创建应用程序的用户界面和设置对象属性。窗体上含有三个标签 Label1~Label3、3 个文本框 Text1~Text3 和 2 个命令按钮 Command1~Command2。三个标签及 2 个命令按钮的 Caption 属性值如图 3.17 所示。3 个文本框的 Text 属性均设置为空值，文本框 Text1 的 TabIndex 属性设置为 0。

（2）编写程序代码。

编写的 4 个事件过程代码如下。

```
Private Sub Form_Load()
    Text2.FontName="宋体"
    Text2.FontSize=16
    Text3.FontName="楷体_GB2312"
    Text3.FontSize=20
End Sub
Private Sub Text1_Change()
    Text2.Text=Text1.Text
    Text3.Text=Text1.Text
```

```
    End Sub
    Private Sub Command1_Click()          ' "清除" 按钮
        Text1.Text=""                     '清除文本框 Text1 的内容
        Text2.Text=""                     '清除文本框 Text2 的内容
        Text3.Text=""                     '清除文本框 Text3 的内容
        Text1.SetFocus                    '设置焦点
    End Sub
    Private Sub Command2_Click()          ' "结束" 按钮
        Unload Me
    End Sub
```

程序运行时，光标在文本框 Text1 中闪烁，当从键盘向该文本框输入内容时，都会触发 Change 事件和执行 Text1_Change 事件过程，则在文本框 Text2 和 Text3 中以不同的字体、字号显示出文本框 Text1 中的内容，如图 3.17 所示。

4．运用案例说明中的第四部分

设计程序，实现标签的显示和隐藏，并改变文字的颜色。

（1）在窗体上建立一个标签（Label1）和 3 个命令按钮（Command1，Command2 和 Command3），然后设置对象的属性，如图 3.18 所示。

3 个命令按钮的 Caption 属性值设置为 "改变文字颜色(&C)"、"隐藏标签(&H)" 和 "显示标签(&D)"，这样在程序运行时就可以使用访问键 Alt+C，Alt+H 和 Alt+D 来分别执行这 3 个命令。

（2）编写程序代码。

编写的 4 个事件过程代码如下。

```
    Private Sub Form_Load()
        Randomize
        Label1.DackColor-QBColor(15)          '背景色
        Label1.ForeColor=QBColor(0)           '文字颜色
        Label1.FontSize=18                    '字体大小
    End Sub
    Private Sub Command1_Click()              ' "改变文字颜色" 按钮
        Clr=Int(15*Rnd)                       '产生随机颜色码
        Label1.ForeColor=QBColor(Clr)
    End Sub
    Private Sub Command2_Click()              ' "隐藏标签" 按钮
        Label1.Visible=False                  '隐藏标签
    End Sub
    Private Sub Command3_Click()              ' "显示标签" 按钮
        Label1.Visible=True                   '显示标签
    End Sub
```

说明　在 Command1_Click( )事件过程中，采用随机函数来产生颜色代码（0-14；15 为底色，不用），以此来改变标签中的文字颜色，故在 Form_Load( )事件过程中采用 Randomize 来初始化随机数发生器。

3.7　本章实训

一、实训目的

1. 掌握顺序结构程序设计的方法。
2. 掌握数据输入和输出的方法。
3. 掌握赋值语句、结束语句和注释语句的编写。
4. 掌握窗体、文本框、命令按钮、标签控件的常用属性、方法和事件。

二、实训步骤及内容

1. 设计程序，在指定范围内（1~n）产生 3 个随机整数，范围 n 在文本框中输入，3 个随机整数显示在 3 个标签中，程序运行结果如图 3.19 所示。

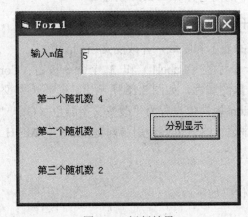

图 3.19　运行结果

代码如下：

```
Private Sub Command1_Click()
    n=Val(Text1.Text)
    Randomize
    x=Int(1+n*Rnd)
    _____.Caption="第一个随机数"+Str(x)
    x=Int(1+n*Rnd)
    Label3.Caption="第二个随机数"+Str(x)
    x=Int(1+n*Rnd)
    Label4._____="第三个随机数"+Str(x)
End Sub
```

2. 在窗体上建立 4 个文本框和 2 个命令按钮，当用户在第 1、第 2 及第 3 个文本框中输入数据和单击"交换"按钮时，3 个文本框内数据进行交换，即第 2 个文本框的内容放入第 1 个文本框，第 3 个文本框的内容放入第 2 个文本框，第 1 个文本框的内容放入第 3 个文本框。当单击"合并"按钮时，把 3 个文本框内当前内容进行合并，第 1 个文本框内容居前，接着是第 2 个文本框的内容，最后是第 3 个文本框的内容，合并后内容放入第 4 个文本框中。程序运行结果如图 3.20 所示。

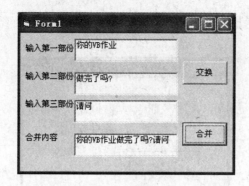

图 3.20 运行结果

代码如下：

```
Private Sub Command1_Click()           '"交换"
    t=_____
    Text1.Text=Text2.Text
    Text2.Text=Text3.Text
    Text3.Text=t
End Sub
Private Sub Command2_Click()           '"合并"
    t=Text1.Text+Text2.Text+Text3.Text
    Text4.Text=_____
End Sub
```

3．在窗体上设置一个文本框和"往左"、"往右"、"居中"三个命令按钮，文本框中显示"Left 属性的使用"。三个命令按钮的作用如下：

● 单击"往左"按钮时，文本框移到窗体的左侧。

● 单击"往右"按钮时，文本框移到窗体的右侧。

● 单击"居中"按钮时，文本框居中。

提示 移动文本框可使用文本框的 Left 属性，窗体左侧位置为 0，窗体右侧位置为 Form1.Width，文本框长度为 Text1.Width（界面读者可以自己设定）。

代码如下：

```
Private Sub Command1_Click()           '往左
    Text1.Left=0
End Sub
Private Sub Command2_Click()           '往右
    Text1.Left=Form1.Width - Text1.Width
End Sub
Private Sub Command3_Click()           '居中
    Text1.Left=(Form1.Width - Text1.Width)/2
End Sub
```

4．在窗体上设置一个命令按钮 Cmdl 和一个标签 Labl，两个控件的 Visible 属性均为 False，按钮的标题是"显示"。运行程序后，单击窗体时显示出命令按钮，再单击命令按钮时则显示标签，并在标签上显示"您已下达显示命令"。程序运行结果如图 3.21 所示。

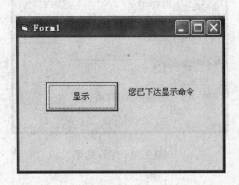

图 3.21　运行结果

5．要显示如图 3.22、图 3.23 和图 3.24 所示各消息对话框，请写出相应的实现语句并调试。可以用一个命令按钮来实现。

图 3.22　要显示的第一个消息对话框

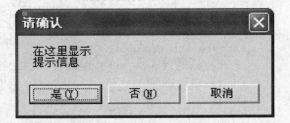

图 3.23　要显示的第二个消息对话框

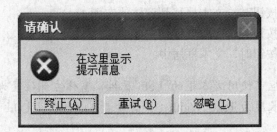

图 3.24　要显示的第三个消息对话框

代码如下：

```
Private Sub Cmd1_Click()
x=_____("在这里显示提示信息",4+0,"请确认")
x=MsgBox("在这里显示"+_____+"提示信息",3+0,"请确认")
x=MsgBox("在这里显示"+Chr(13)+"提示信息",_____+16+0,"请确认")
End Sub
```

三、实训总结

根据操作实际情况，写出实训报告。

3.8 习题

一、单选题

1. 语句 s=s+1 的正确含义是（　　）。

　　A．变量 s 的值与 s+1 的值相等　　　　B．将变量 s 的值存到 s+1 中去

　　C．将变量 s 的值加 1 后赋给变量 s　　　D．变量 s 的值为 1

2. 假设已使用如下变量声明语句：

```
Dim date_1 As Date
```

则为变量 date_1 正确赋值的语句是（　　）。

　　A．data_1=date("1/1/2008")　　　　　B．data_1=#1/1/2008#

　　C．data_1=1/1/2008　　　　　　　　　D．data_1="1/1/2008"

3. 下列程序段执行后，输出结果是（　　）。

```
a=0: b=l
a=a+b: b=a+b
Print a; b
a=a+b: b=a+b
Print a; b
a=b-a: b=b-a
Print a; b
```

　　A．1　2　　　　　B．3　5　　　　　C．1　2　　　　　D．1　2

　　　　3　4　　　　　　　2　3　　　　　　　3　4　　　　　　　3　5

　　　　3　4　　　　　　　1　2　　　　　　　2　3　　　　　　　2　3

4. 语句 Print "Sqr(16)="; Sqr(16)的输出结果为（　　）。

　　A．Sqr(16)=Sqr(16)　　B．Sqr(16)=4　　C．"4="4　　D．4=Sqr(16)

5. 设有语句

```
Labell.Caption=InputBox("输入标题","新标题","旧标题")
```

执行后，当弹出输入对话框时，若用户不输入内容就直接按 Enter 键，则（　　）。

　　A．标签 Label1 的标题内容是"新标题"

　　B．标签 Label1 的标题内容是"旧标题"

　　C．标签 Label1 的标题内容不能确定

　　D．标签 Label1 的标题内容为空白

6. 在窗体上建立三个文本框（Text1，Text2 和 Text3）和一个命令按钮（Command1），并编写如下两个事件过程：

```
Dim x As Integer
  x=Val(Text1. text)+ Val(Text2. text)+ Val(Text3. text)
  Text1. text=11
  Text3. teXt; x
```

```
End Sub
Private Sub Form_Load()
   Text1. Text=""
   Text2. text=22
   Text3. text=33
End Sub
```

程序运行后，单击命令按钮 Command1，在三个文本框 Text1，Text2，Text3 中显示的内容分别为＿＿＿(1)＿＿＿、＿＿＿(2)＿＿＿和＿＿＿(3)＿＿＿。

  A. 33　　　　　　B. 22　　　　　　C. 55　　　　　　　　D. 11

7. 在窗体上建立两个文本框 Text1 和 Text2，并编写如下一个事件过程：

```
Private Sub Text1_KeyPress(KeyAscii As Integer)
   Dim Strc As String
   Strc=UCase(Chr(KeyAscii+1))
   Text2.Text=String(3, Strc)
End Sub
```

运行程序后，在文本框 Text1 中输入 "a"，则在文本框 Text2 中显示的内容是（　　　）。

  A. AAA　　　　　B. aaa　　　　　C. bbb　　　　D. BBB

8. 在 Command1 的 Click 事件中，要关闭当前窗体 Form1，不能用（　　　）。

  A. End　　　　　B. Unload me　　　C. Unload Form1　D. Form1.Hide

9. 在命令按钮上单击鼠标不会产生（　　）事件。

  A. Click　　　　B. DblClick　　　C. MouseDown　　D. MouseUp

10. 在程序代码中，给对象设置焦点的方法是（　　　）。

  A. GotFocus　　B. LostFocus　　C. SetFocus　　　D. TabIndex

11. 要让标签自动调整其大小，以便刚好能显示其内容，可设（　　　）属性为 True。

  A. Caption　　　B. AlignMent　　C. AutoSize　　　D. Font

12. （　　　）属性值为文本框的显示内容。

  A. 名称　　　　B. Caption　　　C. SelStart　　　D. Text

13. 要设置标签的背景 "透明"，应将（　　　）属性的值设为 0。

  A. BorderStyle　B. Style　　　　C. BackColor　　D. BackStyle

14. 要隐藏输入的字符，改用指定的字符显示，应设置文本框的（　　　）属性。

  A. PasswordChar　B. SelStart　　C. SelText　　　D. SelLength

15. 给窗体设置背景图片所要用到的属性是（　　　）。

  A. BackColor　　B. Picture　　　C. DownPicture　　D. DisabledPicture

16. 修改（　　）或（　　）的属性值，能阻止用户修改文本框的值，修改（　　）属性值，可将文本框改为多行。

  A. Locked、Enabled、MultiLine　　B. Enabled、Text、MultiLine

  C. SelText、SelStart、ScrollBars　　D. MultiLine、ScrollBars、Locked

二、填空题

1. 执行语句 Print Format(123.5，"$000，###"）的输出结果是＿＿＿＿＿＿。

2．要在标签 Label1 上显示"a*b="，所使用的语句是_____。

3．确定一个控件的大小的属性是_____和_____。

4．为了使标签中的标题(Caption)内容居中显示，应将 Alignment 属性值设置为_____。

5．要使文本框 Text1 具有焦点，应执行的语句是_____。

6．为了使文本框具有垂直滚动条，应将_____属性设置为 Ture，再将_____属性设置为_____。

7．在窗体上已经建立了一个文本框 Text1 和一个标签 Label1，然后编写如下两个事件过程：

```
Private sub Form_Load()
    Show
    Text1.Text="编程技术"
End sub
Private Sub Text1_Change()
    Label1.Caption="程序设计"
End Sub
```

运行后，在文本框中显示的内容是_____,在标签上显示的内容是_____。

3.9　本章小结

本章主要介绍了 Visual Basic 应用程序处理数据的三部分内容，即输入数据、计算处理、输出结果，它们的关系是：输入 ——→ 处理 ——→ 输出。在此主线上，通过案例进行详细讲解和学习了数据的输入和输出，最后以综合案例进行讲解，综合了本章所学的相关知识要点，进行了实用和技巧处理。

第4章 选择结构设计

学习目标：用顺序结构编写的程序比较简单，只能实现一些简单的处理；在实际应用中，有许多问题需要判断某些条件，根据判断的结果来控制程序的流程。使用选择结构的程序，可以实现这样的处理。

选择结构程序设计的特点是：根据所给定的条件成立与否，决定从各个可能的执行分支中，选择且只选一个分支执行。Visual Basic 中实现选择结构的语句主要有：If 语句和 Select Case 语句。通过本章的学习，读者应该掌握以下内容：

- 选择结构程序设计的特点；
- If 语句、Select Case 语句；
- 选项按钮、框架、复选框和计时器的常用属性、方法和事件。

学习重点与难点：掌握 Visual Basic 程序设计中选择结构的理解和运用，理解掌握选择性控件和计时器控件的运用。

4.1 条件语句案例

4.1.1 案例实现过程

【案例说明】

建立如图 4.1 所示的窗体，要求程序能对输入的"性别"和"邮政编码"、"联系电话"进行校验（性别只允许输入"男"或"女"，邮政编码必须是 6 位数字，联系电话必须是 8 位数字）。如果输入的数据不符合要求，则清空相应的文本框，并将插入点置于该框中。所有的校验工作可以在单击"退出"按钮后进行，此时，程序检查所有文本框，如有空白或内容错误，要求继续输入，否则结束程序。

程序运行效果如图 4.1 所示。

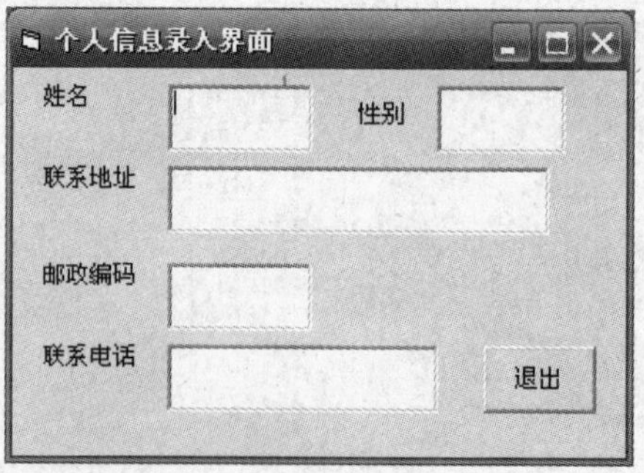

图 4.1　个人信息录入界面

分析：此过程中不仅用到上一章的函数比如："Exit Sub"是退出过程，函数 Len（字符串）可得到字符串的长度，函数 IsNumeric（字符串）可检验字符串是否是数值，更重要的是，程序代码中会用到条件句来进行判断，即我们这一章所讲的重点之一，条件句。

【案例目的】

1．理解条件句的基本语法格式。
2．熟练掌握条件句的几种常用格式和基本运用。
3．结合前面章节知识去解决分析问题。

【技术要点】

1．界面设计

启动 Visual Basic 后，进入窗口，进行界面设计，分别设计 5 个标签框，5 个文本框和 1 个命令按钮，如图 4.2 所示。

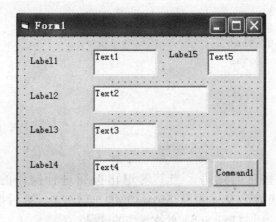

图 4.2　设计界面

2．修改控件属性

其相应属性如表 4.1 所示，修改完运行界面如图 4.1 所示。

表 4.1　主要属性设置

控 件 名	属　性	属 性 值	控 件 名	属　性	属 性 值
Text1	Name	Textxm	Label1	caption	姓名
Text2	Name	Textdz	Label2	caption	联系地址
Text3	Name	Textyb	Label3	caption	邮政编码
Text4	Name	Textdh	Label4	caption	联系电话
Text5	Name	Textxb	Label5	caption	性别
Command1	caption	退出	Form1	caption	个人信息录入界面

说明　Text1～Text5 的 Text 属性全部置空。

3. 编写代码及调试程序

```
Private Sub Command1_Click()
  If Textxm="" Then
    Textxm.SetFocus
    Exit Sub
  End If
  If Textxb="" Then
    Textxb.SetFocus
    Exit Sub
  End If
  If Textdz="" Then
    Textdz.SetFocus
    Exit Sub
  End If
  If Textyb="" Then
  •  Textyb.SetFocus
    Exit Sub
  End If
  If Textdh="" Then
    Textdh.SetFocus
    Exit Sub
  End If
  End
End Sub
```

代码分析：

以上是退出命令按钮的代码，当其对退出按钮进行操作的时候，用条件句 If Textxm="" Then，如果姓名文本框（Textxm）为空（""），然后把光标移到文本框中（Textxm.SetFocus），并退出（Exit Sub）此次操作的过程。

同理，分别对联系地址文本框（Textdz），邮政编码文本框（Textyb），联系电话文本框（Textdh）和性别文本框（Textxb）进行同样的处理。

```
Private Sub Textdh_LostFocus()
  If Textdh.Text <> "" Then
    If Len(Textdh.Text) <> 8 Or Not IsNumeric(Textdh.Text)  Then
      Textdh.Text=""
      Textdh.SetFocus
    End If
  End If
End Sub

Private Sub Textxb_LostFocus()
  If Textxb.Text <> "" Then
    If Textxb.Text <> "男" And Textxb.Text <> "女"  Then
      Textxb.Text=""
```

```
        Textxb.SetFocus
      End If
    End If
End Sub

Private Sub Textyb_LostFocus()
  If Textyb.Text <> "" Then
    If Len(Textyb.Text) <> 6 Or Not IsNumeric(Textyb.Text)  Then
      Textyb.Text=""
      Textyb.SetFocus
    End If
  End If
End Sub
```

代码分析：

以上是对性别文本框（Textxb）和联系电话文本框（Textdh）进行的处理。

当其光标从联系电话文本框（Textdh）移出时，即 Textdh_LostFocus()事件发生，用条件句 If Textdh.Text <> ""判断。如果联系电话文本框不为空，则用条件句测试 If Len(Textdh.Text) <> 8 Or Not IsNumeric(Textdh.Text)。如果输入的内容长度没有 8 位或者输入的内容不是数字型，则置空该文本框（Textdh.Text=""），并把光标移到本文本框中。

同理，也对性别文本框（Textxb）进行相应的处理。其主要运用原理与上相同，注意，条件句 If Textxb.Text <> "男" And Textxb.Text <> "女"的用法，如果输入的内容不为男或者不是女，那么可能会出现什么情况呢？

最后，同样对邮政编码（Textyb.Text）进行相应的处理。其主要运用原理与上相同，注意，条件句 If Len(Textyb.Text) <> 6 Or Not IsNumeric(Textyb.Text)的用法，如果输入的内容不是 6 位或者不是数字型，那么可能会出现什么情况呢？

程序在运行时，可以对上面的分析输入不同的值进行测试和验证。

4.1.2　应用扩展

如果要求在文本框失去焦点时对文本框的内容进行校验，则如何编程？

如果输入的数据不符合要求，或者在单击"退出"按钮时还有空白的文本框，在作出处理之前要求给出提示信息，即如何修改程序。

要解答以上两个问题，可以用到上一章中的消息框（MsgBox）来实现。

代码如下：

```
Private Sub Command1_Click()
  If Textxm="" Then
MsgBox "姓名不能为空，请确定并重新输入"
  Textxm.SetFocus
  Exit Sub
  End If
  If Textxb="" Then
```

```
MsgBox "性别不能为空，请确定并重新输入"
    Textxb.SetFocus
    Exit Sub
  End If
  If Textdz="" Then
MsgBox "地址不能为空，请确定并重新输入"
    Textdz.SetFocus
    Exit Sub
  End If
  If Textyb="" Then
MsgBox "邮编不能为空，请确定并重新输入"
    Textyb.SetFocus
    Exit Sub
  End If
  If Textdh="" Then
MsgBox "电话不能为空，请确定并重新输入"
    Textdh.SetFocus
    Exit Sub
  End If
  End
End Sub

Private Sub Textdh_LostFocus()
  If Textdh.Text <> "" Then
    If Len(Textdh.Text) <> 8 Or Not IsNumeric(Textdh.Text) Then
    MsgBox "电话输入位数不对或者输入的内容为非数字，请确定并重新输入"
      Textdh.Text=""
      Textdh.SetFocus
    End If
  End If
End Sub

Private Sub Textxb_LostFocus()
  If Textxb.Text <> "" Then
    If Textxb.Text <> "男" And Textxb.Text <> "女" Then
      MsgBox "性别只能是男或女，你输入有误，请确定并重新输入"
      Textxb.Text=""
      Textxb.SetFocus
    End If
  End If
End Sub

Private Sub Textyb_LostFocus()
  If Textyb.Text <> "" Then
    If Len(Textyb.Text) <> 6 Or Not IsNumeric(Textyb.Text) Then
      MsgBox "邮政编码位数不对或者是非数值型，请确定并重新输入"
      Textyb.Text=""
```

```
        Textyb.SetFocus
    End If
  End If
End Sub
```

请读者注意，代码没有发生本质的变化，就是多了一个 MsgBox，注意此语句应该放在什么位置是最好的。

现在在输入"李小平"的时候，不小心把"李小平"的性别输成了"田"，本应该是"男"，这个程序的运行效果如图 4.3 所示。

图 4.3 性别输入错误时的效果

4.1.3 相关知识及注意事项

1. 条件语句

Visual Basic 提供了两种格式的条件语句：If…Then 和 If…Then…Else 语句。

1）If…Then 语句

If…Then 语句有两种语法格式

● 单行结构格式

```
    If 条件  Then 语句
```

● 块结构格式

```
    If 条件   Then
            语句块
    End If
```

功能：若条件成立（值为真），则执行 Then 后面的语句或语句块，否则直接执行下一条语句或"End if"后的下一条语句。

例如，如果满足条件 CJ<60，打印出"成绩不及格"，采用的单行结构条件语句是：

```
    If CJ<60 Then Print "成绩不及格"
```

如果条件成立，则要执行多行代码，可以使用块结构格式，例如：

```
    If CJ<60 Then
    Print "成绩不及格"
    Print "请准备补考"
```

```
        End If
```

2）If…Then…Else 语句

If…Then…Else 语句有两种语法格式

● 单行结构格式

```
    If 条件  Then 语句 1 Else 语句 2
```

● 块结构格式

```
    If 条件  Then
        语句块 1
    Else
        语句块 2
    End If
```

功能：首先测试条件，如果条件成立（值为真），执行 Then 后面的语句块 1；如果条件不成立（值为假），执行 Else 后面的语句块 2。在执行 Then 或 Else 之后的语句块后，会从 End If 之后的语句继续执行。

3）IIf 函数

IIf 函数可用来执行一些简单的条件判断操作，其语法格式是：

```
    IIf（条件，条件为真时的值，条件为假时的值）
```

功能：对条件进行测试，若条件成立（为真值），取第一个值（即"条件为真时的值"），否则取第二个值（即"条件为假时的值"）。

例如，将 a，b 中的小数放入 Min 变量中，语句如下：

```
    Min=IIf（a<b，a，b）
```

2．条件语句的嵌套

1）一般格式

在条件语句中，Then 和 Else 后面的语句块也可以包含另一个条件语句，这就形成条件语句的嵌套。例如：

```
    If 条件 1 Then
        If 条件 2 Then
            …
        End If
    Else
        …
    End If
```

例如，根据不同的时间段发出问候语，如 0 时到 12 时，显示"早上好"。

本例采用默认的用户界面，利用窗体装载（Load）事件，采用 Print 方法直接在窗体上输出结果。程序代码如下：

```
Private Sub Form_Load()
```

```
    Dim h As Integer
    Show
    h=Hour(Time)      '取系统的时间
    FontSize=30
    FontColor=RGB(255,0,0)
    BackColor=RGB(255,255,0)
    If h < 12 Then
        Print "早上好！"
    Else
        If h < 18 Then
            Print "下午好！"
        Else
            Print "晚上好！"
        End If
    End If
End Sub
```

使用条件语句嵌套时，一定要注意 If 与 Else，If 与 End If 的配对关系。

2）Else If 格式

如果出现多层 If 语句嵌套，将使程序冗长，不便阅读，为此 Visual Basic 提供了带有 Else If 的语句结构。

```
If 条件 1 Then
    语句块 1
Else If 条件 2 Then
    语句块 2
Else If 条件 3 Then
    语句块 3
    [Else
        语句块 n]
End If
```

这是多分支的条件语句。该语句执行时先测试条件 1，如果为假，依次测试条件 2，以此类推，直到找到为真的条件。一旦找到一个为真的条件，Visual Basic 会执行相应的语句块，然后执行 End If 语句后面的代码。如果所有条件都是假，Visual Basic 便执行 Else 后面的语句块 n，然后执行 End If 语句后面的代码。

3. 多分支语句

虽然使用条件语句的嵌套可以实现多分支选择，但结构不够简明。使用多分支语句 Select Case 也可以实现多分支选择，它比起上述条件语句嵌套更有效，更易读。多分支语句也称为情况语句，其语法格式为：

```
Case 表达式 1
    语句块 1
[Case 表达式表 2
    语句块 2]
```

```
    ...
    [Case Else
        语句块 n]
    End Select
```

"表达式表"通常是一个具体值（如 Case 1），每一个值确定一个分支，还有 3 种方法可以确定设定值：

（1）一组值（用逗号隔开），例如：

```
    Case 1, 3, 5      '表示条件在 1，3，5 范围内取值
```

（2）表达式 1 To 表达式 2，例如：

```
    Case 60 To 80     '表示条件取值范围为 60～80
```

（3）is 关系式，例如：

```
    Case is<5            '表示条件在小于 5 的范围内取值
```

本语句执行时，先计算"表达式"的值，然后将该值依次与结构中的每个 Case 的值进行比较。如果该值符合某个 Case 指定值的条件，执行该 Case 的语句块，然后跳到 End Select 出口语句。如果没有相符合的 Case 语句值，执行 Case Else 中的语句块。

4.2　选择结构程序设计案例

4.2.1　案例实现过程

【案例说明】

1. 输入三个数 a，b，c，求其中的最大数。用户在"a="文本框(Text1)，"b="文本框(Text2)和"c="文本框(Text3)中输入数据，单击"判断"按钮后，在"最大数="文本框(Text4)中输出结果。运行效果如图 4.4 所示。

2. 输入三个数，将它们从大到小排列，用户在 3 个文本框（Text1，Text2，Text3）中输入数据，单击"排序"按钮（Command1），在第 4 个文本框（Text4）中显示结果。运行效果如图 4.5 所示。

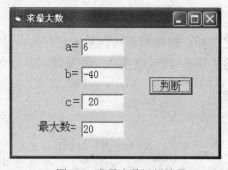

图 4.4　求最大数运行结果

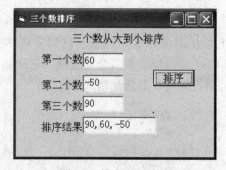

图 4.5　排序运行结果

3．输入学生成绩（百分制），判断该成绩的等级（优良、及格、不及格）。用来存放较大值，用户从"成绩"文本框（Text1）中输入学生成绩，单击"执行"按钮（Command1）后，经判断得到等级并显示在标签 Label2 上。程序运行结果如图 4.6 所示。

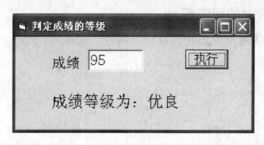

图 4.6 判定成绩等级运行结果

分析 1：输入三个数 a，b，c，求其中的最大数，可以用 If...Then...Else 来实现。
分析 2：输入三个数，将它们从大到小排列，可以用 If...Then 来实现。
分析 3：要求用条件语句嵌套中的 Else If 格式和多分支语句来实现。

【案例目的】

1．能运用上节知识点熟练掌握选择结构的编程运用。
2．理解并掌握几个典型知识点，如求最大值、排序等方法。

【技术要点】

1．运用案例说明中的第一部分

（1）创建应用程序的用户界面和设置对象属性。

在窗体上建立 4 个标签、4 个文本框和一个命令按钮，如图 4.4 所示。4 个文本框的 Name 属性从上到下依次为 Text1，Text2，Text3、Text4，它们的 Text 属性均为空。命令按钮名称为 Command1。

（2）编写程序代码。

```
Private Sub Command1_Click()
    Dim a As Integer,b As Integer
    Dim c As Integer,m As Integer
    a=Val(Text1.Text)
    b=Val(Text2.Text)
    c=Val(Text3.Text)
    If a > b Then
        m=a                    'm用来存放较大值
    Else
        m=b
    End If
    If c > m Then m=c
    Text4.Text=m
```

```
        End Sub
```

程序运行时，分别在文本框中输入 6，–40 和 20，单击"判断"按钮后，"最大数"显示为 20，如图 4.4 所示。

2．运用案例说明中的第二部分

（1）建立应用程序的用户界面并设置对象属性，如图 4.5 所示。

（2）编写程序代码。

```
    Private Sub Command1_Click()
        a=Val(Text1.Text)
        b=Val(Text2.Text)
        c=Val(Text3.Text)
        If a < b Then            '本条件语句实现 a>=b
            t=a: a=b: b=t
        End If
        If a < c Then            '本条件语句实现 a>=c
            t=a: a=c: c=t
        End If
        If b < c Then            '本条件语句实现 b>=c
            t=b: b=c: c=t
        End If
        Text4.Text=a & "," & b & "," & c
    End Sub
```

当输入的三个数为 60，–50，90 时，运行结果如图 4.5 所示。

3．运用案例说明中的第三部分

用 Else If 语句来实现。

（1）创建应用程序的用户界面和设置对象属性。

在窗体上建立两个标签（Label1，Label2）、一个文本框（Text1）和一个命令按钮（Command1），如图 4.6 所示。

标签 Label1 的 Caption 属性为"成绩"：标签 Label2 用于显示成绩的等级，它的 Caption 属性为空；文本框 Text1 用于输入学生成绩，其 Text 属性为空；按钮 Command1 的 Caption 属性为"执行"。

（2）编写程序代码。

程序代码如下：

```
    Private Sub command1_click()
        Dim score As Integer,temp As String
        score=Val(Text1.Text)
        temp="成绩等级为: "
        If score < 0 Then
            Label2.Caption="成绩出错"
        Else If score < 60 Then
            Label2.Caption=temp+"不及格"
```

```
    Else If score <= 79 Then
        Label2.Caption=temp+"及格"
    Else If score <= 100 Then
        Label2.Caption=temp+"优良"
    Else
        Label2.Caption="成绩出错"
    End If
End Sub
```

当输入的成绩为 95 时，运行结果如图 4.6 所示。

4.2.2　应用扩展

用多分支语句来实现。

用 Select Case 语句来实现上述程序中的多分支选择功能，程序代码如下：

```
Private Sub command1_click()
    Dim score As Integer,temp As String
    score=Val(Text1.Text)
    temp="成绩等级为："
    Select Case score
      Case 0 To 59
        Label2.Caption=temp+"不及格"
      Case 60 To 79
        Label2.Caption=temp+"及格"
      Case 80 To 100
        Label2.Caption=temp+"优良"
      Case Else
        Label2.Caption="成绩出错"
    End Select
End Sub
```

此代码与上一代码相比，结果简单明了，更容易理解和阅读。

4.2.3　相关知识及注意事项

使用选择结构语句时，要用条件表达式来描述条件：条件表达式可以分为两类：关系表达式和逻辑表达式。条件表达式的取值为逻辑值（也称布尔值）：真（True）和假（False）。

1．关系表达式

关系表达式（也称为关系式）是用一个比较运算符把两个表达式（如算术表达式）连接起来的式子。表 4.2 列出了 Visual Basic 中的比较运算符及关系表达式示例。

表 4.2　比较运算符及关系表达式示例

运　算　符	名　　称	关系表达式示例	结　　果
<	小于	3 < 8	True
<=	小于等于	"2" <= "4"	True

续表

运　算　符	名　　　称	关系表达式示例	结　　果
>	大于	6 > 8	False
>=	大于等于	7>=9	False
=	等于	"ac" = "a"	False
< >	不等于	3< >6	True
Like	比较样式	"abc"Like"?b"	True
IS	比较对象变量		

说明：

① 所有比较运算符的优先级都相同，运算时按其出现的顺序从左到右执行。

② 比较运算符两侧可以是算术表达式、字符串表达式或日期表达式，也可以是作为表达式特例的常量、变量或函数，但两侧的数据类型必须一致。

③ 字符型数据按其 ASCII 码值进行比较。比较两个字符串时，先比较两个字符串的第一个字符，其中字符大的字符串大。如果第一个字符相同，则取第二个字符比较，以决定它们的大小，依次类推。

例如：

"A" 小于 "B"；

"A" 小于 "a"；

"ABC" 大于"AB2"；

"ABC" 大于 "AB"。

④ Like 用于判断一个字符串是否属于某一种样式（内有通配符），例如，" abc " Like " a* " 和 " ab " Like " a? "为真值，而"bcd" Like " a*"为假值。Like 用来比较两个对象的引用变量，主要用于对象操作，其简单用法见多分支中的运用。

2．逻辑表达式

逻辑表达式是用逻辑运算符把关系表达式或逻辑值连接起来的式子。例如，数学式 $1 \leqslant x < 3$ 可以表示为逻辑表达式 $1 <= x$ and $x < 3$。

Visual Basic 中的逻辑运算符有 and（与）、or（或）、not（非）、xor（异或）、eqv（等价）、imp（蕴涵）6 种。其真值表如表 4.3 所示。

表 4.3　逻辑运算真值表

A	B	A and B	A or B	not A	A xor B	A eqv B	A imp B
True	True	True	True	False	False	True	True
True	False	False	True	False	True	False	False
False	True	False	True	True	True	False	True
False	False	False	False	True	False	True	True

从表 4.3 可以看出，经过 not 运算后，原为真值（True）的量变为假值（False），假值则变为真值；两个量均为真值，经过 and 运算后得到真值，否则为假值；两个量中只要有一个真值，经过 or 运算后得到真值；两个量同时为真值或同时为假值，xor 运算结果为假值，

否则为真值；如果两个量同时为真值或同时为假值，eqv 运算结果为真值，否则为假值；如果第一个量为真值且第二个量为假值，imp 运算结果为假值，其他情况下结果为真值。

以下是逻辑表达式的示例：

```
not（1<3）              '1<3 为真，再取反，结果为假
5 >= 5 and 4<5+1       '两个关系表达式为真，结果为真
"3"<="3" or 5>2        '结果为真
```

说明：

① 逻辑表达式的运算顺序是：先进行算术运算，再做比较运算，最后进行逻辑运算。括号优先，同级运算从左到右执行。

② 有时一个逻辑表达式里还包含多个逻辑符，例如，运算时，按 not，and，or，xor，eqv，imp 的优先级执行。上述逻辑表达式中，先进行 not 运算，则有：真 and 假 or 假；and 运算后进行 or 运算，结果为假（False）。

例如，判断某一年是否为闰年的条件是：年号（y）能被 4 整除，但不能被 100 整除；或者能被 400 整除，用逻辑表达式来表示这个条件，可写成：

```
（y Mod4=0 And y Mod/00<>0）or （y Mod 400=0）
```

也可写成：

```
（Int（y/4）=y/4 and int（y/100）<>y/100）or（int（y/400）=y/400）
```

4.3　选择性控件案例

4.3.1　案例实现过程

很多应用程序都需要提供选项让用户选择，如选择"是"或"否"，从列表中选择某一项等。Visual Basic 中用于选择的控件有单选按钮、复选框、列表框和组合框，它们都是工具箱中的标准控件。本节只介绍单选按钮和复选框，列表框和组合框将在后面章节介绍。

【案例说明】

1. 设计一个程序，用单选按钮组控制在文本框中显示不同的字体。

功能要求：程序开始运行后，在文本框（Text1）中的文字以"宋体"字体显示，用户通过单击单选按钮组的按钮，可以改变文字的字体。程序运行效果如图 4.7 所示。

2. 设计一个程序，用复选框来控制文字的字体、字形、字号及颜色。

功能要求：程序开始运行后，用户在文本框中输入一段文字（如"对复选框的学习和应用"），然后按需要单击各复选框，则文字的字体、字形、字号及颜色随之改变。程序运行效果如图 4.8 所示。

3. 设计一个电子倒计时器。先由用户给定倒计时的初始分秒数，然后开始倒计时，当计到 0 分 0 秒时，通过消息对话框显示"倒计时结束"。

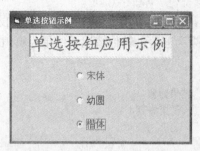
图 4.7　单选按钮运行结果

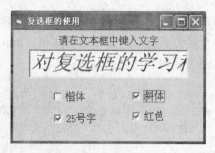
图 4.8　复选框运行结果

分析：计时器采用默认的属性值，即 Enabled 属性值为 True，Interval 属性值为 0：两个文本框 Text1 和 Text2 分别用于显示倒计时的分钟数和秒数。程序运行效果如图 4.9 所示。

图 4.9　电子倒计时器

4．输入两个运算数和运算符（+，−，*或／），组成算式并计算结果，然后显示出来。程序运行效果如图 4.10 所示。

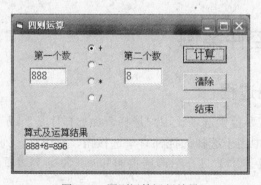
图 4.10　四则运算运行结果

分析：要实现本例的关键有两个：选择合理的程序结构，选择分支结构来实现。

【案例目的】

1．理解和应用单选按钮和复选框的用途和事件；
2．理解定时器的用途和事件；
3．熟练运用单选按钮、复选框和定时器解决问题。

【技术要点】

1．运用案例说明中的第一部分

设计一个程序，用单选按钮组控制在文本框中显示不同的字体。

（1）创建应用程序的用户界面和设置对象属性，如图 4.7 所示。窗体上含有一个文本框和一个单选按钮组。文本框（Text1）用于显示一行文字，其内容为"单选按钮应用示例"。单选按钮组由三个单选按钮组成，其名称自上而下为 Option1，Option2 和 Option3，其 Caption 属性自上而下为"宋体"、"幼圆"和"楷体"。

设计时，应注意单选按钮组的初始状态，如本例中的文本框的初始文字字体为"宋体"，则在属性窗口中将"宋体"单选按钮（Option1）的 Value 属性值设置为 True。也可以通过程序代码来设置初始状态，如在 Form_Load 事件过程中写入"Option1.Value=True"。本例采用前者。

（2）编写程序代码。

功能要求：程序开始运行后，在文本框（Text1）中的文字以"宋体"字体显示，用户通过单击单选按钮组的按钮，可以改变文字的字体。

程序代码如下：

```
Private Sub Option1_Click()
    Text1.FontName="宋体"
End Sub
Private Sub Option2_Click()
    Text1.FontName="幼圆"
End Sub
Private Sub Option3_Click()
    Text1.FontName="楷体_GB2312"
End Sub
```

说明 程序代码中所用的字体号（如"宋体"、"幼圆"等）必须与系统提供的字体相一致。如果不知道系统提供了哪些字体，可以在属性窗口中选择 Font 属性，从其给定的"字体"对话框（如图 3.5 所示）中查到系统所提供的全部字体。

2. 运用案例说明中的第二部分

设计一个程序，用复选框来控制文字的字体、字形、字号及颜色。

（1）创建应用程序的用户界面和设置对象属性，如图 4.8 所示。窗体上含有一个标签、一个文本框和 4 个复选框。

文本框的名称为 Text1，其 Text 属性为空；4 个复选框的名称分别为 Check1，Check2，Check3 和 Check4，Caption 属性分别为"楷体"、"斜体"、"25 号字"和"红色"。

（2）编写程序代码。

功能要求：程序开始运行后，用户在文本框中输入一段文字（如"对复选框的学习和应用"），然后按需要单击各复选框，则文字的字体、字形、字号及颜色随之改变。

程序代码如下：

```
Private Sub check1_click()
    If Check1.Value=1 Then  '判断复选框 1 是否被选中
        Text1.FontName="楷体_GB2312"
    Else
```

```
                Text1.FontName="宋体"
            End If
        End Sub
        Private Sub check2_click()
            If Check2.Value=1 Then    '判断被复选框 2 是否被选中
                Text1.FontItalic=True
            Else
                Text1.FontItalic=False
            End If
        End Sub
        Private Sub check3_click()
            If Check3.Value=1 Then    '判断被复选框 3 是否被选中
                Text1.FontSize=25
            Else
                Text1.FontSize=9
            End If
        End Sub
        Private Sub check4_click()
            If Check4.Value=1 Then    '判断被复选框 4 是否被选中
                Text1.ForeColor=RGB(255,0,0)
            Else
                Text1.ForeColor=RGB(0,0,0)
            End If
        End Sub
```

程序运行效果如图 4.8 所示。

程序运行后，可以任意设定这 4 个复选框的状态，可以 4 项都不选，也可以选择其中 1 项至 4 项。

3．运用案例说明中的第三部分

设计一个电子倒计时器。先由用户给定倒计时的初始分秒数，然后开始倒计时，当计到 0 分 0 秒时，通过消息对话框显示"倒计时结束"。

设计步骤如下。

（1）创建应用程序的用户界面和设置对象属性。在窗体上建立一个计时器（Timer1）、两个标签、两个文本框（Text1 和 Text2）和一个命令按钮（Command1），如图 4.9 所示。

计时器采用默认的属性值，即 Enabled 属性值为 True，Interval 属性值为 0：两个文本框 Text1 和 Text2 分别用于显示倒计时的分钟数和秒数。

（2）编写程序代码。

```
        Private Sub Form_Load()
            Timer1.Interval=1000        '设置每隔 1 秒触发 1 次 Timer 事件
            Timer1.Enabled=False        '关闭计时器
        End Sub
        Private Sub Command1_Click()    '"倒计时"
            m=Val(Text1.Text)
```

```
      s=Val(Text2.Text)
      Timer1.Enabled=True              '打开计时器
   End Sub
   Private Sub Timer1_Timer()
      If s > 0 Then
         s=s-1
      Else
         If m > 0 Then
            m=m-1
            s=59
         End If
      End If
      Text1.Text=Format(m,"00")
      Text2.Text=Format(s,"00")
      If s=0 And m=0 Then
         Beep                          '响铃，即让喇叭发一声响
         MsgBox "计时结束"
         Unload Me
      End If
   End Sub
```

　　说明　程序中使用了模块级变量 m 和 s（模块级变量的概念将在后面介绍），这两个变量在窗体模块的声明段中被定义，其作用范围是该模块的所有过程，即在窗体模块的所有过程中都可以访问它们。

4. 运用案例说明中的第四部分

　　设计程序，输入两个运算数和运算符（+，－，* 或 /），组成算式并计算结果，然后显示出来。

　　设计步骤如下。

　　（1）创建应用程序的用户界面和设置对象属性。如图 4.10 所示，在窗体上建立 3 个标签，分别用于显示有关内容；3 个文本框 Text1，Text2 及 Text3，分别用于显示第 1 个运算数、第 2 个运算数、算式及运算结果，其 Text 属性值均为空。单选按钮组有 Option1，Option2，Option3 及 Option4 共 4 个按钮，分别代表+，－，* 和 / 运算。

　　（2）编写程序代码。

```
   Private Sub Form_Load()
      Option1.Value=True               '默认为"+"运算
   End Sub
   Private Sub Command1_Click()        '"计算"按钮
      Dim a As Single,b As Single,t As Single,s As String
      a=Val(Text1.Text)
      b=Val(Text2.Text)
      Select Case True
         Case Option1.Value            '+运算
```

```
                s="+"
                t=a+b
            Case Option2.Value              '-运算
                s="-"
                t=a-b
            Case Option3.Value              '*运算
                s="*"
                t=a*b
            Case Option4.Value              ' / 运算
                s="/"
                t=a/b
        End Select
        Text3.Text=a & s & b & "=" & t
    End Sub
    Private Sub Command2_Click()
        Text1.Text=""
        Text2.Text=""
        Text3.Text=""
    End Sub

    Private Sub Command3_Click()
        Unload Me
    End Sub
```

程序运行效果如图 4.10 所示。

4.3.2　相关知识及注意事项

1. 单选按钮

1）单选按钮的用途

单选按钮（OptionButton）控件由一个圆圈"O"及紧挨它的文字组成（见图 4.7），它用于提供"选中"和"未选中"两种可选项。单击可以选中它，此时圆圈中间有一个黑圆点；没有选中时，圆圈中间的黑圆点消失。

通常，单选按钮总是以成组的形式出现，用户在一组单选按钮中必须选中一项。并且最多只能选中一项。因此，单选按钮可以用于在多种选项中由用户选择其中一项的情况。

2）常用属性

● Caption 属性：设置单选按钮旁边的文字说明（标题）。默认值为 Option1，Option2，…。

● Value 属性：表示单选按钮是否被选中，选中时 Value 值为 True，否则为 False。系统会根据操作情况来自动改变 Value 属性值。使用单选按钮组时，选中其中一个，其余的会自动关闭。

● Alignment 属性：设置单选按钮标题的对齐方式：属性值为 0（居左，默认值）或 1（居右）。

● Style 属性：设置单选按钮的外观，默认值为 0，表示标准方式（采用 Visual Basic 旧版本的单选按钮外观);值为 1,表示以图形方式显示单选按钮(参见命令按钮)。

3)事件

单选按钮使用最多的是 Click 事件。当运行时单击单选按钮,或在代码中改变单选按钮的 Value 属性值(从 False 改为 True),将触发 Click 事件;在应用程序中可以创建一个事件过程,检测控件对象 Value 属性值,再根据检测结果执行相应的处理。

2.复选框

1)复选框的用途

复选框(CheckBox)又称选择框或检查框,它的控件由一个四方形小框和紧挨它的文字组成(见图 4.8),它也提供"选中"和"未选中"两种可选项。单击可以选中它,此时四边形小框内出现打钩标记(√),未选中则为空。利用复选框可以列出可供用户选择的多个选择项,用户根据需要选中其中的一项或多项,也可以一项都不选。

复选框控件与单选按钮控件在使用方面的主要区别在于,在一组单选按钮控件中只能选中一项;而在一组复选框控件中,可以同时选中多个选项。

2)常用属性

- Caption 属性:设置复选框的文字说明(标题).默认值为 Checkl,Check2,…。
- Value 属性:表示复选框的状态。有 3 种取值:0——未选中(默认值),1——选中,2——不可用(灰色显示)。
- Alignment 属性:设置复选框标题的对齐方式:参见命令按钮。
- Style 属性:设置复选框的外观。参见命令按钮。

3)事件

复选框可响应的事件与单选按钮基本相同。

3.计时器控件

1)计时器的用途

计时器(Timer)也是工具箱中的一个标准控件,它每隔一定的时间产生一次 Timer 事件(或称报时),可根据这个特性来定时控制某些操作或进行计时。

计时器控件在设计时显示为一个小时钟图标,在运行时不显示在屏幕上,通常另设标签或文本框来显示时间。计时器的默认名称为 Timer1,Timer2,…。

2)常用属性

- Enabled 属性:确定计时器是否可用。默认值为 True;当设置为 False 时,表示不可用,此时计时器不计时,也不会产生任何事件。
- Interval 属性:设置两个 Timer 事件之间的时间间隔,其值以毫秒(1ms=1/1000s)为单位,取值范围为 0～65535。例如,如果希望每半秒产生一个 Timer 事件,那么 Interval 属性值应设置为 500,这样每隔 500ms 就会触发一次 Timer 事件,从而执行相应的 Timer 事件过程。若 Interval 属性值设置为 0(默认值),表示计时器不可用。

3)事件

计时器控件只响应一个 Timer 事件。也就是说,计时器控件对象在间隔了一个 Interval 设定时间后,触发一次 Timer 事件。

例如，建立一个电子时钟。

（1）在窗体上建立一个计时器控件和一个文本框，如图 4.11 所示。

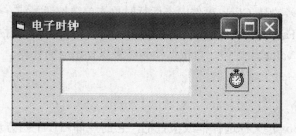

图 4.11　计时器

（2）设置对象属性。把窗体的 Caption（标题）属性设置为"电子时钟"；计时器控件名为 Timer1，Interval 属性值设定为 1000；文本框名称为 Text1，Text 属性为空。

（3）编写程序代码。

```
Private Sub timer1_timer()        'timer 事件过程
    Text1.Text=Time               'Time 是系统时间函数
End Sub
```

程序运行后，即可见到如图 4.12 所示的电子时钟。

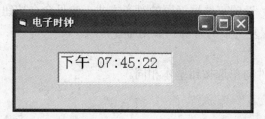

图 4.12　电子时钟

我们再看一个跟定时器相关的例子：实现字体放大。

利用计时器可以按指定间隔时间对字体进行放大。设计步骤如下。

（1）创建应用程序的用户界面和设置对象属性。在窗体（Form1）上建立一个计时器控件（Timer1）和一个标签（Label1），如图 4.13 所示。标签处于窗体的左上角，大小任意。计时器采用默认的属性值，即 Enabled 属性值为 True（真），Interval 属性值为 0。

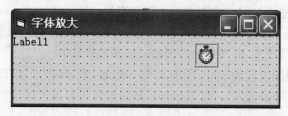

图 4.13　放大字体

（2）编写程序代码。

```
Private Sub Form_Load()
```

```
        Label1.Caption="字体放大"
        Label1.Width=Form1.Width
        Label1.Height=Form1.Height
        Timer1.Interval=800
    End Sub
    Private Sub Timer1_Timer()
        If Label1.FontSize < 140 Then
            Label1.FontSize=Label1.FontSize*1.2
        Else
            Label1.FontSize=8
        End If
    End Sub
```

在 Form_Load 事件过程中，把标签的高度和宽度设置为与窗体相同的尺寸，把计时器的 Interval 属性设置为 800，即每 0.8 秒发生一次 Timer 事件。在计时器事件过程中，采用条件语句判断标签的字号是否小于 140。如果是，每隔 0.8 秒将字号扩大 1.2 倍；如果大于或等于 140，字号恢复为 8，以后又可以继续放大标签的字号。

4.4 本章实训

一、实训目的

1. 理解选择结构程序设计的特点。

2. 熟练掌握 If 语句、Select Case 语句。

3. 掌握单选按钮、定时器、复选框的常用属性、方法和事件。

二、实训步骤及内容

1. 在运行商业软件时，一般都会先弹出一个登录窗口，可用 Visual Basic 设计一个登录窗口，程序的界面如图 4.14 所示。设用户名为 abc，密码为 1234，当输入正确时，弹出对话框提示登录成功，否则，提示重输。

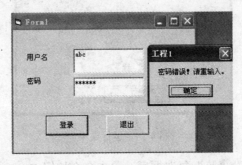

图 4.14 运行结果

代码如下：

```
    Private Sub Command1_Click()
        Dim username As String
```

```
Dim password As String
username=text1.Text
password=text2.Text
If username="abc" Then
    If password="1234" Then            '用户名和密码均正确
        MsgBox "登录成功！"
    Else                               '用户名正确，密码错误
        MsgBox "密码错误！请重输入。"
        text2.Text=""
        text2.SetFocus
    End If
Else
    If password="1234" Then            '用户名错误，密码正确
        text1.Text=""
        text1.SetFocus
Else '用户名和密码均错误
        MsgBox "密码错误！请重输入。"
        text1.Text=""
        text2.Text=""
        text1.SetFocus
    End If
    End If
End Sub
```

2. 设计程序，利用 3 个复选框来代表红、绿、蓝三原色的颜色值，当选中复选框时表示颜色值为 255，不选中复选框时表示颜色值为 0，把通过 RGB 函数调配的颜色作为一个标签的背景色（BackColor）。程序运行结果如图 4.15 所示。

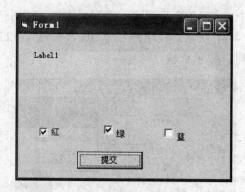

图 4.15　运行结果

分别选择"红"、"绿"、"蓝"复选框后，单击命令按钮 Command1 时，通过 RGB 函数调配的颜色作为一个标签的背景色（BackColor）。

编写程序代码如下。

```
Private Sub Command1_Click()
    r=0: g=0: b=0
```

```
        If Check1.Value=1 Then          '"红"复选框
            r=255
        End If
        If Check2.Value=1 Then          '"绿"复选框
            g=255
        End If
        If Check3.Value=1 Then          '"蓝"复选框
            b=255
        End If
        Label1.BackColor=RGB(r,g,b)
    End Sub
```

3．在窗体上建立一个标签 LabClk 和一个计时器 TimClk，标签标题内容设置为 0，BorderStyle 属性为 1，Font 属性为二号、黑体。请编写适当的事件过程，使得在运行时，每隔一秒标签中数字加 1。要求程序中不得使用变量。程序运行结果如图 4.16 所示。

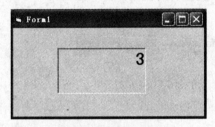

图 4.16　运行结果

代码如下：

```
Private Sub Form_Load()
    LabClk.Caption="0"
    LabClk.Alignment=1
    LabClk.BorderStyle=1
    LabClk.FontSize=22
    LabClk.FontName="黑体"
    TimClk.Interval=1000
End Sub
 Private Sub TimClk_Timer()
    LabClk.Caption=Val(LabClk.Caption)+1
End Sub
```

三、实训总结

根据操作实际情况，写出实训报告。

4.5　习题

一、单选题

1．设 a=-1，b=2，下列逻辑表达式为真值的是（　　）。
　　A．not a>=0 and b<2　　　　　　　　　　B．a*b<-5 and a / b<-5

　　C．a+b>=0 or not a−b>=0　　　　　　　　D．a=−2*b or a>0 and b>0

2．表示条件"a 是大于 b 的奇数"的逻辑表达式是（　　　）。

　　A．a>b and Int((a−1)／2)=(a−1)／2　　　B．a>b or int((a−1)／2)=(a−1)／2

　　C．a>b and a Mod 2=0　　　　　　　　D．a>b or(a−1)Mod 2=0

3．表示条件"X 是大于等于 5，且小于 95 的数"的条件表达式是（　　　）。

　　A．5<=X<95　　　　　　　　　　　　B．5<=X，X<95

　　C．X>=5 and X<95　　　　　　　　　D．X>=5 and<95

4．关于语句"if s=1 then t=1"，下列说法正确的是（　　　）。

　　A．s 必须是逻辑型变量　　　　　　　　B．t 不能是逻辑型变量

　　C．s=1 是关系表达式，t=1 是赋值语句　　D．s=l 是赋值语句，t=1 是关系表达式

5．在运行期间用鼠标单击单选按钮时，按钮的（　　　）属性为真值。

　　A．Caption　　　　　　B．Value　　　　C．Visible　　　　　D．TabIndex

6．执行下列程序段后，变量 x 的值是（　　　）。

```
X=-3
If Abs(x)<=2 Then x=x-1 Else x=x+8
Select Case x
    Case Is<5
        x=x+1
    Case5 To 10
        x=x+2
    Case Else
        x=x+3
End Select
Print "x=x+l";
Print x+1
```

　　A．8　　　　　　　　B．7　　　　　　　C．5　　　　　　　　　D．6

　7．窗体上有一个命令按钮（Command1），设计时该按钮标题（Caption）采用默认值。完善下列按钮单击事件过程，使之运行后当第 1 次单击该按钮时，该按钮标题显示为"新按钮"；第 2 次单击该按钮时，按钮标题改为"旧按钮"；第 3 次单击该按钮时，按钮标题又恢复为"新按钮"，如此反复交替显示"新按钮"和"旧按钮"。

```
Private Sub Commandl_Click()
    If (    ) Then
        Command1.caption="旧按钮"
    Else
        Command1.caption="新按钮"
    End If
End Sub
```

　　A．Command1．Caption = " "　　　　　B．Command1．Caption= "新按钮"

　　C．Command1．Caption < > " "　　　　　D．Command1．Caption= "旧按钮"

二、填空题

1. 征兵的条件：男性的年龄（变量名为 A）在 18～20 岁之间，身高（H）在 1.65 米以上；女性在 16～18 岁，身高在 1.60 米以上。假设性别（s）值 True 代表男，False 代表女。写出符合征兵条件的逻辑表达式_____。

2. 如果要使计时器每分钟发生一个 Timer 事件，则 Interval 属性应设置为_____。

3. 已知变量 CharS 中存放一个字符，以下程序段用于判断该字符是数字、字母还是其他字符，并输出结果。补充下列程序代码。

```
Select Case CharS
    Case_____
        Print "这是数字"
    Case_____
        Print "这是字母"
    Case_____
        Print "这是其他字符"
End Select
```

4. 写出下列程序段的运行结果。

```
x: Val(InputBox("Enter x"))
Select Case Sgn(x)+2
    Case 1
        Print x+1
    Case 2
        Print x+2
    Case 3
        Print x+3
End Select
```

当 x 的输入值为 3 时，输出结果是_____；
当 x 的输入值为 -3 时，输出结果是_____；
当 x 的输入值为 0 时，输出结果是_____。

5. 以下事件过程判断文本框中的数据，如果该数据满足条件：大于 200 且能被 5 整除，则清除文本框 Text2 中的内容；否则将焦点定位在文本框 Text1 中，选中其中的文本并将这些文本显示在 Text2 中。

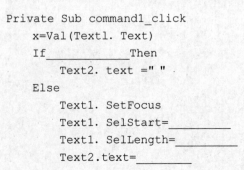

```
Private Sub command1_click
    x=Val(Text1. Text)
    If_____Then
        Text2. text ="  "
    Else
        Text1. SetFocus
        Text1. SelStart=_____
        Text1. SelLength=_____
        Text2.text=_____
```

```
        End If
    End Sub
```

4.6　本章小结

　　本章主要介绍了 Visual Basic 应用程序用选择结构设计来处理问题，分别重点介绍了 If 语句、Select Case 语句和选择性控件，如：单选按钮和复选框，以及计时器的应用。以上知识点通过案例进行详细讲解和学习，并在实例后给出一相关的知识要点。每个案例中又运用相关知识要点进行了实用和技巧处理。

第 5 章　循环结构设计

学习目标:在程序设计中,经常会遇到按一定的规则重复执行某些运算或操作的情况,例如,统计全校几千名学生的成绩、求若干个数之和等。为此,Visual Basic 提供了能实现循环结构设计的循环语句。

循环是指在指定的条件下多次重复执行一组语句。被重复执行的一组语句称为循环体。Visual Basic 提供的循环语句有 Do…Loop,For…Next,While…Wend,ForEach…Next 等。其中最常用的是 For…Next 和 Do…Loop 语句。

通过本章的学习,读者应该掌握以下内容:

● 循环结构设计的特点;
● For…Next 和 Do…Loop 语句;
● 列表框与组合框的常用属性、方法和事件及实际应用。

学习重点与难点:对 For…Next 和 Do…Loop 语句的运用,理解掌握并运用掌握列表框与组合框控件。

5.1　For…Next 循环语句案例

5.1.1　案例实现过程

【案例说明】

1.在窗体上显示 2~12 间各偶数的平方数。

程序运行效果如图 5.1 所示。

分析:采用 Print 直接在窗体上输出结果,而且使用 For…Next 来实现。

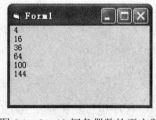

2.求 S=1+2+3+…+1000,把结果显示在窗体上。

程序运行后在窗体中输出为 500500。

3.求 T=10!=1×2×3×…×10。

程序运行后在窗体中输出为 3628800。

图 5.1　2~12 间各偶数的平方数

4.用级数 $\frac{\pi}{4}=1-\frac{1}{3}+\frac{1}{5}-\frac{1}{7}+\dots$,求 π 的近似值,要求取前 5000 项来计算。

分析:用 Print 直接在窗体上输出结果,程序运行后在窗体中输出为 π =3.141397。

【案例目的】

1.理解 For…Next 语句的基本语法格式及各参数的运用。

2．熟练运用 For...Next 分析解决问题。

3．理解记住一些经典的 For...Next 运算。

【技术要点】

该应用程序设计步骤如下。

1．运用案例说明中的第一部分：在窗体上显示 2～12 间各偶数的平方数。

启动 Visual Basic 后，进入代码窗口（可以直接双击窗口）。

采用 Print 直接在窗体上输出结果，程序代码如下：

```
Private Sub Form_load()
    Dim k As Integer
    Show
    For k=2 To 12 Step 2
        Print k*k
    Next k
End Sub
```

程序运行结果如图 5.1 所示。

分析：在上述 For...Next 循环语句中，循环变量 k 的初值、终值和步长值分别为 2，12 和 2，即从 2 开始，每次加 2，到 12 为止，控制循环 6 次。每次循环都将循环体（即语句 Print k*k）执行一次，因此运行后的输出结果是 4，16，36，64，100 和 144。

2．运用案例说明中的第二部分：求 S=1+2+3+...+1000，把结果显示在窗体上。

启动 Visual Basic 后，进入代码窗口（可以直接双击窗口）。

采用 Print 直接在窗体上输出结果，程序代码如下：

```
Private Sub Form_Load()
    Show
    s=0
    For k=1 To 1000
        s=s+k
    Next k
    Print "s=";s
End Sub
```

程序运行结果是：500500

分析：由于此题的循环中，循环终值为 1000，不可能像上例中，一一分析，但读者可以分析前几个数据。步长为 1，所以此题中没有写出。

3．运用案例说明中的第三部分：求 T=10!=1×2×3×...×10，把结果显示在窗体上。

启动 Visual Basic 后，进入代码窗口（可以直接双击窗口）。

采用 Print 直接在窗体上输出结果，程序代码如下：

```
Private Sub Form_Load()
    Show
    t=1
```

```
        For c=1 To 10
             t=t*c
        Next c
        Print "T=";t
     End Sub
```

程序运行结果是：3628800

分析：用 For...Next 实现阶乘，结构和过程都非常简单，读者在分析上述实现过程中，一定要注意 t=1 用法，如果不赋初值，t=t*将永远等于 0。原因就是，在 Visual Basic 中没有赋初值的变量为 0。

5.1.2　应用扩展

我们在前面案例基础之上把 For...Next 语句引入到相对较复杂的问题中去，读者在处理这类问题的时候，要抓住问题的本质，即无论问题有多复杂，但 For...Next 语句没有变化。

用级数 $\frac{\pi}{4}=1-\frac{1}{3}+\frac{1}{5}-\frac{1}{7}+...$，求 π 的近似值，要求取前 5000 项来计算。

要解答以上问题，第一，要把复杂问题简单化，即把以上计算式转化为可理解的，可执行的内容；第二，5000 项用循环来实现。

通过分析可以设 $1-\frac{1}{3}+\frac{1}{5}-\frac{1}{7}+...=\text{pi}=\frac{\pi}{4}$，求出 pi 后，然后 π =pi*4，即为最后所求。

采用 Print 直接在窗体上输出结果，程序代码如下：

```
     Private Sub Form_Load()
        Dim pi As Single,c As Integer,s As Integer
        Show
        pi=0
        s=1                          's 表示加或减运算
        For c=1 To 10000 Step 2
             pi=pi+s/c
             s=-s                     '交替改变加、减号
        Next c
        Print "π =";pi*4
     End Sub
```

程序运行后在窗体中输入为：π =3.141397

请读者注意，pi=pi＋s／c 和 s=-s 代码其实就是对 $1-\frac{1}{3}+\frac{1}{5}-\frac{1}{7}+...$ 进行了分解，请注意理解。

5.1.3　相关知识及注意事项

For...Next 语句

For...Next 语句的语法格式如下：

```
     For 循环变量=初值 To 终值[Step 步长值]
         循环体
     Next 循环变量
```

功能：本语句指定循环变量取一系列数值，并且对于循环变量的每一个值，把循环体执行一次。

初值、终值和步长值都是数值表达式，步长值可以是正数（称为递增循环），也可以是负数（称为递减循环）。若步长值为 1，则 Step1 可以省略。

For…Next 语句的执行步骤如下。

（1）求出初值、终值和步长值，并保存起来。

（2）将初值赋给循环变量。

（3）判断循环变量值是否超过终值（步长值为正时，指大于终值；步长值为负时，指小于终值）。超过终值时，退出循环，执行 Next 之后的语句。

（4）未超过终值时，执行循环体。

（5）遇到 Next 语句时，修改循环变量值，即把循环变量的当前值加上步长值后再赋给循环变量。

（6）转到（3）去判断循环条件和继续执行。

在案例中的第一个案例中，第 1 次循环时，循环变量 k 等于 2；执行循环体（显示 4）后，遇到 Next 语句，修改 k 值为 4，因不大于终值 12，则继续执行循环体。以后执行第 2 次、第 3 次、第 4 次循环。第 4 次循环后，遇到 Next 语句，k 被修改为 10，因不大于 10，再执行 Next 语句……，直到 k=14 时，停止循环。

5.2   Do…Loop 循环程序设计案例

5.2.1   案例实现过程

【案例说明】

1．从键上输入若干个学生的考试分数，当输入为负数时结束输入，然后输出其中的最高分数和最低分数。程序运行效果如图 5.2 所示。

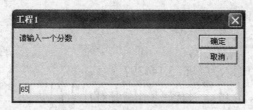

图 5.2   输入分数

分析：当程序运行后，单击窗体，这时出现如图 5.2 所示输入分数对话框，假设输入 65 分，88 分和-8 分。当输入-8 分的时候，程序结束输入，出现如图 5.3 所示的最大分数和最小分数。

2．输入两个正整数，求它们的最大公约数。程序运行效果如图 5.4 所示。

分析：当用户在文本框 Text1 和 Text2 中输入数据后，单击"计算"按钮（Command1），则在文本框 Text3 中输出结果（两个数的最大公约数）。

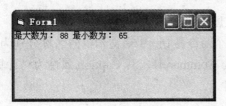

　　　　图 5.3　求最大和最小分数　　　　　　　　图 5.4　求最大公约数

【案例目的】

1. 理解 Do…Loop 前测型语句的基本语法格式及各参数的运用。
2. 理解 Do…Loop 后测型语句的基本语法格式及各参数的运用。
3. 理解 While…Wend 语句的基本语法格式及各参数的运用。
4. 熟练运用 Do…Loop 分析解决问题。

【技术要点】

1．运用案例说明中的第一部分

（1）创建应用程序的用户界面和设置对象属性。

本案例直接对窗体写代码，所以不用设置界面和属性设置。

（2）编写程序代码。

```
Private Sub Form_Click()
    Dim x As Single,amax As Single,amin As Single
    x=InputBox("请输入一个分数")
    amax=x
    amin=x
    Do While x >= 0
    If x > amax Then
        amax=x
    End If
    If x<amin Then
        amin=x
    End If
        x=InputBox("请再输入一个分数")
    Loop
    Print "最大数为：";amax;"最小数为：";amin
End Sub
```

　　程序运行时，分别输入 65 分、88 分和-8 分，结果如图 5.3 所示。

　　说明　Do While x >= 0 即 x>=0 为循环条件，即"输入负数时结束"；x<amin 为 if 的叛定条件。即叛定最低分数的条件。

2．运用案例说明中的第二部分

设计步骤如下。

（1）创建应用程序的用户界面和设置对象属性。

在窗体上建立 4 个标签、3 个文本框和 1 个命令按钮。3 个文本框的名称分别为 Text1、Text2 和 Text3，Text 属性均为空；按钮名称为 Command1，其 Caption 属性为"计算"，如图 5.4 所示。

（2）编写程序代码。

```
Private Sub command1_click()
   Dim m As Integer,n As Integer,p As Integer
   m=Val(Text1.Text)
   n=Val(Text2.Text)
   If m<= 0 Or n<= 0 Then
      MsgBox "数据错误!"
      End
   End If
   Do
      p=m Mod n
      m=n
      n=p
   Loop While p<> 0
   Text3.Text=m
End Sub
```

当输入的三个数为 56，63 时，最大公约数为 7，运行结果如图 5.4 所示。

说明 用"辗转相除法"求两个数 m，n 的最大公约数，算法如下：求出 m／n 的余数 p。若 p=0，n 即为最大公约数；若 P≠0，则把原来的分母 n 作为新的分子，把余数 p 作为新的分母继续求解。

读者注意，前一个案例我们称为前测型循环结构，当 Do While x >= 0 成立时运行循环体，否则不运行。而此例中，程序先执行 Do…Loop While，然后才判断 p <> 0 是否成立，如是成立则再循环，我们称为后测型循环结构。

5.2.2　应用扩展

设计一个"加法器"程序，该程序的作用是将每次输入的数累加。当输入-1 时结束程序的运行。

本程序采用输入对话框（使用 InputBox 函数）输入数据，因此窗体上只要设置一个文本框来显示每次的累加值就行了。

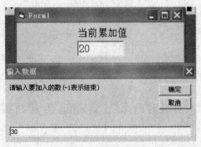

图 5.5　累加求和

（1）创建应用程序的用户界面和设置对象属性，如图 5.5 所示。窗体上含有一个标签和一个文本框。标签的 Caption 属性为"当前累加值"，文本框名称为 Text1，其 Text 属性为空。

（2）编写程序代码。

```
Private Sub Form_Load()
    Dim x As Single,Sum As Single
        Show
        Sum=0
    Do While True        '条件为真,循环无终止进行下去
            x=Val(InputBox("请输入要加入的数(-1 表示结束)"-"输入数据"))
        If x=-1 Then
            Exit Do
        End If
        Sum=Sum+x
        Text1.Text=Sum
    Loop
    MsgBox "累加运算结束"
End Sub
```

程序运行结果如图 5.5 所示。

程序中用了 While...循环,即当 Do While True 为真时,程序一直执行,程序以-1 作为"终止循环标志"(假设要累加的数不会等于-1),当判断出用户输入数为-1 时,就会执行 Exit Do 来结束循环。

5.2.3　相关知识及注意事项

For...Next 循环主要用在已知循环次数的情况下。若事先不知道循环次数,可以使用 Do While...Loop 语句。Do 循环语句有两种语法格式:前测型循环结构和后测型循环结构。

1. 前测型 Do While...Loop 循环

```
Do{While | Until}条件
    循环体
Loop
```

Do While...Loop(当型循环)语句的功能:当条件成立(为真)时,执行循环体;当条件不成立(为假)时,终止循环。

Do Until...Loop(直到型循环)语句的功能:当条件不成立(为假)时,执行循环体,直到条件成立(为真)时,终止循环。

下面来看一下例子,可以加深读者对这种前测型循环结构更深一步的理解。

例如,利用 Do While...Loop 语句求 $S=1^2+2^2+...+100^2$

采用 Print 直接在窗体上输出结果,程序代码如下:

```
Private Sub Form_Load()
    Dim n As Integer,s As Long
    Show
    n=1:s=0
    Do While n<= 100
        s=s+n*n
        n=n+1
```

```
        Loop
        Print "s=";s
    End Sub
```

程序运行结果:

```
    s=338350
```

说明:

① 执行到 Do While 时,系统先判断条件 n<=100 是否成立,因为 n 的初值为 l,条件成立,则进入第 1 次循环。

② 第 1 次执行循环体后,n 值为 2。遇到 Loop 语句时,再次判断条件 n<=100 是否成立。因为条件成立,进入第 2 次循环。依次类推,一共循环 100 次。

③ 第 100 次执行循环体后,n 值为 101,再遇到 Loop 语句时,判断条件 n<=100 是否成立。因为条件不成立,则结束循环,转去执行 Loop 后面的第一条语句。

如果采用 Do Until…Loop 来编写上例的程序,只需将 Do While n<=100 改为 Do Until>100 就行了。

2. 后测型 Do...Loop 循环

语句格式如下:

```
    Do
            循环体
    Loop{While | Until}条件
```

功能:先执行循环体,然后判断条件,根据条件决定是否继续执行循环。

注意 本语句执行循环的最少次数为 1,而前测型 Do...Loop 语句的最少次数为 0(即一次都不执行循环)。

3. While...Wend 循环语句

语句格式:

```
    While 条件
    循环体
    Wend
```

功能:当条件成立(为真)时,执行循环体;当条件不成立(为假)时,终止循环。

本语句与上述 Do While...Loop 循环语句相似,区别是:While...Wend 语句中不能使用 Exit 语句跳出循环。

4. 循环出口语句

通常情况下,程序中的循环能够正常结束,但有时可能需要不等循环完毕就要提前退出循环,此时可采用循环出口语句 Exit。其语法格式如下:

```
    Exit{For | Do}
```

功能：直接从 For 循环或 Do 循环中退出。

当程序运行遇到 Exit 语句时，不再执行循环体中的任何语句而直接退出，转到循环语句的后面继续执行。

Exit 语句通常放在 If 或 Select Case 语句中，即判断某种条件，条件满足后退出。

5.3　多重循环案例

5.3.1　案例实现过程

前面介绍的例子都是单层循环，其循环体内不再有循环语句。多重循环是指循环体内含有循环语句的循环，又叫多层循环或嵌套循环。

多重循环的执行过程是：外层循环每执行一次，内层循环就要从头开始执行一轮。

【案例说明】

1. 对窗体直接编写代码如下。

```
Private Sub Form_Load()
    Show
    For i=1 To 3        '外循环
        For j=5 To 7    '内循环
            Print i,j
        Next j
    Next i
End Sub
```

程序运行效果如图 5.6 所示。

2. 设计一个程序，输出如图 5.7 所示的图形。

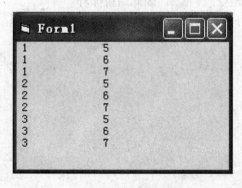

图 5.6　运行结果

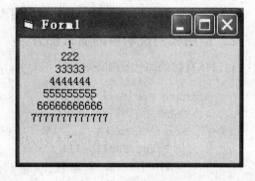

图 5.7　运行结果

分析：本例可采用两重循环来实现。外循环控制输出 7 行，内循环控制每行要输出的字符数。在进入内循环之前，使用 Print Tab( )对起始输出位置定位。退出内循环后，使用 Print 来控制换行。

【案例目的】

1. 理解多重循环的工作原理和相关参数。
2. 熟练运用二重循环分析解决问题。

【技术要点】

1. 运用案例说明中的第一部分

对窗体直接编写代码如下。

```
Private Sub Form_Load()
    Show
    For i=1 To 3        '外循环
        For j=5 To 7    '内循环
            Print i,j
        Next j
    Next i
End Sub
```

分析：这个二重循环程序的运行过程如下。

（1）把初值 1 赋给 i，并且 i=1 执行外循环的循环体，而该循环体又是一个循环（称为内循环）。因此在 i=1 时，i 从 5 变化到 7，Print 方法（内循环的循环体）被执行 3 次，输出 1 和 5 到 1 和 7。

执行第 1 次外循环后，i 值修改为 2。

（2）以 i=2 执行外循环的循环体，输出 2 和 5 到 2 和 7。

执行第 2 次外循环后，i 值修改为 3。

（3）以 i=3 执行外循环的循环体，输出 3 和 5 到 3 和 7。

执行第 3 次外循环后，i 值修改为 4，因为 i 值大于终值 3，因此结束循环。

在使用多重循环时，注意内、外循环层次要分清，不能交叉。

2. 运用案例说明中的第二部分

对窗体直接编写代码如下。

```
Private Sub Form_Load()
    Show
    For i=1 To 7
        Print Tab(10-i);
        For j=1 To 2*i-1
            PrintChr(i+48);
        Next j
        Print
    Next i
End Sub
```

程序运行效果如图 5.7 所示。

要说明的是，对于内循环体内的 PrintChr（i+48），它与 Printi 有所不同。尽管它们的功能都是第 1 行输出 1 个 1，第 2 行输出 3 个 2，等等，但 Printi 输出的是数字，其前后留有空格。PrintChr（i+48）输出的是前后不留空格的字符。

5.3.2　应用扩展

打印"九九乘法表"，"九九乘法表"是一个 9 行 9 列的矩形表（如图 5.8 所示），行和列显示的内容以一定规则变化。很明显，这是一个二重循环的问题。

采用 Print 直接在窗体上输出结果，编写的程序代码如下：

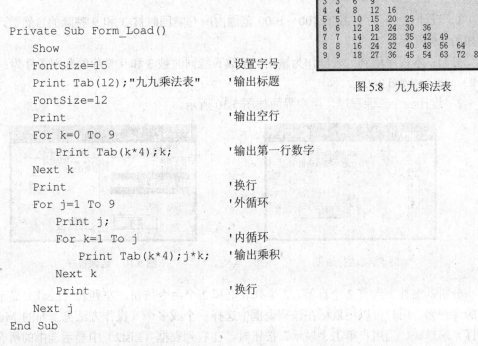

图 5.8　九九乘法表

```
Private Sub Form_Load()
    Show
    FontSize=15                          '设置字号
    Print Tab(12);"九九乘法表"           '输出标题
    FontSize=12
    Print                                '输出空行
    For k=0 To 9
        Print Tab(k*4);k;                '输出第一行数字
    Next k
    Print                                '换行
    For j=1 To 9                         '外循环
        Print j;
        For k=1 To j                     '内循环
            Print Tab(k*4);j*k;          '输出乘积
        Next k
        Print                            '换行
    Next j
End Sub
```

程序运行结果如图 5.8 所示。

5.3.3　相关知识及注意事项

多重循环的执行过程是：外层循环每执行一次，内层循环就要从头开始执行一轮。

在使用多重循环时，注意内、外循环层次要分清，不能交叉。例如：

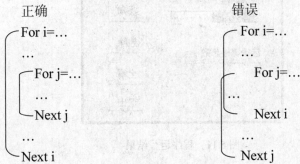

正确　　　　　　　　　　　　　　　错误

5.4 列表框与组合框案例

5.4.1 案例实现过程

列表框和组合框都是 Visual Basic 工具箱中的标准控件，它们都能为用户提供若干个选项，供用户任意选择。两种控件的特点是为用户提供大量的选项，且又占用很少的屏幕空间，操作简单方便。

【案例说明】

1. 设计一个程序，找出 100～1000 范围内所有能同时被 3 和 9 整除的自然数，程序运行如图 5.9 所示。

分析：本程序用到列表框作为输出。某数 n 能同时被 3 和 9 整除的判别条件为：（n Mod 3=0）and（n Mod 9=0）。

2. 设计一个选课程序，用户界面如图 5.10 所示。

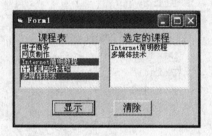

图 5.9   运行结果   图 5.10   选课程序

分析：窗体上含有 2 个标签、2 个列表框和 2 个命令按钮。左列表（List1）显示可供选修的课程名，用户可以用鼠标在该列表框中选择一个或多个（操作方法见上面的 MuhiSelect 属性）选修课。当用户单击"显示"按钮时，在右列表框（List2）中显示选中的所有课程。单击"清除"按钮时，将清除右列表框中的内容。

3. 设计程序，把一批课程名放入组合框，再对组合框进行项目显示、添加、删除、全清等操作。程序运行如图 5.11 所示。

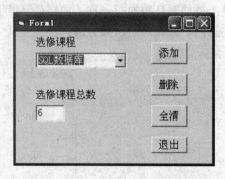

图 5.11   程序运行结果

【案例目的】

1．理解列表框和组合框的作用及各参数的运用。

2．熟练运用列表框和组合框分析解决问题。

【技术要点】

1．运用案例说明中的第一部分

（1）创建应用程序的用户界面和设置对象属性，如图 5.9 所示。窗体上含有一个列表框、一个标签和一个命令按钮。

按钮名称为 Command1，其 Caption 属性为"显示"；标签 Label1 用于显示操作提示；列表框 List1 用于显示符合条件的自然数。建立列表框的方法与其他控件类似，即单击工具箱中的列表框控件（ListBox），然后在窗体中的适当位置处拖动成所需的大小。

（2）编写程序代码。

编写"显示"按钮单击事件过程代码如下：

```
Private Sub Form_Load()
    Label1.Caption="按"显示"按钮，可以在列表框中" _
        & "显示 100 到 1000 范围内能同时被 3 和 9 整除的自然数"
End Sub
Private Sub Command1_Click()
    List1.Clear
    For n=100 To 1000
        If (n Mod 3=0)And (n Mod 9=0)Then
            List1.AddItem n
        End If
    Next n
    Label1.Caption="符合条件的自然数已显示在列表框中"
End Sub
```

程序运用如图 5.9 所示。

分析：For…Next 语句是用来控制 100 到 1000 范围内的数字，而 List1.AddItem n 语句是用来把满足条件的数添加到列表框中。

2．运用案例说明中的第二部分

（1）创建应用程序的用户界面和设置对象属性。2 个列表框命名为 List1 和 List2。为允许用户选择多门课程，将左列表框（List1）的 MuhiSelect 属性设置为 2。

（2）编写程序代码。

编写的 3 个事件过程代码如下：

```
Private Sub Form_Load()
    List1.AddItem "电子商务"
    List1.AddItem "网页制作"
    List1.AddItem "Internet 简明教程"
```

```
        List1.AddItem "计算机网络基础"
        List1.AddItem "多媒体技术"
    End Sub
    Private Sub command1_click()          '"显示"
        List2.Clear                       '清除列表框的内容
        For i=0 To List1.ListCount-1      '逐项判断
            If List1.Selected(i)Then      '真时为选定
                List2.AddItem List1.List(i)
            End If
        Next i
    End Sub
    Private Sub command2_click()          '"清除"
        List2.Clear
    End Sub
```

程序运行效果如图 5.10 所示。

要说明的是，为使程序开始运行时就把所有课程名都显示在列表框（List1）中，可以利用 Form_Load 事件过程来实现这一操作。在"显示"按钮（Command1）单击事件过程中，依次判断左列表框中各个选修课是否被选中（选中时系统会自动赋予 Selected 属性值为真值），如果被选中，则将其添加到右列表框中。

3. 运用案例说明中的第三部分

设计步骤如下。

（1）创建应用程序的用户界面，如图 5.11 所示。窗体上含有 2 个标签、1 个组合框、1 个文本框和 4 个命令按钮。

（2）设置对象属性。

① 组合框：Name 属性为 Combo1，Style 属性为 0，TabIndex（键序）为 0。

② 2 个标签的 Caption 属性为"选修课程"和"选修课程总数"。

③ 4 个命令按钮名称为 Command1（添加）、Command2（删除）、Command3（全清）和 Command4（退出），其 Caption 属性如图 5.11 所示。

④ 文本框名称为 Text1，用来显示当前的选修课程总数。

（3）确定各按钮的功能。

① 添加（Command1）：在下拉组合框中输入要添加的表项内容，单击"添加"按钮，即可加入该表项内容。

② 删除（Command2）：在组合框中选定某一表项，单击"删除"按钮，即可删除该表项。

③ 全清（Command3）：单击"全清"按钮，可以清除组合框中的全部表项。

④ 退出（Command4）：单击该按钮，可以结束程序的运行。

（4）编写程序代码。

编写 4 个事件过程代码，程序如下。

```
    Private Sub Form_Load()
        Combo1.AddItem "电子商务"
        Combo1.AddItem "网页制作"
```

```
        Combo1.AddItem "Internet 简明教程"
        Combo1.AddItem "计算机网络基础"
        Combo1.AddItem "多媒体技术"
        Combo1.Text=""                       '置空值
        Text1.Text=Combo1.ListCount          '表项个数
    End Sub
    Private Sub command1_click()             '"添加"
        If Len(Combo1.Text)> 0 Then
            Combo1.AddItem Combo1.Text
            Text1.Text=Combo1.ListCount
        End If
        Combo1.Text=""
        Combo1.SetFocus                      '设置焦点
    End Sub
    Private Sub command2_click()             '"删除"
        Dim ind As Integer
        ind=Combo1.ListIndex
        If ind<>-1 Then                      '-1 表示无表项
            Combo1.RemoveItem ind            '删除已选定的表项
            Text1.Text=Combo1.ListCount
        End If
    End Sub
    Private Sub command3_click()             '"全清"
        Combo1.Clear
        Text1.Text=Combo1.ListCount
    End Sub
    Private Sub command4_click()             '"退出"
        End
    End Sub
```

　　需要说明的是：组合框的操作属性跟列表框一样，比如 Text1.Text=Combo1.ListCount 为表项个数，Combo1.ListIndex 为–1 表示无表项，Combo1.RemoveItem ind　'删除已选定的表项，等等，具体参数请参考本节的相关知识部分。

5.4.2　应用扩展

　　输入一个十进制整数，将其转换成三进制数、八进制数或十六进制数。

　　分析：模仿十进制整数转换成二进制数的方法（即"除 2 取余"），采用逐次"除 n 取余"法（n 为 2，8 或 16），即用 n 不断去除要转换的十进制数，直至商为 0 为止，将每次所得的余数逆序排列（以最后余数为最前位），得到所转换的 n 进制数。

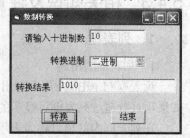

　　（1）创建应用程序的用户界面和设置对象属性，如图 5.12 所示：窗体上含有 3 个标签、2 个文本框、1 个列表框和 2 个命令按钮。

　　2 个文本框的名称为 Text1 和 Text2，文本框 Text1（处

图 5.12　进制转化

于上方）用于输入要转换的十进制数，文本框 Text2（处于下方）用于显示转换后的结果（某一进制数），两个文本框的 Text 属性均为空。列表框的名称为 List1，其 List 属性设置了 3 个表项：二进制、八进制和十六进制，ItemData 属性设置了相应的值：2，8 和 16。2 个命令按钮名称为 Command1 和 Command2，其 Caption 属性为"转换"和"结束"。

（2）编写程序代码。

功能要求：用户在文本框 Text1 中输入要转换的十进制数，选择转换进制，单击"转换"按钮（Command1）后，则在文本框 Text2 中输出转换结果。

程序代码如下：

```
Private Sub Command1_Click()        ' "转换"按钮单击事件过程
    Dim y As String,x As Long,s As Integer
    Dim Ch As String,n As Integer
    Ch="0123456789ABCDEF"            '换码表
    If List1.ListIndex=-1 Then
        n=2                          '未选时，则以二进制转换
    Else
        n=List1.ItemData(List1.ListIndex)
    End If
    y="":x=Val(Text1.Text)
    If x=0 Then
        Text2.Text=""
        MsgBox "请输入要转换的十进制数"
        Exit Sub
    End If
    Do While x > 0
        s=x Mod n                    '取余数
        x=Int(x/n)                   '求商
        y=Mid(Ch,s+1,1)+y            '换码，反序加入
    Loop
    Text2.Text=y
End Sub
Private Sub Command2_Click()        ' "结束"按钮单击事件过程
    Unload Me
End Sub
```

程序运行结果如图 5.12 所示。

5.4.3　相关知识及注意事项

1. 列表框

1）列表框的用途

列表框（ListBox）用于列出可供用户选择的项目列表，用户可从中选择一个或多个选项。如果项目数超过列表框可显示的数目，控件上将自动出现滚动条，供用户上下滚动选择。

在列表框内的项目称为表项，表项的加入是按顺序号进行的，这个顺序号称为索引。

2）常用属性

● Name 属性：设置控件对象的名称。列表框的默认名称为 List1，List2，…。
● List 属性：该属性是一个字符型数组（数组的概念将在后面章节介绍），用于存放列表框的表项。List 数组的下标（可以理解为索引，通过它可以指定数组中的某一个元素）从 0 开始。例如，在图 5.13 中，List1．List(0)的值为"中国"，List1．List(1)的值为"美国"，依次类推。

图 5.13 List 属性

可以通过 List 属性向列表框添加表项，其操作是：在属性窗口中单击 List 属性，再单击其右端的下箭头，用户可以在该下拉方框中输入列表框中的表项。每输入一项按 Ctrl+Enter 组合键换行，全部输入完后按 Enter 键，所输入的表项即出现在列表框中。

● ItemData 属性：该属性用于为列表框的每个表项设置一个对应的数值，是一个整型数组，其个数与表项的个数一致，通常用于作为表项的索引或标识值。
● ListCount 属性：返回列表框中表项的数目。ListCount-1 表示列表中最后一项的序号。
● ListIndex 属性：返回已选定表项的顺序号（索引）。若未选定任何项，则 ListIndex 的值为-1。
● Text 属性：存放当前选定表项的文本内容。该属性是一个只读属性，可在程序中引用 Text 属性值。
● Selected 属性：本属性是一个逻辑值，表示列表框中某一表项是否未被选中。例如，List1.Selected(2)为 True 时，表示 List1 的第 3 项被选中；若为 False，表示未被选中。
● Sorted 属性：设置列表框中各表项在运行时是否按字母顺序排列。True 为按字母顺序排列，False 为不按字母顺序排列（默认）。
● MuhiSelect 属性：确定是否允许同时选择多个表项。0 为不允许（默认），1 为允许（用单击或按空格键来选定或取消），2 也为允许（按 Ctrl 键的同时单击或按空格键来选定或取消；单击第一项，在按 Shift 键的同时单击最后一项，可以选定连续项）。
● SelCount 属性：当允许同时选定多个表项时，该属性表示当前已选定的表项的总个数，即列表框中 Selected 属性值为 True 的表项总个数。
● Columns 属性：确定列表框是水平滚动还是垂直滚动，以及显示列表中表项的方式。默认值为 0，表示每一个表项占一行，列表框按单列垂直滚动方式显示。当属性值为 n（大于 1）时，表示多个表项占一行，列表框按多列水平滚动方式显示。
● Style 属性：确定控件的样式。默认值为 0，表示标准形式；设置该属性值为 1 时，表示复选框形式，即在每个表项前增加一个复选框以表示该表项是否被选中。

3）事件

列表框可接收 Click，DblClick 等事件。

4）方法

列表框中的表项可以通过 List 属性设置，也可以在程序中用 AddItem 方法来添加，用 RemoveItem 或 Clear 方法删除。

● AddItem 方法：本方法用于把一个列表项加入到列表框中。语法格式为：

```
[对象. ]AddItem 列表项[，索引]
```

若省略"索引"，则列表项被添加到列表框尾部。索引值不能大于表中项数。

例如，要在省份列表框 List1 的第 28 个位置后插入"海南省"，可以采用

```
List1. AddItem "海南省",28
```

● Clear 和 RemoveItem 方法：这两种方法都是用于删除列表项。语法格式如下：

```
[对象. ]Clear            '本方法用于清除列表框中的所有项目
[对象. ]RemoveItem       '索引
```

5）列表框表项的输出

输出列表框中的表项，有两种常用方法：

● 用鼠标单击列表框内某一表项，则该表项值存放在 Text 属性中

```
x=List1.Text            '把选定的表项值存放在 x 变量中
```

● 指定索引号来获取表项的内容，例如：

```
List1.ListIndex=3
x=List1.Text
```

2．组合框

有时用户不仅要求能从已有的列表选项中进行选择，还希望自己能输入列表中不包括的内容。例如，在上例选课表程序中，如果用户需要输入列表中未包括的课程名，如"SQL 数据库"，就要用到组合框（ComboBox）。

组合框的 3 种类型如图 5.14 所示，它实际上是列表框和文本框的组合。组合框具有列表框和文本框的大部分属性和方法，还有一些自己的属性。

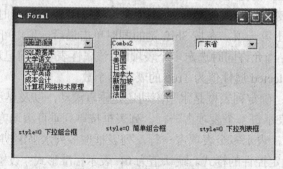

图 5.14　组合框的 3 种类型

（1）Style 属性。该属性取值为 0，1 或 2，分别决定了组合框的 3 种不同类型，即下拉组合框（默认）、简单组合框和下拉列表框，如图 5.14 所示。

● 下拉组合框（DropdownCombo）：执行时，用户可以直接在文本框内输内容，也可单击其下拉箭头，再从打开的列表框中选择，选定内容会显示在文本框上。
● 简单组合框（SimpleCombo）：它列出所有的项目供用户选择，没有下拉箭头，列表框不能收起。
● 下拉列表框（DropdownList）：不允许用户输入内容，只能从下拉列表框中选择。

（2）Text 属性。该属性是用户所选定项目的文本或直接从文本框输入的文本。

5.5　本章实训

一、实训目的

1. 理解循环结构设计的特点；
2. 熟练掌握 For...Next 和 Do...Loop 语句；
3. 掌握列表框与组合框的常用属性、方法和事件及实际应用。

二、实训步骤及内容

1. 如果一个三位整数等于它的各位数字的立方和，则此数称为"水仙花数"，如 $153=1^3+5^3+3^3$。编写程序求所有水仙花数。

程序代码如下：

```
Private Sub Form_Load()
        Dim i As Integer,a As Integer,b As Integer,c As Integer
        Show
        For i=100 To_____
            a=Int(i/100)
            b=Int((i-100*a)/ _____)
            c=i-100*a-10*b
            If a*a*a+b*b*b+c*c*c=i Then
                Print i
            End If
        Next i
    End Sub
```

2. 指定一个初始值，从该数值开始，找出 100 个不能被 7 整除的自然数。要求通过文本框来接收初始值，找出的自然数显示在列表框中。程序运行如图 5.15 所示。

编写程序代码如下：

```
    Private Sub Command1_Click()
     Dim n As Integer
        n=Val(Text1.Text)
List1.Clear: k=0
        Do While k<= 99
```

```
        If Not (n Mod _____=0)Then
            List1.AddItem _____
            k=k+1
        End If
        n=n+1
    Loop
End Sub
```

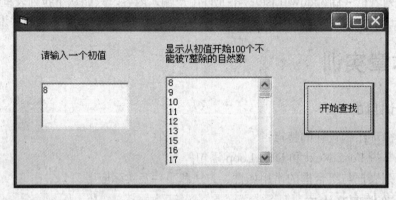

图 5.15　运行结果

3. 凡是满足 $x^2 + y^2 = z^2$ 的正整数组（x，y，z）就称为勾股数组（如 3，4，5），请找出任意一个正整数 n（通过 InputBox 函数输入）以内的所有勾股数组，把这些数组直接显示在窗体上。

程序代码如下：

```
Private Sub Form_Load()
    Show
    n=Val(InputBox("正整数 n="))
    For i=1 To n
      For j=i+1 To n
        For k=j+1 To n
          If i*i+j*j=k*k Then
              Print "(";i;",";j;",";k;")"
          End If
        Next _____
      Next j
    Next _____
End Sub
```

4. 设计程序，在窗体上建立一个列表框 List1 和一个"显示"命令按钮 Command1。列表框高（Height）为 1770，宽（Width）为 1300，字体为"黑体"，字号为"四号"，列表框中已有 5 个列表项，依次为"中国"～"法国"。要求程序运行后，可以通过多次单击来选中多个列表项。单击"显示"按钮，在窗体上输出所有选中的列表项，如图 5.16 所示。

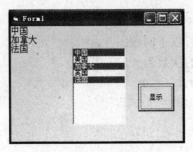

图 5.16 运行结果

说明 要求读者自己输入"中国"~"法国"5 个表项。可以通过多次单击来选中多个列表项，必须设置 MultiSelect 属性值为 1。

编写程序代码如下：

```
Private Sub Command1_click()      '"显示表项"按钮单击事件
      FontSize=12
      Cls
      For i=0 To List1.ListCount _____      '逐项判断
          If List1.Selected(i)Then            '真时为选中
              Print List1.List(_____)
          End If
      Next i
End Sub
```

三、实训总结

根据操作的实际情况，写出实训报告。

5.6 习题

一、单选题

1. 下列循环语句所确定的循环次数是（   ）。

```
For i=1 To 10
    x=x+9
Next i
```

A. 6   B. 5   C. 4   D. 3

2. 写出下列程序段的运行结果（   ）。

```
S=0
For k=10 To 50 step 15
    S=S+k
Next k
If k>50 Then s=s+k else s =s-k
Print S
```

    A. 20   B. 130   C. 75   D. 55

3. 分析下列程序段，回答以下问题：

（1）语句 s=s＋n 被执行的次数为（   ）。

（2）程序段的运行结果为（   ）。

```
n=1: S=1
Do While n<6
    s=s+n
    If n<3 Then n=n+1 Else n=n+2
Loop
Print S
```

（1）A. 2   B. 3   C. 4   D. 5

（2）A. 13   B. 12   C. 11   D. 10

4. 写出下列程序的运行结果（   ）。

```
S="0123456789":c=""
For k=2 To Len(s) Step 3
    a=lef(s,k)
    b=right(a,k)
    c=mid(b,k,1)+c
Next k
Print c
```

    A. 7410   B. 741   C. 735   D. 41

5. 执行下列程序段后，变量 s 的值是（   ）。

```
s=0
For m= 1 to 3
    n=1
    Do while n<=m
            S=s+n
            N=n+1
    Loop
Next m
```

    A. 4   B. 7   C. 10   D. 15

6. 以下程序代码所计算的数学式是（   ）。

```
S=1:n=2
Do while n<1000
    S=s+n
    N=n+2
Loop
Print"s=";s
```

    A. s=1+2+4+6+...+998   B. s=1+2+4+6+...+1000

    C. s=2+4+6+...+998   D. s=2+4+6+...+1000

7. 数列 0，1，1，2，3，5，8，…称为波契纳数列，它的前两个数是 0 和 1，以后每一个数都是前两个数之和。输出这个数列的前 20 个数。将下列程序代码补充完整。

```
a=0: b=1
Print a; b;
For k=3 To 20
       (1)
   Print c;
       (2)
       (3)
Next k
```

（1）A. c+b   B. c=a+b   C. c=b   D. a=c+b

（2）A. b=a   B. a=c   C. a=b   D. c=b

（3）A. b=a   B. b=c   C. a=b   D. c=a

8. 将数据项"计算机"添加到列表框 List1 中作为第 8 项的内容，应使用（   ）

     A. List1.AddItem 8，"计算机"   B. List1.AddItem "计算机",7

     C. List1.AddItem 8，"计算机"   D. List1.AddItem 7，"计算机"

9. 读取列表框中的第 3 个表项值，把值赋给变量 x，不可以采用（   ）。

     A. x=List1.List(2)   B. x=List1.text(2)

     C. List1.Selected(2)=True   D. List1.ListIndex=2

        X=List1.Text   x=List1.Text

10. 在组合框 Combo1 中选定某一表项后，单击命令按钮（名称为 DelItem）即可删除该表项，DelItem 的单击事件过程如下。

```
private sub delitem_click()
   If combo1.listindex<>-1 Then
       combo1.removeitem (    )
   End If
End Sub
```

     A. Combo1. ListCount   B. Combo1.listindex

     C. Combo1. Text   D. Combo1.multiselect

二、填空题

1. 以下程序段实现：求 2+4+6+8+...+80 的值。

```
s=_____
For i=2 To 80_____
s=_____+i
Next_____
Print s
```

2. 以下程序段的功能是：给 List1 添加 4 个选项：大写字母、小写字母、数字字符、其他字符。

```
List1.List(0)="大写字母"
List1.List(1)="_____"
List1._____
_____.AddItem "其他字符"
```

3. 以下程序段的功能是：求 3*5*7*9*…*30 的值。

```
s=1
_____
Do_____ n<_____
s=s*n
n=_____
Loop
Print s
```

4. 以下程序段的功能是：对 Text1 中输入的大写字母加密，其他字符不变，密文显示在 Text2 中，加密规则为：A 变 Z, B 变 Y, C 变 X；…，Y 变 B, Z 变 A。

```
str1=Text1.Text
For i=1 To_____
temp=Left(str1,1)
If _____Then
temp=Chr(_____-Asc(temp))
End If
ps=ps & _____
str1=_____ (str1,Len(str1)-1)
Next i
Text2.Text=_____
```

提示　设密文 ASCII 码值为 y，明文 ASCII 码值为 x，则有 x-65=y-90，所以 y=155-x。由此可推出密文的转换公式。

5.7　本章小结

本章第一部分主要讲解了 Visual Basic 提供的循环语句 Do…Loop，For…Next，While…Wend 等循环。其中最常用的是 For…Next 和 Do…Loop 语句。我们在引用案例的时候做了重点介绍和讲解。第二部分主要讲解了列表框和组合框的运行，读者应该从案例中体会列表框和组合框的用法，最后进行总结和理解。

第6章 数　组

学习目标：在前面的程序中，所涉及的数据不太多，使用简单变量就可以进行存取和处理，但对于成批的数据处理，就要用到数组。

在 Visual Basic 中，除了可以使用一般概念上的数组（称为一般数组或变量数组），还可以使用控件数组。

数组是数据的有序集合，一般用于处理大量的数据，特别是对大量数据排序能充分体现出数组的优越性。本章介绍数组的分类、定义和使用方法。

控件数组是一组特殊的控件，它们具有相同的控件名、不同的索引值，共用相同的事件过程，能大大提高编程效率，本章介绍了控件数组的创建和使用方法。通过本章的学习，读者应该掌握以下内容：

- 数组的的概念和应用；
- 控件数组的理解和运用。

学习重点与难点：对一般数组的理解运用；理解掌握并运用控件数组。

6.1　数组应用案例

6.1.1　案例实现过程

【案例说明】

1. 输入某小组 5 个同学的成绩，计算总分和平均分（取小数后一位）。

分析：本例利用 InputBox 函数来输入成绩，输入完毕后经过计算，再采用 Print 直接在窗体上输出结果，采用数组进行数据处理。

2. 假设 10 名学生的考试成绩为 89，96，81，67，79，90，63，85，95 和 83，求出最高分和最低分，程序运行结果如图 6.1 所示。

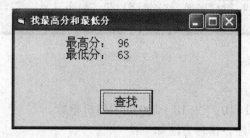

图 6.1　运行结果

分析：在 Form_Load 事件过程中，通过 Array 函数为数组 score 赋值。单击"查找"按钮（Command1）后，开始查找最高分和最低分，找到后显示在标签 Label1 上。

3．某学习小组有 5 名学生，他们的成绩如表 6.1 所示。设计程序，计算每个学生和每门课的平均分。

表 6.1　学生成绩表

姓　　名	数　　学	英　　语	SQL
王明成	69	89	74
李晓江	94	80	90
张小斌	57	62	73
周大可	98	94	90
林桦平	73	76	63

程序运行结果如图 6.2 所示。

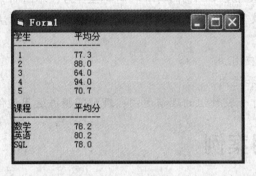

图 6.2　求平均分

分析：对于这样一个 5 行 3 列的成绩表，可以用一个二维数组 a(5，3)来描述。程序中可设置二重循环，用以实现每行和每列上的累加。

4．随机产生 10 个 10～100 间的整数，用"选择排序法"由小到大排序，最后输出结果。程序运行结果如图 6.3 所示。

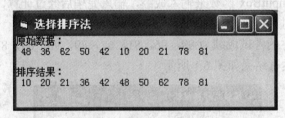

图 6.3　排序结果

分析：

（1）利用 Int(91* Rnd +10)产生 10～100 间的随机整数。

（2）按值从小到大排序。排序方法如下：

先将 10 个数放入数组 a 中，再对下标变量 a(1)，a(2)，a(3)，…，a(10)进行排序处理。

① 从这 10 个下标变量中选出最小值，通过交换把该值存入 a(1)。

② 除 a(1)之外（a(1)已存放最小值），从其余 9 个下标变量中选出最小值（即 10 个数中

的次小值），通过交换把该值存入 a(2)。

③ 采用上述方法，选出 a(3)～a(10)中的最小值，通过交换，把该值存入 a(3)。

④ 重复上述处理，直至 a(8)，可使 a(1)～a(8)由小到大排列。

⑤ 第 9 次处理，选出 a(9)及 a(10)中的最小值，通过交换把该值存入 a(9)，此时 a(10)存放的就是最大值。

（3）程序结构。完成上述比较及排序处理过程，可以采用二重循环结构，外循环变量 i 从 1 到 9，共循环 9 次；内循环变量 j 从 i + 1 到 10。

【案例目的】

1．理解数组的声明。

2．熟练运用数组分析解决问题。

3．理解动态数组的简单应用。

【技术要点】

该应用程序设计步骤如下。

1．运用案例说明中的第一部分：输入某小组 5 个同学的成绩，计算总分和平均分（取小数后一位）。

本例利用 InputBox 函数来输入成绩，输入完毕后经过计算，再采用 Print 直接在窗体上输出结果。

采用 Print 直接在窗体上输出结果，程序代码如下：

```
Private Sub Form_Load()
    Dim d(5)As Integer
    Dim i As Integer,total As Single,average As Single
    Show
    For i=1 To 5                '输入成绩
        d(i)=Val(InputBox("请输入第" & i & "个学生的成绩",_
                    "输入成绩"))
    Next i
    total=0
    For i=1 To 5                '计算总分
        total=total+d(i)
    Next i
    average=total/5
    Print "总分："; total
    Print "平均分："; Format(average,"##.0")
End Sub
```

程序中，先通过 Dim 语句为数组 d 定义维数及下标范围，即为数组安排一块连续的内存存储区，但这并不意味着在内存里该数组已获得了应有的内容。本例中，输入数组中的数据是由 InputBox 函数来实现的，共循环了 5 次，输入的 5 个数依次赋值给下标变量 d(1)～d(5)。建立了数组中的数据后，就可以按要求进行处理了。

2．运用案例说明中的第二部分：假设 10 名学生的考试成绩分别为 89，96，81，67，79，

90，63，85，95 和 83，求出最高分和最低分。

（1）创建应用程序的用户界面和设置对象属性，如图 6.4 所示。窗体上含有一个标签 (Label1)和一个命令按钮(Command1)。标签 Label1 用于显示有关信息。按钮 Command1 的 Caption 属性为"查找"。

图 6.4   界面设计

（2）编写程序代码。

```
Option Base 1                          '在模块级声明段中声明
Dim score As Variant                   'score 用做数组变量名
Private Sub Form_Load()
    Label1.Caption="单击"查找"按钮开始查找最高分和最低分"
    score=Array(89,96,81,67,79,90,63,85,95,83)
End Sub
Private Sub command1_click()
    Dim max As Integer,min As Integer
    max=score(1)                       '设定初值
    min=score(1)
    For i=2 To 10
        If max<score(i)Then            '找最高分
            max=score(i)
        End If
        If min>score(i)Then            '找最低分
            min=score(i)
        End If
    Next i
    Label1.Caption="最高分："+Str(max)+_
        Chr(13)+"最低分："+Str(min)  'Chr(13)起换行作用
End Sub
```

程序运行结果如图 6.1 所示。

3. 运用案例说明中的第三部分：某学习小组有 5 名学生，他们的成绩如表 6.1 所示。设计程序，计算每个学生和每门课的平均分。

本例采用赋值语句来输入学生成绩，并采用 Print 直接在窗体上输出结果。

程序代码如下：

```
Option Base 1                          '在模块级声明段中声明
Private Sub Form_Load()
```

```
    Dim a(5,3)As Integer
    Dim r As Integer,c As Integer,s As Integer    '输入课程名
    k=Array("数学","英语","SQL")                    '输入学生成绩
    a(1,1)=69:a(1,2)=89:a(1,3)=74
    a(2,1)=94:a(2,2)=80:a(2,3)=90
    a(3,1)=57:a(3,2)=62:a(3,3)=73
    a(4,1)=98:a(4,2)=94:a(4,3)=90
    a(5,1)=73:a(5,2)=76:a(5,3)=63
    Show
    Print "学生","平均分"
    Print String(20,"-")                          '输出 20 个减号 "-"
    For r=1 To 5
       s=0                                        '累加前清 0
       For c=1 To 3
          s=s+a(r,c)                              '累加同一行数据
       Next c
       Print r,Format(s/3,"##.0")
    Next r
    Print
    Print "课程","平均分"
    Print String(20,"-")
    For c=1 To 3
       s=0                                        '累加前清 0
       For r=1 To 5
          s=s+a(r,c)                              '累加同一列数据
       Next r
       Print k(c),Format(s/5,"##.0")
    Next c
  End Sub
```

程序运行结果如图 6.2 所示。

4. 运用案例说明中的第三部分：某学习小组有 5 名学生，他们的成绩如表 6.1 所示。设计程序，计算每个学生和每门课的平均分。

本例采用默认的用户界面，所需数据由随机函数产生，处理后的结果通过 Print 方法直接输出到窗体上。

程序代码如下：

```
  Private Sub Form_Load()
    Show
    Randomize
    Dim a(1 To 10)As Integer
    Print "原始数据: "
    For j=1 To 10                                 '产生 10 个随机数
       a(j)=Int(91*Rnd+10)
       Print a(j);
    Next j
```

```
        Print:Print
        For i=1 To 9
          For j=i+1 To 10
            If a(i)> a(j)Then
               t=a(i):a(i)=a(j):a(j)=t        '交换位置
            End If
          Next j
        Next i
        Print "排序结果: "
        For j=1 To 10
          Print a(j);
        Next j
    End Sub
```

上述程序代码中，中间程序段"For i = 1 To 9"～"Next i"（共 7 个程序行）用于实现数据的排序。也可以把这个程序段改写为

```
    For i=1 To 10
        k=i                          'k 用来记录每次选择的最小值的下标
        For j=i+1 To 10
          If a(k)> a(j)Then
              k=j
          End If
        Next j
        t=a(k): a(k)=a(i): a(i)=t    '交换位置
    Next i
```

本程序段在原程序段的基础上增设一个变量 k，用来记录每一次选出的最小值的下标，其目的是不必在每发现一个大于 a(i)的 a(j)时，就使 a(i)与 a(j)换位，而只需在本次比较结束后，使 a(i)与 a(k)次换位即可。

6.1.2　应用扩展

Visual Basic 中有两种形式的数组：静态数组和动态数组。静态数组是指数组元素的个数固定不变，而动态数组的元素个数在程序运行时可以改变。在前面例子中，使用的都是静态数组。当通过 Dim 声明一个静态数组后，其维数及各维的上下界将不得改变。

有时，在程序设计阶段，并不知道数组究竟有多大，而无法声明数组大小。如果在程序一开始，就声明一个大数组，这些存储区长期被占用，会降低系统效率。遇到这种情况，可以使用动态数组。动态数组可以在运行过程中改变其大小。

例如，随机产生 n 个两位的随机整数，其中 n 的值由用户输入。然后计算所有数的平均值，保留两位小数。

1. 界面设计

各个随机数显示在一个列表框中，程序界面如图 6.5 所示。

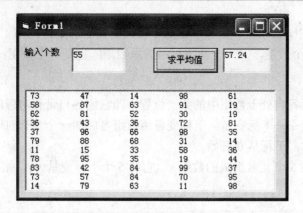

图 6.5　求平均值

2. 编写程序代码，程序代码如下：

```
Private Sub Command1_Click()
Dim num()As Integer,i As Integer,sum As Long,n As Integer
n=Val(Text1.Text)
If n>0 Then
    ReDim num(1 To n)As Integer
    For i=1 To n
        num(i)=Int(Rnd*90+10)
    Next i
    List1.Clear '思考本语句有何作用
    For i=1 To n
        List1.AddItem Str(num(i))
        sum=sum+num(i)
    Next i
    Text2.Text=Format(sum/n,"0.00")
    End If
End Sub
```

6.1.3　相关知识及注意事项

1. 数组的概念

在实际应用中，常常需要处理成批的数据，例如，统计一个班、一个年级，甚至全校学生的成绩，若按简单变量进行处理，就非要引入很多个变量名不可。例如。为了存储和统计100 个学生的成绩，就得命名 100 个变量，这很不方便。如果学生人数更多或课程门数更多，就变得很困难了。使用数组，可以用一个数组名代表一批数据，例如，可以用一个数组 t 来存放上述 100 个学生的成绩，这时，这些学生成绩就表示为

$$t(0), t(1), t(2), \cdots \ t(98), t(99)$$

其中，t(k)(k=0, 1, 2, …, 99)为数组元素（或称下标变量），它表示第 k+1 个学生的成绩，k 称为下标变量的下标。

在 Visual Basic 中，数组是一组按一定顺序排列的数据的集合。例如，上述学生成绩[t(0)，t(1)，…，t(99)]是一个数组，三元一次方程组的系数矩阵也是一个数组：

$$(b_{11} \quad b_{12} \quad b_{13})$$

组成数组的元素各自处于数组中的某一位置，即它们各自带有对应的下标，因此数组元素又称为有序的变量——下标变量。下标变量用数组名后加一个含有对应下标的圆括号来表示。没有特别说明时，下标从 0 开始。

例如，有一行共 5 个元素组成的数组 x，它的 5 个下标变量为：

```
x(0)   x(1)   x(2)   x(3)   x(4)
```

由 3 行 4 列元素组成的数组 y，它的 12 个下标变量可表示为

```
y(0, 0)   y(0, 1)   y(0, 2)   y(0, 3)
y(1, 0)   y(1, 1)   y(1, 2)   y(1, 3)
y(2, 0)   y(2, 1)   y(2, 2)   y(2, 3)
```

必须指出的是，下标变量只不过是带有下标的变量，它与简单变量具有基本相同的性质和作用。如可用输入语句或函数（如 Let，InputBox 等）对它赋值，也可以跟简单变量一样在表达式中参与运算。

说明：

① 数组的命名规则与简单变量相同。在同一过程（如事件过程等）中，数组名与变量名不能同名。

② 与简单变量一样，数组也有多种类型，程序中可以通过 Dim 语句来声明数组的类型，例如：

```
Dim t(99)As Integer
```

这样，数组 t 中的所有元素就被定义为 Integer 数据类型。

当数组类型为 Variant 时，各个元素可以为不同类型的数据。

2．下标和数组的维数

下标表明下标变量在数组中的位置。下标可以是常数值，也可以是变量（包括下标变量）或数值表达式。例如，若 x(2)=10，k=2，则 y(x(2))就是 y(10)，y(x(2)+k)就是 y(12)。当下标值带有小数部分时，系统会自动对它四舍五入取整，如 x(7.7)将作为 x(8)处理。

正因为下标变量的下标可以是变量，所以与简单变量相比，下标变量有不少方便之处。例如，a(i)虽然只是一个下标变量，但当 i 取不同值时，它就表示不同的下标变量，如 i=0，a(i)表示 a(0)；i=1，a(i)表示 a(1)，等等，使用时，只要有规则地改变下标值，就可以很方便地使 a(i)成为所需要的具体下标变量。

数组元素中下标的个数称为数组的维数，上述成绩数组 t 只有一个下标，称为一维数组；三元一次方程组的系数数组 a 有两个下标，称为二维数组。在 Visual Basic 中最多可以使用 16 维的数组。

3．数组的声明和应用

在程序中使用某个数组之前，一般需要定义该数组。以便让系统给该数组分配相应的存储单元。定义数组采用数组声明语句，其语法格式为

```
Dim 数组名([下界1 to]上界1[, [下界2 to]上界2…]): [As 数据类型]
```

功能：指定数组的维数、各维的上下界和数据类型。并给数组分配存储空间。例如：

```
Dim Sum(10)As Long              '下标号从 0～10，共 11 个元素
Dim Ary(1 to 15)As Integer      '下标号从 1～15，共 15 个元素
Dim d(1 to 5, 1 to 20)As Double '定义二维数组
```

除了 Dim 语句外，还可以使用 Public，Static，Private 等语句来声明数组。这些语句可以定义不同作用域的数组（变量作用域的概念见后面章节）。

在声明数组时，如省略下界，默认下界为 0。有时为了使用更直观，通常将数组的每一维的下界声明为 1，此时可以使用 Option Base 语句，其格式为

```
Option Base n
```

本语句在模块（如窗体模块）级声明段中使用，用来指定模块中数组下标的默认下界。n 为数组下标的下界，只能是 0 或 1。例如：

```
Option Base 1                   '在模块级声明段中声明
…
Dim Data(20)As Single          '下标号从 1～20
```

4．Array 函数

一般 BASIC 语言中配有 Read / Data 语句，它为变量，为数组元素的赋值提供了方便。Visual Basic 中已经去掉了这两种语句，因此在 Visual Basic 程序中只能通过赋值语句或 InputBox 函数来为变量或数组元素赋值。当需要赋值的数组元素较多时，可以使用 Array 函数，其格式如下：

```
数组变量名=Array(数组元素值)
```

其中，"数组变量名"是预先定义的数组名，"数组元素值"是一个用逗号隔开的值表。Array 函数用来为数组元素赋值，即把一组数据读入某个数组。例如：

```
Dim D As Variant
D=Array(1, 2, 3, 4)
```

执行上述语句后，将把 1，2，3，4 这 4 个数值赋值给数组 D 的各个元素，即 $1{\to}D(0)$，$2{\to}D(1)$，$3{\to}D(2)$，$4{\to}D(3)$。

说明：

① 数值变量名（如 D）后面不能有括号，也就没有维数和上界，下界默认为 0 或由 Option Base 语句决定。

② 数组变量只能是变体类型（Variant），不能是其他数据类型。

③ Array 函数只能给一维数组赋值，不能给二维或多维数组赋值。

通过 Array 函数给数组赋值后，就可以像使用一般数组一样来引用该数组 s。

5．动态数组

创建动态数组分两步进行：第一步，声明一个没有下标（或称空维数）的数组为动态数组；第二步，在过程中用 ReDim 语句重新定义带下标的动态数组。

ReDim 语句格式：

ReDim[Preserve]数组名([下界1 To]上界1[，[下界2To]上界2…])[As 数据类型]

功能：本语句用来重新定义动态数组，按定义的上下界重新分配存储单元。

例如：

```
Private Sub Commandl_Click()
    Dim F()As Iteger                       '声明一个整型动态数组
        …
        Size=20
        ReDim F(Size)
        …
End Sub
```

说明：

① 在本语句重新定义的动态数组中，每一维的上界和下界可以是包含常量、变量的表达式。

② 当重新分配动态数组时，数组中的内容将被清除，但如果在 ReDim 语句中使用了 Preserve 选择项，可保持数组中原有的数据不变。

③ 如果已将一个数组声明为某种数据类型，不能再使用 ReDim 语句将该数组改为其他数据类型。

④ 可以用 ReDim 语句来直接定义数组（像 Dim 语句一样），但通常只是把它作为重新声明数组大小的语句使用。

6．数组刷新语句

数组刷新语句（Erase）可以用于动态数组和静态数组，其格式为：

Erase 数组名[，数组名]…

功能：该语句用来清除静态数组的内容，或者释放动态数组占用的内存空间。例如：

```
Dim Array 1(20)As Integer
Dim Array 2()As Single
ReDim Array 2(9, 10)
…
Erase Array1, Array2
```

说明：

① 对于静态数组，Erase 语句将数组重新初始化，即把所有数组元素置为 0（数值型）或空字符串（字符型）。

② 对于动态数组，Erase 语句将释放动态数组所使用的内存空间，也就是说，经 Erase 处理后动态数组不复存在。静态数组经 Erase 处理后仍然存在，只是其内容被清 0。

7. For Each…Next 循环语句

For Each…Next 语句与前面介绍的循环语句 For…Next 类似，都可用来执行已知次数的循环。但 For Each…Next 语句专门作用于数组或对象集合中的每一成员。它的语法格式是：

```
For Each 成员 In 数组名
    循环体
    [Exit For]
Next 成员
```

其中，"成员"是一个 Variant 变量，它实际上代表数组中的每一个元素。

本语句可以对数组元素进行读取、查询或显示，它所重复执行的次数由数组中元素的个数确定。这在不知道数组中元素的数目时非常有用。

例如，用 For Each…Next 循环语句，求 1! + 2! +…+10! 的值。

本例采用 Print 直接在窗体上输出结果，程序代码如下：

```
Private Sub Form_Load()
    Dim a(1 To 10)As Long,sum As Long,t As Long
    Dim n As Integer
    Show
    t=1
    For n=1 To 10
        t=t*n
        a(n)=t
    Next n
    sum=0
    For Each x In a
        sum=sum+x
    Next x
    Print "1!+2!+3!+…+10!=";sum
End Sub
```

输出结果如下：

```
1!+2!+3!+…+10!=4037913
```

上述 For Each…Next 语句能根据数组 a 的元素个数来确定循环次数，语句中 x 用来代表数组元素。开始执行时，x 是数组 a 的第一个元素的值；第 2 次循环时，x 是第 2 个元素的值，依次类推。

6.2　控件数组案例

6.2.1　案例实现过程

【案例说明】

1. 按图 6.6 设计窗体，其中一组（共 5 个）单选按钮构成控件数组。要求当单击某个单选按钮时，能够改变文本框中文字的大小。

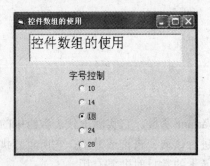

图 6.6　设计界面

分析：此程序可用两种方法进行设计，第一种是一个一个地创建单选按钮，第二种是用控件数组来实现，用控件数组实现比较简单。

2. 某课程统考，凭准考证入场，考场教室安排如表 6.2 所示。设计程序，使之能查找到准考证号码所对应的教室号码。程序运行结果如图 6.7 所示。

表 6.2　考场教室安排

准考证号码	2101～2147	1741～1802	1201～1287	3333～3387	1803～1829	2511～2576
教室号码	102	103	104	209	305	306

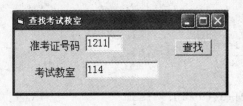

图 6.7　查询结果

分析：为便于查找，通过二维数组 rm 建立这两种号码对照表。数组 rm 由 Form_Load 事件过程来建立，它的每一行存放了一个教室资料（包含准考证号码范围和教室号码）。当判断出某个给定准考证号码落在某一行的准考证号码范围内时，该行中的教室号码为所求。

【案例目的】

1. 要求理解和创建控件数组。

2. 熟练运用控件数组解决分析问题。

【技术要点】

1. 运用案例说明中的第一部分：按图 6.6 设计窗体，其中一组（共 5 个）单选按钮构成控件数组。要求当单击某个单选按钮时，能够改变文本框中文字的大小。

设计步骤如下。

（1）设计控件数组 Option1，其中包含 5 个单选按钮对象。具体操作方法如下。

① 画出第一个单选按钮控件，名称采用默认的 Option1。此时该控件处于选定状态。

② 单击工具栏上的"复制"按钮（或按 Ctrl + C 键）。

③ 单击工具栏上的"粘贴"按钮（或按 Ctrl + V 键），此时系统弹出如图 6.8 所示的对话框，单击"是"按钮，就建立了一个控件数组元素，其 Index 属性为 1，已画出的第 1 个控件的 Index 属性值为 0。用户通过鼠标可以把新控件拖放到第一个控件的下方。

④ 继续单击"粘贴"按钮（或按 Ctrl + V 键）和调整控件位置，可得到控件数组中的其他 3 个控件，其 Index 属性值分别为 2，3 和 4（即从上而下为 0，1，2，3，4）。

⑤ 设置控件数组各元素（从上而下）的 Caption 属性分别为 10，14，18，24 和 28。

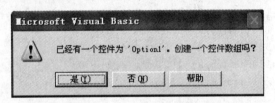

图 6.8　确认创建控件数组

（2）建立一个文本框 Text1，其 Text 属性设置为"控件数组的使用"。再建立一个标签，其 Caption 属性为"字号控制"。

（3）编写程序代码。

程序代码如下：

```
Private Sub Form_Load()
    Option1(0).Value=True          '选定第一个单选按钮
    Text1.FontSize=10              '设定文本框中的字号
End Sub
Private Sub Option1_Click(Index As Integer)
    Select Case Index              '系统自动返回 Index 值
        Case 0
            Text1.FontSize=10
        Case 1
            Text1.FontSize=14
        Case 2
            Text1.FontSize=18
        Case 3
            Text1.FontSize=24
        Case 4
            Text1.FontSize=28
```

```
            End Select
        End Sub
```

2. 运用案例说明中的第二部分：某课程统考，凭准考证入场，考场教室安排如表 6.2 所示。设计程序，使之能查找到准考证号码所对应的教室号码。

设计步骤如下。

（1）在窗体上建立 2 个标签、2 个文本框（Text1，Text2）和 1 个命令按钮（Command1），如图 6.6 所示。文本框 Text1 用来输入准考证号码，文本框 Text2 用来显示教室号码，这两个文本框的 Text 属性值均为空。

（2）编写程序代码。

功能要求：用户在文本框 Text1 中输入准考证号码，单击"查找"按钮（Command1）后，查找出对应的教室号码，并将教室号码输出在文本框 Text2 中。

程序代码如下：

```
Dim rm(6,3)As Integer
Private Sub Form_Load()
    rm(1,1)=2101:rm(1,2)=2147:rm(1,3)=102
    rm(2,1)=1741:rm(2,2)=1802:rm(2,3)=103
    rm(3,1)=1201:rm(3,2)=1287:rm(3,3)=114
    rm(4,1)=3333:rm(4,2)=3387:rm(4,3)=209
    rm(5,1)=1803:rm(5,2)=1829:rm(5,3)=305
    rm(6,1)=2511:rm(6,2)=2576:rm(6,3)=306
End Sub
Private Sub command1_Click()
    Dim no As Integer,flag As Integer
    flag=0                        '查找标记，0 表示未找到
    no=Val(Text1.Text)
    For i=1 To 6
      If no>=rm(i,1)And no <= rm(i,2)Then
          Text2.Text=rm(i,3)      '显示教室号码
          flag=1                  '1 表示找到
          Exit For
      End If
    Next i
    If flag=0 Then
        Text2.Text="无此准考证号码"
    End If
    Text1.SetFocus               '设置焦点
End Sub
```

运行该程序，当输入的准考证号码为 1211 时，显示结果如图 6.7 所示。

6.2.2　应用扩展

某学习小组 10 名学生的成绩情况如表 6.3 所示，现要求采用折半查找法，通过学号查询学生成绩。

表 6.3 学生成绩表

学 号	数 学	语 文
1201	92	86
1202	78	71
1203	83	74
1205	67	75
1206	71	55
1207	62	80
1209	98	83
1210	99	80
1211	57	67
1215	80	78

分析：折半查找法也称对半查找法，是一种效率较高的查找方法；对于大型数组，它的查找速度比顺序查找法（上例中采用的是顺序查找法）快得多。在采用折半查找法之前，要求将数组按查找关键字（如本例中的学号）排好序（从大到小或从小到大）。

折半查找法的过程是：先从数组中间开始比较，判别中间的那个元素是不是要找的数据。若是，查找成功；否则，判断被查找的数据在该数组的上半部还是下半部。如果是上半部，再从上半部的中间继续查找，否则从下半部的中间继续查找。照此进行下去，不断缩小查找范围。至最后，因找到或找不到而停止查找。

对于 n 个数据，若用变量 Top，Bott 分别表示每次"折半"的首位置和末位置，则中间位置 M 为

```
M=Int((Top+Bott)/2)
```

这样就将[Top，Bott]分成两段，即[Top，M-1]和[M+1，Bott]。若要找的数据小于由 M 指示的数据，则该数据在[Top，M-1]范围内；反之，在[M+1，Bott]范围内。

（1）创建应用程序的用户界面和设置对象属性，如图 6.9 所示。窗体上含有 2 个标签（Label1，Label2）、5 个文本框（Text1～Text5）和 1 个命令按钮（Command1）。

标签 Label1 用于显示上方"学号"，标签 Label2 用于显示下方一整行标题（即"学号…平均分"）；文本框 Text1 用于输入学号，其他文本框（Text2～Text5）用于显示查找到的学生的学号、数学、语文及平均分，5 个文本框的 Text 属性均为空。

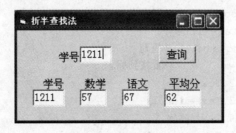

图 6.9 显示结果

（2）编写程序代码。

　　功能要求：用户在文本框 Text1 中输入要查询的学生的学号，单击"查询"按钮（Command1）后，查询到的学生资料将显示在下方的 4 个文本框（Text2～Text5）中。

　　以下程序中，采用两个数组 h() 和 d(,) 来分别存放学号及其对应的成绩，当查找到的学生学号处于某一行时，就可以从数组 d(,) 的相同行中找到该生的成绩。

　　程序代码如下。

```vb
Dim h(10)As Integer,d(10,2)As Integer
Private Sub Form_Load()
                              '学号存放在数组h( )中
    h(1)=1201:h(2)=1202:h(3)=1203
    h(4)=1205:h(5)=1206:h(6)=1207
    h(7)=1209:h(8)=1210:h(9)=1211
    h(10)=1215
                              '成绩存放在数组d(,)中
    d(1,1)=92:d(1,2)=86
    d(2,1)=78:d(2,2)=71
    d(3,1)=83:d(3,2)=74
    d(4,1)=67:d(4,2)=75
    d(5,1)=71:d(5,2)=55
    d(6,1)=62:d(6,2)=80
    d(7,1)=98:d(7,2)=83
    d(8,1)=99:d(8,2)=80
    d(9,1)=57:d(9,2)=67
    d(10,1)=80:d(10,2)=78
End Sub
Private Sub command1_Click()
    Dim no As Integer,flag As Integer
    Dim m As Integer,top As Integer,bott As Integer
    flag=-1               '置未找到标志
    top=1:bott=10         '设定范围
    no=Val(Text1.Text)    '取学号
    If no<h(top)Or no>h(bott)Then
        flag=-2           '若超出学号范围,置特殊标志-2
    End If

    Do While flag=-1 And top <= bott
        m=(top+bott)/2    '取中点
        Select Case True
          Case no=h(m)    '找到
            flag=m        '置找到标志
            Text2.Text=h(m)
            Text3.Text=d(m,1)
            Text4.Text=d(m,2)
            Text5.Text=(d(m,1)+d(m,2))/2
          Case no<h(m)    '小于中间数据
            bott=m-1      '上半部
```

```
        Case no>h(m)            '大于中间数据
            top=m+1             '下半部
        End Select
    Loop
    If flag<0 Then              '判断是否找不到
        Text2.Text=""
        Text3.Text=""
        Text4.Text=""
        Text5.Text=""
        MsgBox "无此学生!"
    End If
    Text1.SetFocus
End Sub
```

运行该程序，当输入的学号为"1211"时，显示结果如图 6.9 所示。

6.2.3　相关知识及注意事项

1．控件数组

在 Visual Basic 中，除了提供前面介绍的一般数组之外，还提供控件数组。控件数组由一组相同类型的控件组成，它们具有以下特点。

- 具有相同的控件名（即控件数组名），并以下标索引号（Index，相当于一般数组的下标）来识别各个控件。每一个控件称为该控件数组的一个元素，表示为控件数组名（索引号）。

控件数组至少应有一个元素，最多可达 32767 个元素。第一个控件的索引号默认为 0，也可以是非 0 的整数。Visual Basic 允许控件数组中控件的索引号不连续。

例如，Label1(0)，Label1(1)，Label1(2)，…就是一个标签控件数组。但要注意，Label1，Label2，Label3，…不是控件数组。

- 控件数组中的控件具有相同的一般属性。
- 所有控件共用相同的事件过程。控件数组的事件过程会返回一个索引号（Index），以确定当前发生该事件的是哪个控件。

例如，在窗体上建立一个命令按钮数组 Command1，运行时不论单击哪一个按钮，都会调用以下事件过程：

```
Sub Command1_Click(Index As Integer)
    '在此过程中，可以根据 Index 的值来确定当前
    '按下的是哪个按钮，并以此作出相应的处理
    …
End Sub
```

2．控件数组的建立

建立控件数组有三种方法：

（1）给控件起相同的名称；

（2）将现有的控件复制并粘贴到窗体或框架、图片框上；

（3）将控件的 Index 属性值改为一个整数（0～32767）。

6.3　本章实训

一、实训目的

1．理解、掌握数组和控件数组的概念和应用。
2．熟练掌握用数组和控件数组分析和解决问题。

二、实训步骤及内容

1．设计程序，输入 n 个数到数组中（数据内容由读者自行设定），然后将该数组中的数按颠倒顺序重新存放。例如，13，8，6，5，10，21 改为 21，10，5，6，8，13，通过 Print 方法把处理前和处理后的数据直接显示在窗体上。

当其程序运行时要求输入 n（n=4）个数，如图 6.10 所示，按"确定"按钮后，输入 4 个数，分别为 5，7，9，2，最后程序运行结果如图 6.11 所示。

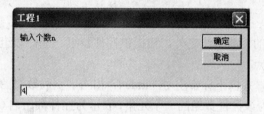

图 6.10　输入 n 个数

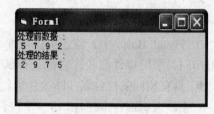

图 6.11　运行结果

程序代码如下：

```
Private Sub Form_Load()
    Show
    Dim a(_____)As Single
    n=Val(InputBox("输入个数 n"))
    Print "处理前数据:"
    For k=1 To n
        a(k)=Val(InputBox("请输入第" & k & "个数"))
        Print _____;
    Next k
    Print
    M=Int(n/2)
    For k=1 To M
        h=n-k+1
        t=a(h):a(h)=a(k):a(k)=t
    Next k
    Print "处理的结果:"
    For k=1 To n
        Print a(k);
    Next k
```

2. 设计程序，当单击"生成数据"按钮时，产生 100 个 0～20 范围内的整数，存放在数组 a 中；然后判断数组 a 中的数据，读出其中所有非 0 数据，并依次存放到数组 b 中。把数组 a 和数组 b 的数据分别显示在窗体的列表框 List1 和 List2 中，并把数组 a 中零元素的个数显示在标签中。程序运行结果如图 6.12 所示。

图 6.12　运行结果

程序代码如下：

```
Private Sub Command1_Click()
Dim a(100)As Integer,b(100)As Integer
    Randomize
    n=100
    For i=1 To n                    '输入数组 a 的 n 个元素
        x=Int(20*Rnd)
        List1.AddItem x
        a(i)=_____
    Next i
    k=0
    For i=1 To n                    '删除零元素
        If a(i)<> 0 Then
            k=k+1:b(k)=a(i):List2.AddItem _____
        End If
    Next i
    Label1.Caption="数组中零元素个数："+Str(n-k)
```

3. 将 10 个人（分别用 A，B，C，…，J 表示）随机分配在 4 排 3 列的座位中，分配后的空位用"Empty"表示。在窗体上设置一个文本框控件数组，以显示座位分配情况。程序运行结果如图 6.13 所示。

程序代码如下：

```
Private Sub Command1_Click()
 Dim t(12)As String
    Randomize
    For k=1 To 12
```

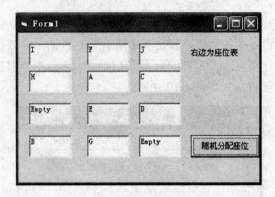

图 6.13　分配座位表

```
    t(k)="_____"              '初始安排 12 个位置均为"Empty"
Next k
For h=65 To 74                 '代表"A"至"J"，每次随机安排一个字母
    Do While True              '随机查找一个空位
        p=Int(1+12*Rnd)        '产生 1~12 随机数
        If t(p)="Empty"Then
            t(p)=Chr(h)
            Exit Do
        End If
    Loop
Next h
For k=1 To 12
    Text1(k-1).Text=_____     '显示座位分配情况
Next k
End Sub
```

三、实训总结

根据操作的实际情况，写出实训报告。

6.4　习题

一、单选题

1. 假设已经使用了语句 Dim a(3，5)，下列下标变量中不允许使用的是（　　）。
   A. a(1，1)　　　　B. a(2 – 1，2 * 2)　　　C. a(3，1.4)　　　D. a(–1，3)
2. 下列语句所定义的数组的元素个数为（　　）。

```
Dim Arm(3 To 6, -2 To 2)
```

   A. 20　　　　　　B. 16　　　　　　　C. 24　　　　　　D. 25
3. 阅读下列程序段代码，按要求选择答案。

```
Dim d(0 to 2)As integer
```

```
For k=0 To 2
   d(k)= k
   If k<2 Then d(k)=d(k)+3
   Print d(k);
Next k
```

该程序段运行后，输出的结果是（   ）。

    A．4 5 6   B．3 4 2   C．3 2 1   D．3 4 5

4．在窗体（Form1）上建立了一个命令按钮数组，数组名为 Com1。请在下面空白处填入合适内容，使之单击一个命令按钮时，将该按钮的标题作为窗体标题。

```
Private Sub Com1_Click(Index As Integer)
    Form1. Caption=(    )
End Sub
```

    A．Com1(Index).Caption

    B．Com1．Caption(Index)

    C．Com1.Caption

    D．Com1(Index+1).Caption

5．大小固定的数组称为（   ）。

    A．一维数组   B．二维数组   C．静态数组   D．动态数组

6．控件数组中的不同成员控件，一般用属性值（   ）来识别。

    A．Index   B．Caption   C．名称   D．ListIndex

7．定义静态局部变量要用（   ）关键字。

    A．Dim   B．Private   C．Public   D．Static

二、填空题

1．数组是一组_____数据的集合，其中的每个元素称为_____。

2．数组元素下标的最大、最小值分别称为数组的_____和_____，下标不能超过这个范围，否则会出下标越界错误。

3．设有数组声明语句：

```
Option Base 1
Dim D(3, -1 To 2)
```

以上语句所定义的数组 D 为_____维数组，共有_____个元素，第一维下标_____从到_____，第二维下标从_____到_____。

4．控件数组的名称由_____属性指定，而数组中每个元素的索引值由_____属性指定。

5．设在窗体上有一个标签 Label1 和一个文本框数组 Text1。数组 Text1 有 10 个文本框，索引号 0～9，其中存放的都是数字数据。现由用户单击选定任一个文本框，然后计算从第一个文本框开始，到该文本框为止的多个文本框中的数值总和，把计算结果显示在标签中，请完善下列事件过程。

```
Private Sub Text1_click(Index As Integer)
    Dim s As Single
    S=0
    For k=_____
            S=s+_____
    Next k
    Label1.Caption=s
End Sub
```

6.5 本章小结

数组是数据的有序集合，一般用于处理大量的数据，特别是对大量数据排序能充分体现出数组的优越性。本章介绍数组的分类、定义和使用方法。

在 Visual Basic 中，除了可以使用一般概念上的数组（称为一般数组或变量数组）外，还可以使用控件数组。

控件数组是一组特殊的控件，它们具有相同的控件名、不同的索引值，共用相同的事件过程，能大大提高编程效率，本章介绍了控件数组的创建和使用方法。

本章运用了较多的实用实例，读者可以在理解的基础上进行进一步学习和处理。

第7章 过　　程

学习目标：Visual Basic 应用程序是由过程组成的。过程是完成某种特殊功能的一组独立的程序代码。Visual Basic 有两大类过程：事件过程和通用过程。前面各章中使用的都是事件过程：事件过程是当某个事件发生时，对该事件作出响应的程序段，它是 Visual Basic 应用程序的主体。

有时，多个不同的事件过程要用到一段相同的程序代码（执行相同的任务）。为了避免程序代码的重复，可以把这一段代码独立出来，作为一个过程，这样的过程称为"通用过程"。通用过程独立于事件过程之外，可供事件过程或其他通用过程调用。通过本章的学习，读者应该掌握以下内容：

● 通用过程和函数过程的工作原理和区别；
● 参数传递的两种方式——按地址传递和按值传递；
● 多窗体与 Sub Main 过程。

学习重点与难点：对通用过程和函数过程的运用；理解掌握按地址传递和按值传递的概念。

7.1　通用过程和函数过程应用案例

7.1.1　案例实现过程

【案例说明】

1. 利用 Sub 过程，要求程序运行结果如图 7.1 所示。

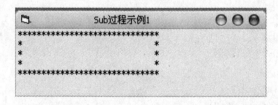

图 7.1　运行结果

2. 利用 Sub 过程，弹出窗口并按"确定"按钮后，则在相应的窗体中输入内容，当输入 n 并按"确定"按钮，程序停止运行。程序运行结果如图 7.2 所示。

3. 输入三个数，求出它们的最大数，要求将求得的两个数中的大数编写成 Function 过程，过程名为 Max。

4. 从键盘上输入一个字符，判断它是不是英文字母。

分析：英语字母有大小写之分，只要将该字符转换为大写，再判断是不是处于"A"～

"Z" 范围内。若是，则是英文字母，否则不是。

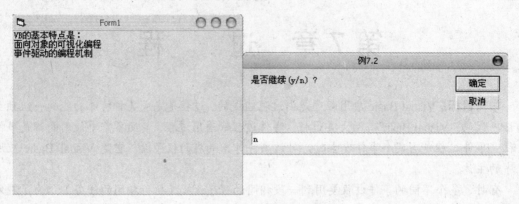

图 7.2　运行结果

【案例目的】

1. 理解什么是 Sub 过程，什么是 Function 过程。
2. 熟练运用 Sub 过程和 Function 过程。

【技术要点】

该应用程序设计步骤如下。

1. 运用案例说明中的第一部分：利用 Sub 过程，要求程序运行后结果如图 7.1 所示。本例直接采用 Print 在窗体上输出结果。

程序代码如下：

```
Private Sub Form_Load()
    Show
    Call mysub1(30)
    Call mysub2
    Call mysub2
    Call mysub2
    Call mysub1(30)
End Sub
Private Sub mysub1(n)
    Print String(n,"*")
End Sub
Private Sub mysub2()
    Print"*";Tab(30);"*"
End Sub
```

在上述事件过程 Form_Load( )中，通过 Call 语句分别调用两个 Sub 过程。在 Sub 过程 mysub1（n）中，n 为参数（也称形参），当调用过程通过 Call mysub1（30）（30 称为实参） 调用时，就把 30 传给 n。这样，调用后输出 30 个 "*"。过程 mysub2( )不带参数，其功能是输出左右两边的 "*"。我们可以用图 7.3 来表示调用过程。

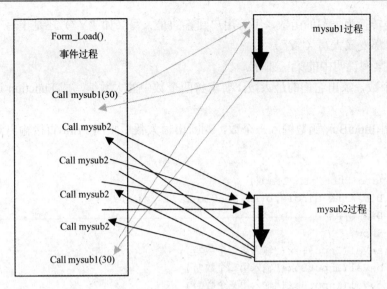

图 7.3 调用过程

2. 运用案例说明中的第二部分：利用 Sub 过程，在弹出的窗口中输入 y 并按"确定"按钮后，则在相应的窗体中输入内容，当输入 n 的时候，程序停止运行。程序运行后如图 7.2 所示。

本例直接采用 Print 在窗体上输出结果。

程序代码如下：

```
Private Sub Form_Load()
    Show
    Print "Visual Basic 的基本特点是: "
    Call sub_cont
    Print "面向对象的可视化编程"
    Call sub_cont
    Print "事件驱动的编程机制"
    Call sub_cont
    Print "结构化的设计语言"
End Sub
Private Sub sub_cont()
    Dim resp As String
    Do While True
        resp=InputBox("是否继续(y/n) ? ")
        If Ucase(resp)="N" Then End
        If Ucase(resp)="Y" Then Exit Do
    Loop
End Sub
```

在事件过程 Form_Load( )中，有 3 处调用 Sub 过程 sub_cont。每次调用 sub_cont 时，都会提问"是否继续（y/n）？"。若用户回答"n"，结束程序运行；若用户回答"y"，退出 Do...Loop 循环而返回调用语句（Call）条件下一条语句继续执行。

Ucase 是转换为大写的函数，不管用户回答的是大写（如"Y"）还是小写（"y"），经过 Ucase 处理后都变成大写（"Y"）。

3．运用案例说明中的第三部分。

输入三个数，求出它们的最大数，要求将两个数中的大数编写成 Function 过程，过程名为 Max。

本例采用 InputBox 函数输入三个数，判断出最大数后采用 Print 直接输出到窗体上。程序代码如下：

```
Private Sub Form_Load()
    Dim a As Single,b As Single,c As Single
    Dim s As Single
    Show
    a=Val(InputBox("输入第一个数"))
    b=Val(InputBox("输入第二个数"))
    c=Val(InputBox("输入第三个数"))
    s=max(a, b)
    Print "三个数中的最大数是:"; max(s, c) "?
End Sub
Function max(m,n) As Single
    If m>n Then
        max=m
    Else
        max=n
    End If
End Function
```

4．运用案例说明中的第四部分。

从键盘上输入一个字符，判断它是不是英文字母。

分析：英文字母有大小写之分，只要将该字符转换为大写，再判断是不是处于"A"～"Z"范围内。若是，则是英文字母，否则不是。本例采用 InputBox 函数来输入字符，判断后的结果直接输入到窗体上。

本例采用 InputBox 函数来输入字符，判断后的结果直接输入到窗体上。程序代码如下：

```
Private Sub Form_Load()
    Dim s As String
    Show
    s=InputBox("请输入一个字符")
    If checha(s) Then
        Print "***输入的字符是英文字母***"
    Else
        Print "***输入的字符不是英文字母***"
    End If
End Sub
Function checha(inp As String) As Boolean
    Dim upalp As String
```

```
        upalp=Ucase(inp)
        If "A"<=upalp And upalp<="Z" Then
            checha=True
        Else
            checha=False
        End If
End Function
```

7.1.2 应用扩展

利用过程计算 5!+10!。

本例利用窗体加载，再采用 Print 直接在窗体上输出结果。程序代码如下：

```
    Private Sub Form_Load()
        Dim y As Long, s As Long
        Show
        Call jc(5, y)
        s=y
        Call jc(10, y)
        s=s+y
        Print "5!+10!=";s
    End Sub
    Private Sub jc(n As Integer, t As Long)
        Dim i As Integer
        t=1
        For i=1 To n
            t=t * i
        Next i
    End Sub
```

程序运行结果如下：

```
    5!+10!=3628920
```

在上述事件过程 Form_Load( )中，通过 Call jc（5，y）和 Call jc（10，y）来分别计算 5!
和 10!。Sub 过程 jc（n，t）设置了两个参数 n 和 t。n 表示阶数，实际值是由调用过程赋给的。
t 保存计算结果（即 n!的值），它通过修改调用过程的第 2 个参数（即 y）的值，来传送给调
用过程。

当使用 Call 调用 Sub 过程 jc 时，必须事先提供所需的参数值（如 5，10），从 Sub 过程
返回时，可以得到计算结果（存放在 y 中）。

7.1.3 相关知识及注意事项

1. 通用过程

通用过程一般由编程人员建立，它既可以保存在窗体模块中，也可以保存在标准模块中。
通用过程与事件过程不同，它不依附于某一对象，也不是由对象的某一事件驱动和系统自动

调用的，而是必须被调用语句（如 Call 语句）调用才起作用。通用过程也称为"子过程"，可以被多次调用，调用该过程的过程称为"调用过程"。

在 Visual Basic 中，通用过程分为两类：Sub（子程序）过程和 Function（函数）过程。Sub 过程和 Function 过程的相似之处是，它们都可以被调用，都是一个可以获取参数，执行一系列语句，并能够改变其参数值的独立过程。它们的主要不同点是，Sub 过程不返回值，因此 Sub 过程不能出现在表达式中，且不具有数据类型；而 Function 过程具有一定的数据类型，能够返回一个相应数据类型的值，可以像变量一样出现在表达式中。

（1）定义 Sub 过程的语句格式如下：

```
[Private|Public|Static]Sub 过程名([参数表])
    语句块
    [Exit Sub]
End Sub
```

说明：

① 如果选用 Private（局部的），只有该过程所在模块（如窗体模块）中的过程才能调用该过程；如果选用 Public（公用的），表示在应用程序中的任何地方都可以调用该 Sub 过程。系统默认为 Public。

② 如果选用 Static，表示 Sub 过程中的局部变量是静态变量，在过程中被调用后，其值仍然保留。如果不用 Static 属性，则局部变量是动态的（或称自动的），即每次调用 Sub 过程时，局部变量的初始值为零值（或空字符）。

③ 参数表用来指明从调用过程传递给 Sub 过程的参数个数及类型。参数表内的参数又称为形式参数（简称形参），其定义格式如下：

```
[ByVal|ByRef]变量名[()MAs 数据类型]
```

其中，ByVal 表示该参数按值传递，ByRef 表示该参数按地址传递。默认为 ByRef，ByRef 的含义将在后面介绍。

④ Sub 过程可以获取调用过程传送的参数，也能通过参数表的参数，把计算结果传回调用过程。

（2）Sub 过程的建立。

Sub 过程可以在窗体模块（.Frm）中建立，也可以在标准模块（.Bas）中建立。

① 在窗体模块中建立 Sub 过程，可以在代码窗口中完成。打开代码窗口后，在对象框中选择"通用"项，然后输入 Sub 过程头，例如输入 SubMysubl（n），按 Enter 键后，窗口内显示：

```
Sub Mysub1(n)
End Sub
```

此时即可在 Sub 和 EndSub 之间输入程序代码了。

用户也可以在代码窗口中直接输入代码来创建 Sub 过程。

② 在标准模块中建立 Sub 过程，操作方法是：选择"工程"菜单中的"添加模块"命

令，打开"添加模块"对话框；再选择"新建"或"现存"选项卡，新建一个标准模块或打开已有的一个标准模块。选择好后即可在模块代码窗口中编辑 Sub 过程。

③ 在编辑 Sub 过程之前，还可以采用以下方法来创建 Sub 过程模板：选择"工具"菜单中的"添加过程"命令，打开如图 7.4 所示的对话框；再输入过程名称，从"类型"组中选择"子程序"类别（若要创建 Function 过程，应选"函数"），从"范围"组中选择"公有的"（相当于 Public）或"私有的"（相当于 Private）；最后确认，即可创建 Sub 过程模块和进行代码编辑。

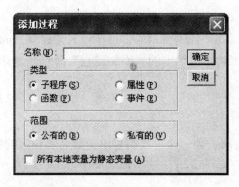

图 7.4　"添加过程"对话框

（3）Sub 过程调用。

事件过程是通过事件驱动和由系统自动调用的，Sub 过程则必须通过调用语句实现调用。Sub 过程有以下两种方法。

① 使用 Call 语句。格式如下：

```
Call 过程名([实参表])
```

② 直接使用过程名，即把过程名作为一个语句来使用，格式如下：

```
过程名[实参表]
```
例如，以下两个语句都可以调用名为 SubCal 的过程：

```
Call SubCal(10)
SllbCal 10
```

2．Function 过程

Visual Basic 系统中提供了许多内部函数，如 Sin，Cos，Int 等，它们的处理程序存放在 Visual Basic 系统程序之中，用户需要时可直接调用。但这只是一般常用的函数，还不能满足使用者的需要，为此 Visual Basic 允许用户使用 Function 语句编写 Function 过程（又称函数过程）。Function 过程与内部函数一样，可以在程序中使用。

1）Function 过程的定义

Function 过程是通用过程的另一种形式，它与 Sub 过程不同的是，Function 过程可直接返回一个值给调用程序。定义 Function 过程的一般语法格式如下：

```
[Private|Public|Static]Function 过程名([参数表])
```

```
语句块
[函数名=表达式]
[Exit Sub]
End Function
```

说明　"表达式"的值是函数的返回值。如果在 Function 过程中省略"函数名=表达式"，则该过程返回一个默认值（数值函数过程返回 0，字符串函数过程返回空字符串）。语法中的其他部分的含义与 Sub 相同。

2）Function 过程的建立

与 Sub 过程一样，可以在"代码窗口"中直接输入来建立 Function 过程；也可以在打开"代码窗口"后，选择"工具"菜单中的"添加过程"命令来建立 Function 过程（选择"函数"类型）。

3）Function 过程的调用

● 直接调用

像使用 Visual Basic 内部函数一样，只需写出函数名和相应的参数即可。

```
s=Max(a, b)
Print Max(s, c)
```

● 用 Call 语句调用

与调用 Sub 过程一样来调用 Function 过程，例如：

```
Call Max(a, b)
```

当用这种方法调用 Function 过程时，将会放弃返回值。

4）查看过程

通用过程是程序中的公共代码段，可供各个事件过程调用，因此编写程序时经常要查看当前模块或其他模块中有哪些通用过程。

要查看当前模块中有哪些 Sub 过程和 Function 过程，可以在代码窗口的对象框中选择"通用"项，此时在过程框中会列出现有过程的名称。

如果要查看的是其他模块中的过程，可以选择"视图"菜单中的"对象浏览器"命令；然后在"对象浏览器"对话框中，从"工程 / 库"列表框中选择工程，从"类 / 模块"列表框中选择模块，此时在"成员"列表框中会列出该模块拥有的过程。

7.2　参数传递案例

7.2.1　案例实现过程

【案例说明】

1. 输入若干个（不超过 50）学生的成绩，求出平均分、最高分及最低分。当程序运行时出现如图 7.5 所示的输入框输入成绩，计算结果直接输出到窗体上。

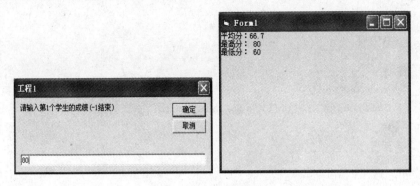

图 7.5 程序运行效果

分析：此程序要求用参数传递来实现，通过窗体来实现输入成绩和调用过程，而过程则用来完成求平均分、最高分和最低分。

2．运用两个通用过程 Test1 和 Test2，分别按值传递和按地址传递，来实现不同的运行结果。

3．绘制一个圆，使之从小变大，再从大变小。

分析：为了得到一个圆大小变动的动画效果，先在某一位置上绘制一个圆，显示一段时间（延时）后擦除，接着在下一位置上以此处理，直到指定位置为止。擦除方法是采用底色（背景色）来掩盖图形。采用 Circle 方法可以画一个圆。

【案例目的】

1．要求理解和应用形参与实参。

2．熟练运用按地址传递和按值传递。

【技术要点】

1．运用案例说明中的第一部分：通过参数传递可以实现调用过程和被调用过程之间的信息交换。参数传递有两种方式：按值传递和按地址传递。

设计步骤如下。

（1）由于此例只要求通过输入框来输入信息，并把运行结果通过窗体输入，我们只通过输入框和 Print 函数就可以实现。

（2）在程序设置时要考虑具体要求，比如最多只能输入 50 个学生，用一个数组就可以实现。由此在进行参数传递的时候要分清形参和实参。

（3）编写程序代码如下。

```
Private Sub Form_Load()
    Dim jc(50)As Integer, x As Integer, _
        n As Integer, sum As Long, _
        max As Integer, min As Integer
    n=0
    Do While True
        x=Val(InputBox("请输入第" & n+1 & _
            "个学生的成绩(-1 结束)"))
```

```
        If x=-1 Then Exit Do
        n=n+1
        jc(n)=x
    Loop
    If n > 0 Then
        Call caljc(n, jc(), sum, max, min)
    Else
        End
    End If
    Show
    Print "平均分: "; Format(sum / n, "###.0")
    Print "最高分: "; max
    Print "最低分: "; min
End Sub
Sub caljc(k As Integer, darray() As Integer, _
        s As Long, m As Integer, n As Integer)
    Dim i As Integer
    s=darray(1):m=darray(1):n=darray(1)
    If k=1 Then Exit Sub
    For i=2 To k
        s=s+darray(i)
        If m<darray(i) Then m=darray(i)
        If n>darray(i) Then n=darray(i)
    Next i
End Sub
```

在上面的代码中，其中 jc (50) 数组就是用来控制最多只能输入 50 个学生的成绩。

Call caljc (n, jc( ), sum, max, min) 是调用 caljc 过程，注意此时（n, jc( ), sum, max, min）形参中，jc( )是用数组来传递的，也就是说在定义过程中，数组可以作为形参出现在过程的形参表中。

2. 运用案例说明中的第二部分：运用两个通用过程 test1 和 test2，分别按值传递和按地址传递，来实现不同的运行结果。

设计步骤如下。

编写程序代码如下。

```
Private Sub Form_Load()
    Dim x As Integer
    Show
    x=5
    Print "执行 test1 前, x="; x
    Call test1(x)
    Print "执行 test1 后, test2 前, x="; x
    Call test2(x)
    Print "执行 test2 后, x="; x
End Sub
Sub test1(ByVal t As Integer)
```

```
    t=t+5
End Sub
Sub test2(s As Integer)
    s=s-5
End Sub
```

运行该程序，显示结果如图 7.6 所示。

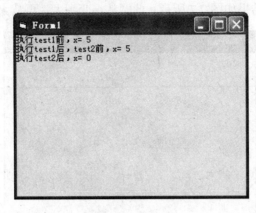

图 7.6 运行结果

在上面的代码中，Sub test1（ByVal t As Integer）中 ByVal 是按值传递，而 Sub test2（s As Integer）则是按地址传递。

调用 test1 过程时，是按值传递参数的，因此在过程 test1 中对形参 t 的任何操作不会影响到实参 x。调用 test2 过程时，是按地址传递参数的，因此在过程 test2 中对形参 s 的任何操作都变成对实参 x 的操作，当 s 值改为 0 时，实参 x 的值也随之改变。

注意它们之间的区别，这是本例要求理解和掌握的重点。

3．运用案例说明中的第三部分：绘制一个圆，使之从小变大，再从大变小。

设计步骤如下。

编写程序代码如下。

```
Private Sub Form_Load()
    Show
    Form1.BackColor=QBColor(15)          '设置背景颜色
    Call pict(30, 1600, 30)              '从小变大
    Call pict(1600, 30, -30)             '从大变小
End Sub
Private Sub pict(a,b,c)
    For i=a To b Step c
        Call plot(i,4)                   '显示圆
        delay 0.1                        '延迟 0.1 秒
        Call plot(i,15)                  '抹除
    Next i
End Sub
Private Sub delay(d)                      '延迟过程
    T=Timer+d
```

```
        Do While Timer<T                        '利用空循环实现延迟
        Loop
    End Sub
    Private Sub plot(r,clr)
        Form1.Circle (2400,1600),r,QBColor(clr)       '画圆
    End Sub
```

运行该程序，显示结果如图 7.7 所示。此圆从小变到大，再从大变到小。

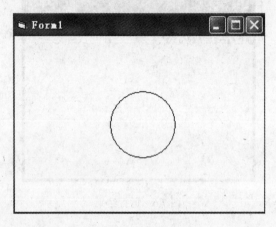

图 7.7　圆的变化

在上面的代码中，Delay 过程可以延迟指定的时间。调用时，用需要延迟的时间作为实参。例如，Delay1.5 可以延迟 1.5 秒。

有多种方法可以实现时间延迟，最简单方法是用 For…Next 空循环一定次数，如"For k=1 to 100000：Next k"，但很不精确。这里采用 Visual Basic 内部函数 Timer 来编写较为精确的时间延迟过程。Timer 函数返回系统时钟从午夜开始计算的秒数（带两位小数），把 Timer 加上需要延迟的时间作为循环结束的时间，当 Timer 超过该时间时结束循环，即停止时间延迟。

7.2.2　应用扩展

在运用案例说明的第三部分中，只需要做些改动，如每次随机产生圆的有关参数，就可以在不同位置上连续不断地出现一个个大小各异、变幻莫测的圆。

编写程序代码如下：

```
Private Sub Form_Load()
    Show
    Randomize
    Form1.BackColor=QBColor(15)              '设置背景颜色
    For i=1 To 200                           '控制进行 200 次
        clr=Int(15 * Rnd)                    '产生 0～14 颜色码
        x=400+Int(4000 * Rnd)                '产生圆心 x 坐标值
        y=400+Int(4000 * Rnd)                '产生圆心 y 坐标值
        r=300+Int(500 * Rnd)                 '产生圆半径 r 值
        Call plot(x, y, r, clr)
```

```
        delay 0.1                          '延时 0.1秒
        Call plot(x, y, r, 15)
    Next i
    End Sub
Private Sub delay(d)                        '延迟过程
    T=Timer+d
    Do While Timer < T                     '利用空循环实现延迟
    Loop
End Sub
Private Sub plot(x, y, r, clr)
    Form1.Circle(x, y), r, QBColor(clr)  '画圆
End Sub
```

上述程序通过 For 语句控制循环 200 次，如果不待循环结束而中途退出程序，可以按
Ctrl+Break 键强制性地暂停程序的运行。

7.2.3　相关知识及注意事项

1．形参与实参

形式参数（简称形参）是被调过程中的参数，出现在 Sub 过程和 Function 过程中，形式
参数可以是变量名和数组名。

实际参数（简称实参）是调用过程中的参数。在过程调用时，实参数据会传递给形参。
形参表和实参表中的对应变量名可以不同，但实参和形参的个数、顺序及数据类型必须相同。
以下是一个定义过程和调用过程的示例。

调用过程：Call Mysub（200，"计算机"，2.5）

定义过程：Sub Mysub（t As Integer，s As String，y As Single）

"形实结合"是按照位置结合的，即第 1 个实参值（200）传送给第 1 个形参 t，第 2 个
实参值（"计算机"）传送给第 2 个形参 s，第 3 个实参值（2.5）传送给第 3 个形参 y。

在定义过程时，数组可以作为形参出现在过程的形参表中，前面的例子中已应用过。

2．按地址传递和按值传递

1）按地址传递

Visual Basic 默认的数据传递方式是按地址传递。所谓按地址传递（关键字 ByRef），就
是当调用一个过程时，把实参变量的内存地址传递给被调过程（如 Sub 过程），即形参与实
参使用相同的内存地址单元，这样，过程调用就可以改变变量本身的值。

采用这种传递方式时，实参必须是变量，不能采用常量或表达式。

在 7.1.2 节应用扩展中，Form_Load( )事件过程是通过"Call jc（5，y）"和"Call jc（10，y）"
来调过程 jc（n，t）的，其中采用的第 2 个参数就是按地址来传递数据的。实参 y 和形参 t
使用相同的内存地址单元。执行 Call jc（5，y）时，实参 y 值为 0，传送给过程 jc 的形参是
t。过程 jc 计算后，把结果 120 存放在 t 中，也就是把 y 值改为 120，因此从 Sub 过程返回时，
变量 y 按新值 120 进行计算。

2）按值传递

按值传递（关键字 ByVal）是指通过常量传递实际参数，即传递参数值而不是传递它的地址。因为通用过程不能访问实参的内存地址，因而在通用过程中对形参的任何操作都不会影响实参。

7.3　变量的作用范围案例

7.3.1　案例实现过程

【案例说明】

动态文字的实现

本案例应用程序要求程序在运行时，在三个不同的文本框中显示不同的动态效果，显示文字"2010 年亚洲运动会将在中国广州市举行"。第一个文本框 Text1 从左到右逐字显示，直到把整行文字显示出来；第二个文本框 Text2 使文字从左到右水平移动；第三个文本框 Text3 以闪动方式显示文字。运行效果如图 7.8 所示。

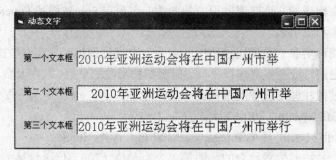

图 7.8　文字动态显示效果

分析：为实现文字动态显示效果，可采用字符串函数来取得每次要显示的文字，并利用计时器按指定时间间隔显示文字，计时器的 Interval 属性值设置为 250。

要求用模块级变量来实现，也是本案例的重点。

【案例目的】

1．理解代码模块的概念、变量的作用域和变量的生存期。
2．熟练运用变量的作用域。

【技术要点】

运用案例说明中的第一部分：动态文字的实现

（1）创建应用程序的用户界面和设置对象属性，如图 7.9 所示。窗体上含有三个标签、三个文本框和一个定时器。三个标签的 Caption 属性分别为"第一个文本框"、"第二个文本框"和"第三个文本框"。三个文本框名称为 Text1、Text2 和 Text3，其 Text 属性全为空。计时器的 Interval 属性值设置为 250。

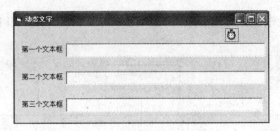

图 7.9　动态文字设计界面

（2）编写程序代码。

```
Dim txt As String, n As Integer, k As Integer
Private Sub Form_Load()
    n=0
    txt="2010 年亚洲运动会将在中国广州市举行"
    k=Len(txt)
    Text1.ForeColor=RGB(255, 0, 0)          '用红色显示文字
    Text2.ForeColor=RGB(0, 0, 0)            '用黑色显示文字
    Text3.ForeColor=RGB(0, 0, 255)          '用蓝色显示文字
End Sub
Private Sub Timer1_Timer()
    n=n+1
    If n<=k Then
        Text1.Text=Left(txt, n)
        Text2.Text=Space(2 * (k-n))+Left(txt, n)
    Else
        n = 0
        Text1.Text=""
        Text2.Text=""
    End If
    If n Mod 2=0 Then
        Text3.Text=txt           'n 为偶数时显示
    Else
        Text3.Text=""            'n 为奇数时清除
    End If
End Sub
```

　　说明　本例程序中，模块级变量 n 是一个关键参数。开始时 n 为 0，以后每次进入计时器。事件过程 Timerl_Timer 使 n 加 1，使函数 Left（Txt，n）取得的文字逐次加 1 个；当 n 大于 k（k 是一行文字的总长度）时，n 恢复为 0，从而使文字处理又从头开始，如此反复进行。

7.3.2　相关知识及注意事项

　　从变量的作用空间来说，变量有作用域；从变量的作用时间来说，变量有生存期。为了便于理解问题，首先了解一个应用程序（假设只包含一个工程）包括哪些部分。

1．代码模块的概念

Visual Basic 应用程序由 3 种模块组成，即窗体模块（Form）、标准模块（Module）和

类模块（Class）。这些模块保存在具有特定类型名的文件中。Visual Basic 应用程序的组成如图 7.10 所示。

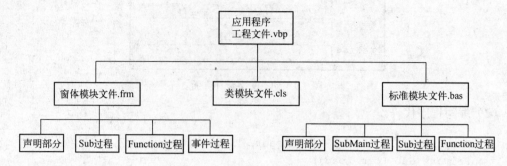

图 7.10　Visual Basic 应用程序的组成

一个窗体对应一个窗体模块。窗体模块可以包括事件过程、通用过程及变量声明部分，这些部分连同窗体一起存入窗体文件（.frm）。

当一个应用程序含有多个窗体，且这些窗体需要调用某一个通用过程时，需要建立一个标准模块，在该标准模块中建立通用过程。启动过程 Sub Main 也存放在标准模块中。默认情况下，标准模块中的代码是公有的，任何窗体或模块中的事件过程或通用过程都可以访问它。

类模块主要用来定义类和建立 ActiveX 组件。限于篇幅，本书不介绍类模块的有关内容。

2. 变量的作用域

变量的作用域是指变量有效的范围。当一个应用程序出现多个过程时，在各个过程中都可以定义自己的变量。这时，自然会提出一个问题，这些变量是否在程序中到处可用？回答是否定的。

按照变量的作用域不同，可以将变量分为局部变量、模块级变量和全局变量。

1）局部变量

在一个过程内部用 Dim 或 Static 声明的变量称为局部变量。这种变量只能在本过程中有效。在一个窗体中可以包括许多过程，在不同过程中定义的局部变量可以同名，因为它们是互相独立的。例如，在一个窗体中定义

```
Private SubCommand1_Click()
  Dim Count As Integer
  Dim Sum As Single
…
EndSub
Private SubCommand2_Click()
  Dim Sum As Integer
…
End Sub
```

在 Command1_Click 过程中定义了局部变量 Count 和 Sum，它们只能在本过程中使用。虽然 Command2_Click 过程也定义了局部变量 Sum，但这两个同名变量 Sum 之间没有任何联系。

2）模块级变量

如果一个窗体中的不同过程要使用同一个变量，就应该把它定义为模块级变量，方法是在窗体模块的通用声明段中声明该变量。

要声明窗体模块级变量，操作步骤如下：

进入代码窗口；

在对象框中选择"通用"选项；

在过程框中选择"声明"选项；

在窗口编辑区中输入变量声明语句来声明变量，如图 7.11 所示。

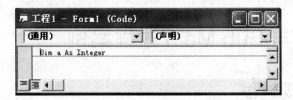

图 7.11　声明模块级变量

可以采用 Private，Dim 或 Public 声明模块级变量。如果用 Private 或 Dim 来声明，该变量只能在本窗体（或本模块）中有效，在其他窗体或模块中不能引用该变量。

如果还允许在其他窗体和模块中引用本模块的变量，必须以 Public 来声明该变量，例如：

```
Public a As Integer        '假设本窗体为 Form1
```

这样，在另一窗体（如 Form2）或模块中可以用 Form1.a 来引用该变量 a。请注意，不能把 a 误认为全局变量。若是全局变量，则在其他窗体或模块中引用它时只需写 a，而无须写 Form1.a。

3）全局变量

全局变量可以被应用程序中的任何一个窗体和模块直接访问。在窗体中不能定义全局变量，全局变量要在标准模块文件（.bas）中的通用声明段用 Global 或 Public 语句来声明。语句的语法格式是：

```
Global   变量名 As 数据类型
Public   变量名 As 数据类型
```

此外，利用 Const 语句定义的符号常量，也能声明为全局的。

3. 变量的生存期

变量除了作用范围外，还有生存期，也就是变量能够保持其值的时间。根据变量的生存期，可以将变量分为动态变量和静态变量。

1）动态变量

动态变量是指程序运行进入变量所在的过程时，才分配给该变量内存单元。当退出该过程时，该变量占用的内存单元自动释放，其值消失。当再次进入该过程时，所有的动态变量将重新初始化。

使用 Dim 关键字在过程中声明的局部变量属于动态变量。在过程执行结束后，变量的值不被保留；每次重新执行过程时，变量重新声明。

2）静态变量

静态变量是指程序进入该变量所在的过程，且经过处理退出该过程时，其值仍被保留，即变量所占的内存单元不被释放。当以后再次进入该过程时，原来的变量值可以继续使用。

使用 Static 关键字在过程中声明的局部变量属于静态变量。语句格式如下：

```
Static 变量[As 数据类型]
StaticSub 子程序过程名（[形参表]）
StaticFunction 函数过程名（[形参表]）[As 数据类型]
```

在第 2 章已经重点讲解了动态变量和静态变量，这里不再重复。

7.4　多窗体与 Sub Main 过程案例

7.4.1　案例实现过程

【案例说明】

1．运用多窗体画一个圆，具体要求如下。

本程序中共创建 3 个窗体和 1 个标准模块，工程中的模块设置如图 7.12 所示。

程序运行后出现主窗体（Form1），如图 7.13 所示，单击命令按钮（command1）进入图 7.14，在这里可以输入画圆的各项参数。单击"返回"回到主窗体（Form1）。进入图 7.15 所示窗口，单击画圆按钮，此时会在左边画一个圆，其参数为输入参数框中的参数。

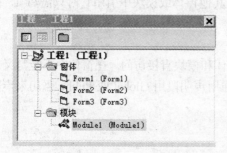

图 7.12　窗体结构

图 7.13　主窗体

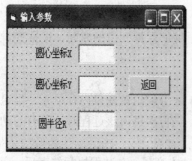

图 7.14　圆参数窗口

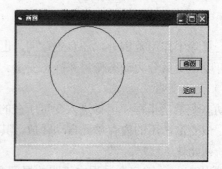

图 7.15　画圆

分析：本例除了运用多窗体外，还涉及标准模块（Module1）的运用，因为各窗体之间需要使用公共变量来传送数据，所以要建立一个标准模块，对用到的全局变量 X，Y 和 R 进行声明。请读者注意后面的代码，并进行分析。

2．Sub Main 过程示例。

本例中建立两个窗体（Form1 及 Form2）和一个标准模块（Module1），如图 7.16 所示，两个窗体分别显示当前日期和时间，标准模块包含一个 Sub Main 过程。运行程序时首先判断当前时间是否超过 12 时，若超过，显示窗体 Form2，否则显示窗体 Form1。

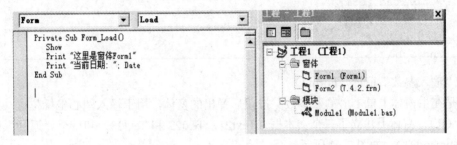

图 7.16　工程中的模块及 Sub Main 过程

分析：当工程中含有 Sub Main 过程（已设置为"启动对象"）时，应用程序在运行时总是先执行 Sub Main 过程。

【案例目的】

1．理解和运用多窗体的基本操作。

2．理解 Sub Main 过程。

3．熟练运用多窗体相关的语句和方法。

【技术要点】

该应用程序设计步骤如下。

1．运用案例说明中的第一部分：运用多窗体画一个圆

创建应用程序的用户界面和设置对象属性，如图 7.13 所示的主窗体，三个命令按钮和相应的标题属性；如图 7.14 所示的圆参数窗体，三个标签框、三个文本框和一个命令按钮及它们的相关属性；如图 7.15 所示的画圆窗体，一个图片框和两个命令按钮及相关属性。

2．程序操作及编写代码

主窗体（Form1）

本窗体上建立了"输入参数"（Command11）、"画圆"（Command12）和"结束"（Command13）三个命令按钮，窗体标题为"主窗体"，如图 7.12 所示。本窗体被设置为启动窗体。

编写三个命令按钮的单击事件过程如下。

```
Private Sub Command11_Click()      '主窗体"输入参数"按钮
    Form1.Hide                     '隐藏主窗体
```

```
    Form2.Show                          '显示"输入参数"窗体
End Sub
Private Sub Command12_Click()          '主窗体"画圆"按钮
    Form1.Hide                         '隐藏主窗体
    Form3.Show                         '显示"画圆"窗体
End Sub
Private Sub Command13_Click()          '主窗体"结束"按钮
    Unload Form1
    Unload Form2
    Unload Form3
    End
End Sub
```

2）"输入参数"窗体（Form2）

这是在主窗体上单击"输入参数"按钮后弹出的窗体，用于输入圆心坐标位置（X，Y）和半径（R）。窗体上建立了三个文本框（Text21，Text22 和 Text23）和一个"返回"命令按钮（Command21），如图 7.14 所示。

编写命令按钮单击事件过程如下。

```
Private Sub Command21_Click()        '"输入参数"窗体的"返回"按钮
    X=Val(Text21.Text)
    Y=Val(Text22.Text)
    R=Val(Text23.Text)
    Form2.Hide                        '隐藏"输入参数"窗体
    Form1.Show                        '显示主窗体
End Sub
```

3）"画圆"窗体（Form3）

这是在主窗体上单击"画圆"按钮后弹出的窗体。窗体上建立了 1 个图片框和两个命令按钮，如图 7.15 所示。用户可以通过"画圆"（Command31）命令按钮，使之按给定参数在图片框上画圆。

编写的两个事件过程如下。

```
Private Sub Command31_Click()        '"画圆"窗体的"画圆"按钮
    Picture1.Cls
    Picture1.Circle (X, Y), R
End Sub
Private Sub Command32_Click()        '"画圆"窗体的"返回"按钮
    Form3.Hide                        '隐藏"画圆"窗体
    Form1.Show                        '显示主窗体
End Sub
```

4）标准模块（Modulel）

由于在各窗体之间需要使用公共变量来传递数据，所以要建立一个标准模块 Modulel，对用到的全局变量 X，Y 和 R 进行声明。该标准模块代码窗口如图 7.17 所示。

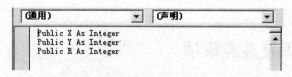

图 7.17 标准模块

运行程序后，首先显示主窗体。在主窗体上，用户可通过"输入参数"和"画圆"两个按钮来选择进入不同的窗体。例如，单击"输入参数"按钮，则主窗体消失，显示"输入参数"窗体。在"输入参数"窗体或"画圆"窗体上，单击"返回"按钮，又可以隐藏当前窗体和重现主窗体。

3. 运用案例说明中的第二部分：运用多窗体画一个圆

（1）创建应用程序的用户界面和设置对象属性。

本例中只需创建两个窗体和一个模块，如图 7.16 所示。

（2）编号程序代码。

① Sub Main 过程。

编写 Sub Main 过程代码如图 7.16 所示；再设置 Sub Main 过程为"启动对象"。

② 窗体 Form1。

本窗体中显示当前日期，其 Form_Load 事件过程代码如下：

```
Private Sub Form_Load()
    Show
    Print "这里是窗体 Form1"
    Print "当前日期:";Date
End Sub
    Print"当前日期: "; Date
End Sub
```

③ 窗体 Form2。

本窗体中显示当前时间，其 Form_Load 事件过程代码如下：

```
Private Sub Form_Load()
    Show
    Print"这里是窗体 Form2"
    Print"现在时间:";Time
End Sub
```

程序运行时，先执行 Sub Main 过程，即取出当前时数 t，再根据条件"t<=12"来决定是显示 Form1，还是显示 Form2。

说明 有时在程序启动时不需要加载任何窗体，而是首先执行一段程序代码，例如，需要根据某种条件来决定显示几个不同窗体中的哪一个。要做到这一点，可在标准模块中创建一个名为 Main 的 Sub 过程，把首先要执行的程序代码放在该 Sub Main 过程中，并指定 Sub Main 为"启动对象"。在一个工程中只能有一个 Sub Main 过程。

当工程中含有 Sub Main 过程（已设置为"启动对象"）时，应用程序在运行时总是先执行 Sub Main 过程。

7.4.2 相关知识及注意事项

1. 多窗体处理

在前面的例子中，都只涉及一个窗体。而在实际应用中，特别是在较为复杂的应用程序中，单一窗体往往不能满足应用需要，必须用多窗体（MultiForm）来实现复杂应用。在多窗体程序中，每个窗体可以有自己的界面和程序代码，完成不同的操作。

1）添加窗体

在多窗体程序中，要建立的界面由多个窗体组成。要在当前工程中添加一个新的窗体，可以通过"工程"菜单中的"添加窗体"命令来实现。每执行一次该命令，则建立一个新窗体。这些窗体的默认名称为 Form1，Form2，…。

2）删除窗体

要删除一个窗体，可按以下步骤进行。

① 在"工程资源管理器"窗口中选定要删除的窗体。

② 选择"工程"菜单中的"移除"命令。

3）保存窗体

在"工程资源管理器"窗口中选定要保存的窗体，再选择"文件"菜单中的"保存"或"另存为"命令，即可保存当前窗体文件。

注意　工程中的每一个窗体都需要分别保存。

4）设置启动窗体

在单一窗体程序中，运行程序时会从这个窗体开始执行。对于多窗体程序，默认情况下，应用程序会把设计阶段建立的第一个窗体作为启动窗体，在应用程序开始运行时，此窗体先被显示出来，其他窗体必须通过 Show 方法才能看到。

如果要设置其他窗体为启动窗体，可以采用以下操作。

① 从"工程"菜单中选择"工程属性"命令，打开"工程属性"对话框，如图 7.18 所示。

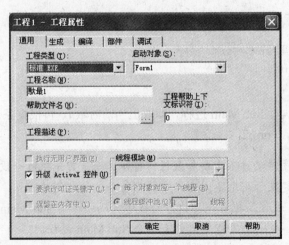

图 7.18 "工程 1-工程属性"对话框

② 选择"通用"选项卡，在"启动对象"列表框中选取要作为启动窗体的窗体。

③ 单击"确定"按钮。

2．有关语句和方法

我们在前面章节中所讲的窗体属性和方法，同样适用于多窗体程序设计。

在多窗体程序中，需要在多个窗体之间切换，即需要打开、关闭、隐藏或显示指定的窗体，这可以通过相应的语句和方法来实现。常用的语句和方法如下。

① Load 语句：把一个窗体装入内存。

② UnLoad 语句：清除内存中指定的窗体。

③ Show 方法：显示一个窗体。

④ Hide 方法：隐藏窗体，即不在屏幕上显示，但仍在内存中，因此它与 UnLoad 的作用是不一样的。

7.5 本章实训

一、实训目的

1．理解掌握过程的相关概念。

2．理解掌握多窗体的应用。

2．熟练掌握运用过程和多窗体分析和解决问题。

二、实训步骤及内容

1．在 Form1 窗体上建立一个名称为 Option1 的单选按钮组，含有三个单选按钮，其标题分别为 10!、11!和 12!，Index 属性分别为 0、1 和 2；现画一个名称为 C1 的命令按钮，标题为"计算"；画一个名称为 Text1 的文本框，如图 7.19 所示。

程序的功能是选定一个单选按钮并单击"计算"按钮，可以计算出相应的阶乘值，在 Text1 中显示出该阶乘值。请画出上述控件并编写程序。

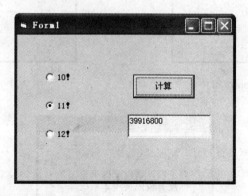

图 7.19　程序运行效果

注意　现已为该程序写了一段代码，不得修改已存在的任何代码，完成其中的空行即可，并调试成功，其代码如下：

```
Private Sub Command1_Click()
    Dim k As Integer, n As Integer, y As Long
    For k=0 To 2
    If Form1.Option1(k).Value Then
    n=Val(Left$(Form1.Option1(k).Caption, 2))
    Call _____(n, y)
    Text1.Text=y
    End If
    Next k

End Sub
Private Sub jc(_____ As Integer, t As Long)
    Dim i As Integer
    t=1
    For i=1 To n
       t=t * i
    Next i
End Sub
```

2. 创建一个工程，由 3 个窗体 Form1，Form2 和 Form3 组成。Form1 用于输入用户名和密码（假设用户名和密码分别为"username"和"password"），如图 7.20 所示，输入正确时显示 Form2，连续三次输入错误时显示 Form3。在 Form1 中单击"退出"按钮时结束程序运行。在 Form2 中用文本框显示"欢迎使用本系统"，如图 7.21 所示。单击"返回"按钮回到 Form1；在 Form3 中用标签框显示 "对不起!请向管理员查询，你没有权限使用本系统"，如图 7.22 所示，单击"退出程序"按钮结束程序运行。

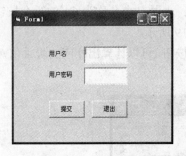

图 7.20　Form1 窗体

图 7.21　Form2 窗体

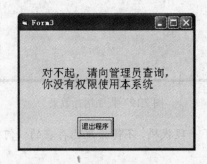

图 7.22　Form3 窗体

程序代码如下。

（1）提交命令按钮。

```
Private Sub Command1_Click()
Static k As Integer
Dim x As String
Dim y As String
x=Text1.Text
y=Text2.Text
    If x = "a" And y="_____" Then
        Form1.Hide
        Form2._____

    Else
        Text1.Text=""
        Text2.Text=""
        Text1.SetFocus
        k=k+1
            If k=3 Then
                Form1.Hide
                Form2.Hide
                Form3.Show
            End If
    End If
End Sub
```

（2）退出按钮。

```
Private Sub Command2_Click()
End
End Sub
```

（3）Form2 的返回按钮。

```
Private Sub Command1_Click()
        _____.Show
        _____.hide
End Sub
```

（4）Form3 的退出按钮。

```
Private Sub Command1_Click()
End
End Sub
```

三、实训总结

根据操作实际情况，写出实训报告。

7.6　习题

一、单选题

1. 假设已通过下列 Sub 语句定义了 Mysub 过程。若要调用该过程，可以采用（　　）语句。

　　A．s＝Mysub（2）　　　　　　　　　　B．Mysub 32000
　　C．Print Mysub（120）　　　　　　　　D．Call Mysub（40000）

2. 要使过程调用后返回两个参数 s 和 t，下列的过程定义语句中，正确的是（　　）。

　　A．Sub MySub（ByRef s 和 ByRef t，ByVal t）
　　B．Sub MySub（ByVal s 和 ByVal t，ByRef s 和 ByRef t）
　　C．Sub MySub（ByRef s 和 ByRef t，ByRef t）
　　D．Sub MySub（ByVal s 和 ByVal t，ByRef s 和 ByRef t）

3. 以下程序段运行后，单击窗体时显示的结果是（　　）。

```
Private Sub Form_Click()
    Dim b as integer, y as integer
    Call Mysub2(3, b)
    y=b
    Call Mysub2(4, b)
    Print y+b
End Sub
Sub Mysub2(x , t)
    t=0
    For k=1 to x
     t=t+k
    Next k
End Sub
```

　　A．13　　　　　　B．16　　　　　　C．19　　　　　　D．21

4. 下列程序段运行后，单击窗体时显示的结果是（　　）。

```
Public Sub Mysub3(ByValx As Integer, y As Integer)
    x=y+x
    y=x Mod y
End Sub
Private Sub Form_Click()
    Dim a As Integer, b As Integer
    a=11: b=22
    Call Mysub3(a, b)
    Print a; b
End Sub
```

　　A．33　11　　　　B．11　11　　　　C．11　22　　　　D．22　11

5. 下列程序段运行后，单击窗体时显示的结果是（　　）。

```
Private Sub Form_Click()
    x=1
    Mysub4  3+x
    Print x
End Sub
Private Sub Mysub4(x As Integer)
    x=3*x-1
    If x<5 Then x=x+9
    Print x;
End Sub
```

    A. 20　1　　　　　　B. 20　14　　　　　C. 11　1　　　　　D. 11　14

6. 在窗体模块的通用声明段中声明变量时，不能使用（　　）关键字。

    A. Dim　　　　　　B. Public　　　　　C. Private　　　　　D. Static

7. 使用 PublicConst 语句声明一个全局的符号常量时，该语句应在（　　）。

    A. 事件过程中　　　　　　　　　B. 窗体模块的通用声明段中

    C. 标准模块的通用声明段中　　　D. 通用过程中

8. 下列论述中，正确的是（　　）。

    A. 用户可以定义通用过程的过程名，也可以定义事件过程的过程名

    B. 一个工程中只能有一个 Sub Main 过程

    C. 窗体的 Hide 方法和 Unload 方法的作用完全相同

    D. 在一个窗体文件中用 Private 定义的通用过程，可以被其他窗体调用

二、填空题

1. 下列程序段运行后，单击窗体时显示的结果是＿＿＿＿＿＿＿。

```
Print Sub Form_Click()
    Dim a As String, b As String, s As String
    a="ABCDEFC" : b="12345"
    s=Fnl(a)+Fnl(b)
    Print Fnl(Fnl(Fnl(s)))
EndSub
Function Fnl(x)As String
    k=Len(x)
    Fnl=Mid(x, 2, k-2)
End Function
```

2. 在窗体上已经建立了 3 个文本框（Text1，Text2 及 Text3）和一个命令按钮（Command1），运行程序后单击命令按钮，则在文本框 Text1 中显示的内容是＿＿(1)＿＿，文本框 Text2 中显示的内容是＿＿(2)＿＿，在文本框 Text3 中显示的内容是＿＿(3)＿＿。

```
Dim a As Integer            '模块级变量
Private Sub Command1_Click()
    Dim b As Integer, c As Integer
    b=1: Call MySub5(b, c)
```

```
        c=a+b : Call MySub5(c, b)
        a=a + c
        Text1. Text=a
        Text2. Text=b
        Text3. Text=c
    End Sub
    Sub MySub5 (x,ByVal y)
        a=x+a
        x=a+y
        y=2 * x
    End Sub
```

7.7　本章小结

在 Visual Basic 中，通用过程分为两类：Sub（子程序）过程和 Function（函数）过程。Sub 过程和 Function 过程的相似之处是，它们都可以被调用，都是一个可以获取参数，执行一系列语句，并能够改变其参数值的独立过程。它们的主要不同点是，Sub 过程不返回值。因此 Sub 过程不能出现在表达式中，且不具有数据类型；而 Function 过程具有一定的数据类型，能够返回一个相应数据类型的值，可以像变量一样出现在表达式中。

形式参数（简称形参）是被调过程中的参数，出现在 Sub 过程和 Function 过程中，形式参数可以是变量名和数组名。实际参数（简称实参）是调用过程中的参数。在过程调用时，实参数据会传递给形参。形参表和实参表中的对应变量名可以不同，但实参和形参的个数、顺序及数据类型必须相同。

Visual Basic 默认的数据传递方式是按地址传递。所谓按地址传递（关键字 ByRef），就是当调用一个过程时，把实参变量的内存地址传递给被调过程（如 Sub 过程），即形参与实参使用相同的内存地址单元，这样过程调用就可以改变变量本身的值。采用这种传递方式时，实参必须是变量，不能采用常量或表达式。

按值传递（关键字 ByVal）是指通过常量传递实际参数，即传递参数值而不是传递它的地址。因为通用过程不能访问实参的内存地址，因而在通用过程中对形参的任何操作都不会影响实参。

从变量的作用空间来说，变量有作用域；从变量的作用时间来说，变量有生存期。

而在实际应用中，特别是在较为复杂的应用程序中，单一窗体往往不能满足应用需要，必须用多窗体（MulForm）来实现复杂应用。在多窗体程序中，每个窗体可以有自己的界面和程序代码，完成不同的操作。

第8章 数据文件

学习目标： 在前面各章中，应用程序所处理的数据都存储在变量或数组中，即数据只能保存在内存中，当退出应用程序时，数据就丢失了。因此，在程序设计中需要引入数据文件的概念，使用数据文件可以将应用程序所处理的数据以文件的形式保存起来，以备以后使用。

文件是存放在外存储器（如磁盘）上的信息集合。例如，用 Word 或 Excel 编辑制作的文档或表格就是一个文件。根据文件存储的内容，可以把文件分为程序文件和数据文件两大类。本章主要介绍 Visual Basic 中数据文件的存取操作。通过本章的学习，读者应该掌握以下内容：

- 数据文件结构及文件类型；
- 文件处理的一般步骤；
- 顺序文件、随机文件的基本操作；
- 用数据文件分析和解决实际应用问题。

学习重点与难点： 掌握顺序文件的基本操作，理解掌握随机文件的基本操作。

8.1 顺序文件的写入和读出操作案例

8.1.1 案例实现过程

【案例说明】

1. 把 1~100 间的 100 个整数，以及这些数中能被 7 整除的数分别存入两个文件，文件名为 a1 和 a2，文件存放在 C 盘根目录下。程序运行后，a1.txt 文件中一共写入 100 条记录，a2.txt 文件中只写入能被 7 整除的若干条记录。如图 8.1 和图 8.2 所示。

图 8.1 a1.txt 文件

图 8.2 a2.txt 文件

分析：此例是对顺序文件的写操作，用 write 可以写入顺序文件，其具体用法请参照后面的相关知识。

2．输入某小组 5 名学生的成绩，如表 8.1 所示，存放在 C 盘根目录下的新建顺序文件 cj.txt 中。

表 8.1　学生成绩

学　　号	姓　　名	成　　绩
20091001	王美丽	60
20091002	李明平	67
20091003	陈伟雄	90
20091004	邓丁林	58
20091005	周聪明	82

程序运行时在图 8.3 中输入相应的信息，然后单击"录入"按钮，则会把我们刚才输入的信息存在 C 盘根目录下的 cj.txt 文件里，如图 8.4 所示。

分析：此例也是对顺序文件的写操作，但是用 Print 语句写入顺序文件，请读者注意区别和联系，其具体用法请参照后面的相关知识。

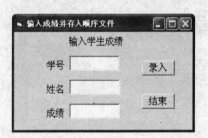
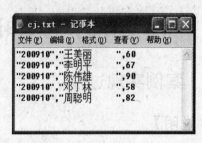

<table>
<tr><td align="center">图 8.3　信息输入框</td><td align="center">图 8.4　信息保存文件 cj.txt</td></tr>
</table>

3．在将 8.1.1 节案例说明 1 的文件 a2.txt 中存入一批能被 7 整除的数，要求读出这些数并显示出来，如图 8.5 所示，要求每行显示 4 个数；从案例 2 的 cj.txt 中读出 5 个学生的资料，显示在列表框中，并求出平均分，如图 8.6 所示。

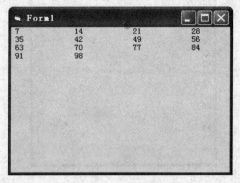
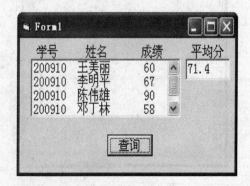

<table>
<tr><td align="center">图 8.5　读出 a2.txt</td><td align="center">图 8.6　读出 cj.txt</td></tr>
</table>

分析：此例是将前面两个案例的文件读出来并做简单处理，读 a.txt 和 cj.txt 都是用 input 进行读出。读的时候一定要注意原文件所在的位置，否则会出错并读不出。

【案例目的】

1. 理解顺序文件的基本原理和用法。
2. 熟练掌握 write、print 和 input 的用法。
3. 结合前面章节所学知识综合运用对顺序文件的用法和技巧。

【技术要点】

该应用程序设计步骤如下。

1. 运用案例说明中的第一部分：把 1～100 间的 100 个整数，以及这些数中能被 7 整除的数分别存入两个文件，文件名为 a1 和 a2，文件存放在 C 盘根目录下。

（1）直接对窗体写代码，当窗体加载时，就可以生成 a1.txt 和 a2.txt 文件。

（2）编写代码及调试程序。

```
Private Sub Form_Load()
    Open"c:\a1.txt" For Output As #1
    Open"c:\a2.txt" For Output As #2
    For i=1 To 100
      Write #1, i
      If i Mod 7=0 Then Write #2, i
    Next i
    Close #1,#2
    Unload Me
End Sub
```

分析：

以上代码中 Open "c:\a1.txt" For Output As #1 是对顺序文件的操作，其运行后如果 C 盘没有 a1.txt，则它会自动生成一个 a1.txt 文件，如果有的话，则不再生成。同理，a2.txt 也一样。Write #1，把 i 写入 1 号文件，而 1 号文件则是 a1.txt。同理 Write #2，把 i 写入 a2.txt 文件。最后关闭 a1.txt 和 a2.txt 文件并退出。

2. 运用案例说明中的第二部分：输入某小组 5 名学生的成绩，如表 8.1 所示，存放在 C 盘根目录下的新建顺序文件 cj.txt 中。

设计步骤如下。

（1）创建应用程序的用户界面并设置对象属性。在窗体上建立 4 个标签、3 个文本框和 2 个命令按钮，如图 8.3 所示。

4 个标签用于显示标题信息，其 Caption 属性值如图 8.1 所示；3 个文本框 Text1，Text2 和 Text3 用于输入学生的学号、姓名及成绩，其 Text 属性均为空，为使输入中能按学号、姓名及成绩的次序进行，设置这 3 个文本框的 TabIndex 属性值分别为 0，1，2。两个命令按钮名称为 Command1 和 Command2，其 Caption 属性为"录入"和"结束"。

（2）设置事件过程。

本程序代码包括 3 个事件过程，其主要作用如下。

- Form_Load：新建文件。
- Command1_Click：当用户输入一个学生成绩信息，并单击"录入"按钮时，启动此事件过程。本过程的作用是接收用户输入的信息，并以一个记录存入文件。
- Command2_Click：单击"结束"按钮时，关闭文件并结束程序运行。

（3）编写程序代码。

```
Private Sub Form_Load()
    Open "c:\cj.txt" For Output As #1
End Sub
Private Sub Command1_Click()
    Dim num As String * 6, name As String * 8, _
                  score As Integer
    num=Text1.Text
    name=Text2.Text
    score=Val(Text3.Text)
    Write #1, num, name, score          '存入记录
    Text1.Text=""                       '存完 1 个记录后清空
    Text2.Text=""
    Text3.Text=""
    Text1.SetFocus                      '设置焦点
End Sub
Private Sub Command2_Click()
    Close #1
    End
End Sub
```

运行程序后，输入上述 5 个学生的成绩信息，最后单击"结束"按钮来结束程序运行，此时如果用 Windows 记事本打开该顺序文件，即可看到存入的文件内容，如图 8.4 所示。

　　说明　在显示的文件内容中，字符串（学号、姓名）两边的撇号是系统自动加入的，字段之间使用逗号隔开。

　　3．运用案例说明中的第三部分：在案例说明 1 中的文件 a2.txt 中存放一批能被 7 整除的数，要求读出这些数并显示出来，如图 8.5 所示，要求每行显示 4 个数；从案例 2 的 cj.txt 中读出 5 个学生的资料，显示在列表框中，并求出平均分。

（1）读 a2.txt 文件，并用窗体显示出来，如图 8.5 所示。

（2）编写程序代码。

```
Private Sub Form_Load()
    Show
    k=0
    Open "c:\a2.txt" For Input As #1
    Do While Not EOF(1)                 '文件未结束时，循环
       Input #1, x
       Print x,
```

```
        k=k+1
        If k Mod 4 = 0 Then Print      '每显示 4 个数后换行
    Loop
    Close #1
End Sub
```

分析：

读者注意，这里用到 EOF（）函数，表示文件尾，每一行要求显示 4 个数，是通过 Mod 运算来实现的，最后注意 Input #1, x 从 1 号文件即 a2.txt 中读出相关信息并存放于变量 x 中，最后输出 x。

（3）读 cj.txt 文件，如图 8.6 所示。

① 创建应用程序的用户界面并设置对象属性，如图 8.7 所示。窗体上含有一个标签、一个列表框（List1）、一个文本框（Text1）和一个命令按钮（Commandl）。命令按钮的 Caption 属性为"查询"。

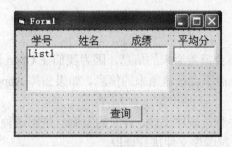

图 8.7 查询窗体设计

② 编写程序代码。

功能要求：当用户单击"查询"按钮时，打开文件后读取文件中的所有记录内容，并显示在列表框 List1 中，计算得到的平均分显示在文本框 Textl 中。

程序代码如下：

```
Private Sub Command1_Click()
    Open "c:\cj.txt" For Input As #1
    Dim n As String, m As String, s As Integer
    Dim x As String, t As Integer, c As Integer
    t=0:c=5
    For i=1 To c
        Input #1,n,m,s
        x=n+String(2,32)+m+Str(s)
        List1.AddItem x
        t=t+s
    Next i
    Close #1
    Text1.Text = t/5
End Sub
```

程序运行后，单击"查询"按钮，输出结果如图 8.6 所示。

8.1.2　应用扩展

1. 如果一个顺序文件已存在，而且本身文件内有数据存在，向此顺序文件添加信息，要考虑两种情况：第一，新信息会覆盖原来的信息；第二，不会覆盖原来的信息。下面就这个问题进行进一步的学习。

在案例 1 所生成的 a2.txt 文件中存放了若干个能被 7 整除的数，现要求再加入 101～200范围内能被 7 整除的数，程序代码如下：

```
Private Sub Form_Load()
    Open "c:\a2.txt" For Append As #1
    For i=101 To 200
        If i Mod 7=0 Then Write #1, i
    Next i
    Close #1
    Unload Me
End Sub
```

程序运行后，其结果不会覆盖原来的信息，因为我们在 Open 语包中加入了 Append，它表示在文件尾添加新信息，而不会覆盖原来的信息。如果去掉 Append，情况怎样，读者可以自己测试一下。

2. 可以用 Input 语句进行读顺序文件，前面的案例就是用这种方式进行的，现在对 Input进一步学习，用 Line Input 对顺序文件进行读取。

语法格式：Line Input #文件号，字符型变量

功能：从打开的顺序文件中读出一个记录，即一行信息。
Print 语句和 Line Input 语句配合使用。

```
Private Sub Form_Load()
    Show
    Open "c:\mytxt.txt" For Output As #1
    a=1234: b$="ABCD"
    Print #1, a, b$        '写入第 1 个记录
    Print #1, a; b$        '写入第 2 个记录
    Close #1
    Open "c:\mytxt.txt" For Input As #1
    Line Input #1, x$      '读出第 1 个记录
    Print x$
    Line Input #1, x$      '读出第 2 个记录
    Print x$
    Close #1
End Sub
```

程序运行结果如图 8.8 所示。Line Input #1, x$读出一行信息，请读者注意，并把 Line Input #1, x$中的 Line 去掉后，再测试看一下结果并分析结果有什么不同。

图 8.8 Line Input 运行结果

8.1.3 相关知识及注意事项

1. 数据文件的结构

为了迅速有效地存取数据，文件必须以某种特定方式来存储数据，这种方式称为文件结构。Visual Basic 数据文件由记录组成，记录由字段组成，字段由字符组成。

（1）字符(Character)：字符是数据的最小单位。数字、字母、符号和汉字都可以表示为一个字符。当计算字符串长度时，一个西文字符和一个汉字都作为一个字符计算，但它们所占的内存空间是不一样的。例如，字符串"BASIC 语言"的长度为 7，而所占的字节数为 9。

（2）字段(Field)：也称域，它由若干个字符组成，用来表示一项数据。例如，姓名、学号、出生日期等都可以作为一个字段。

（3）记录(Record)：由若干个相关的字段组成。例如，每个学生的成绩数据可视为一条记录，其中包括学号及各科成绩。

（4）文件(File)：由一批记录组成。例如，某个班若干名学生的成绩记录就构成了一个成绩文件。

2. 文件类型

数据文件按数据的存放方式，可分为以下 3 种类型。

（1）顺序文件。这是一种普通的文本文件。一个记录是一个数据块。文件中的记录按顺序一个接一个地排列。在存取时，只能按记录的先后次序进行，如先写入第一条记录，再写入第二条记录，依次下去；读文件时，也必须从第一条记录开始。由于无法灵活地随意存取，它只适用于有规律的、不经常修改的数据。

（2）随机文件。随机文件的每一条记录都有固定的长度，每一条记录都有记录号，这种文件的特点是允许用户存取文件中的任一条记录。存入数据时，只需指明是第几条记录(记录号)，就可以把数据存入指定的位置；读取数据时，只需给出该记录的记录号，就能直接读取记录。它可以同时进行读 / 写操作，存入和读出速度较快，数据容易更新。

（3）二进制文件。这种文件是字节的集合，可理解为长度为 1 的特殊的随机文件。它适合于保存任何种类的信息。二进制文件存取可以定位到文件的任一个字节位置，而随机存取文件必须定位到记录的边界上。

3. 文件处理的一般步骤

（1）打开(或新建)文件。一个文件必须先打开或新建后才能使用。如果一个文件已经存在，则打开该文件；如果不存在，则建立该文件。

（2）进行读 / 写操作。打开(或建立)文件后，就可以进行所需的输入 / 输出操作。例如，从数据文件中读出数据到内存，或者把内存中的数据写入到数据文件。

为了记住当前读写的位置，文件内部设置了一个指针，当存取文件中数据时，文件指针随之移动。

（3）关闭文件。

4．文件的打开（Open）

打开文件使用 Open 语句。一般语法格式为：

Open 文件名[For 模式][Access 存取类型][锁定]As[#] 文件号[Len=记录长度]

说明

① 文件名：指定要打开的文件。文件名还可包括路径。

② 模式：用于指定文件访问的方式，若无指定，以 Random 方式打开文件。模式包括以下几种：

Append —— 从文件末尾添加；

Input —— 顺序输入；

Random —— 随机存取方式；

Binary —— 二进制文件；

Output —— 顺序输出。

当使用 Input 模式时，文件必须已经存在，否则会产生一个错误；以 Output 模式打开一个不存在的文件时，则建立一个新文件，如果该文件已经存在，则删除文件中的原有数据，从头开始写入数据。用 Append 打开文件或创建一个新的顺序文件后，文件指针位于文件的末尾。

③ 文件号：对文件进行操作需要一个内存缓冲区（或称文件缓冲区），缓冲区有多个，文件号用来指定该文件使用的是哪一个缓冲区。在文件打开期间，使用文件号即可访问相应的内存缓冲区，以便对文件进行读／写操作。

④ 存取类型：用来指定访问文件的类型，其值可以为 Read（只读）、Write（只写）、ReadWrite（读写）。

⑤ 锁定：本参数只在多用户或多进程环境中使用，用来限制其他用户或其他进程对文件进行读写操作。可设置为 Shared（共享），Lock Read（禁止读），Lock Write（禁止写），Lock Read Write（禁止读写），默认为 Lock Read Write。

⑥ Len：用来指定每个记录的长度（字节数）。

例如：Open"C:\cj2.txt"For Output As #1

表示以 Output 模式打开 C 盘根文件夹下的 cj2.txt 文件，文件号为 1。

5．文件的关闭（Close）

打开的文件使用结束后必须关闭。关闭文件的语句格式：

Close[[#]文件号 1，[#]文件号 2…]]

当 Close 语句没有参数时（即 Close），将关闭所有已打开的文件。

例如，执行以下语句

Close#1

将关闭文件号为 1 的文件。

除了用 Close 语句关闭文件外，在程序结束时将自动关闭所有打开的数据文件。

6．相关语句和函数

文件的主要操作是读和写，这些操作方法将在后面各节中介绍，这里介绍的是与文件操作有关的通用语句和函数。

1）FreeFile 函数

格式：

```
FreeFile
```

功能：返回一个在程序中没有使用的文件号。

当程序中打开的文件较多时，用这个函数可以避免使用正在使用的文件号。例如：

```
FileNo=FreeFile
Open "C:\MyFile.txt" For Output As FileNo
```

2）Seek 语句和 Seek 函数

文件打开后，会自动生成一个文件指针，文件的读或写就从这个指针所指的位置开始。通常打开文件时，文件指针指向文件头。完成一次读写操作后，文件指针自动移到下一个读写操作的起始位置。使用 Seek 语句和 Seek 函数，可以进行与文件指针有关的操作：

Seek 函数的格式：

```
Seek(文件号)
```

功能：返回文件指针的当前位置。对于随机文件，Seek 函数返回指针当前所指的记录号。对于顺序文件，Seek 函数返回指针所在的当前字节位置（从头算起的字节数）。

Seek 语句的格式：

```
SeekE#文件号，位置
```

功能：将指定文件的文件指针设置在指定位置，以便进行下一次读或写操作：对于随机文件，"位置"是一个记录号；对于顺序文件，"位置"表示字节位置。

3）Eof 函数

语法格式：

```
Eof(文件号)
```

功能：测试与文件号相关的文件是否已达到文件的结束位置。如果是，函数值为真值，否则为假值。使用 Eof 是为了避免在文件结束处读取数据而发生错误。

4）Lof 函数

语法格式：

```
Lof(文件号)
```

功能：返回与文件号相关的文件的总字节数。

若函数返回值为 0，表示是一个空文件。

5）Loc 函数

语法格式：

```
Loc(文件号)
```

功能：返回与文件号相关的文件的当前读写位置。对于随机文件，Loc 函数返回一个记录号，它是最近读或写的记录的记录号；对于顺序文件，Loc 函数将返回文件当前字节位置除以 128 的值（整数）。

7．Write 语句

要把数据写入顺序文件，应以 Output 或 Append 模式打开文件，然后使用 Write#语句或 Print#语句将数据写入文件。

语法格式：

```
Write#文件号[，表达式表]
```

功能：将表达式的值写到与文件号相关的顺序文件中。表达式之间可用分号、逗号或空格隔开。每个 Write 语句向顺序文件写入一条记录（不定长），它会自动地用逗号分开每个表达式的值，给字符串加上双撇号，并在最后一个字符写入后插入一个回车换行符(Chr(13)+Chr(10))，以此作为记录结束的标记。

例如，要把字符串"GoodAfternoon"和数值 2009 写入 1 号文件，可采用

```
Write #1, "GoodAfternoon", 2009
```

8．Print 语句

语法格式：Print #文件号[，表达式表]

Print 语句的作用与 Write 一样，它将一个或多个表达式的值写到与文件号相关的顺序文件中，其输出数据格式与 Print 方法在窗体上输出格式相似。例如：

```
Print #1,a,b,c        '对应按区格式
Print #1,a;b;c        '对应紧凑格式
```

9．顺序文件的读出操作

顺序文件的读出操作，是指从顺序文件中读取数据送到计算机中。要进行读出操作，先要用 Input 模式打开文件，然后采用 Input 或 Line Input 语句从文件中读出数据。通常，Input 用来读出由 Write 写入的记录内容，Line Input 用来读出由 Print 写入的记录内容。

Input 语句格式：

```
Input#文件号，变量名表
```

功能：从指定文件中读出一个记录。其中变量个数和类型应该与要读取的记录所存储的数据一致。

Visual Basic 采用文件指针来记住当前记录的位置。打开文件时，文件指针指向文件中的第 1 条记录，以后每读取一条记录，指针就向前推进一次。如果要重新从文件的开头读数据，应先关闭文件后打开。

上面已经介绍了顺序文件的存取操作，顺序文件的缺点是，不能快速地存取所需的数据，

也不容易进行数据的插入、删除和修改等操作。因此，若要经常修改数据或取出文件中的个别数据，均不适用。但对于数据变化不大，每次使用时需要从头往后顺序读写的情况，它不失为一种好的文件结构。

8.2 随机文件的存取操作案例

8.2.1 案例实现过程

【案例说明】

1. 随机文件的存取方法比顺序文件复杂些，为了使读者对这种存取方式有一个初步的认识，下面先举一个简单例子。

建立一个随机文件，文件中包含 10 条记录，每条记录由一个数(1～10)的平方、立方和平方根三个数值组成，以该数作为记录号。存入全部记录后，再读出其中 3 个，运行结果如图 8.9 所示。

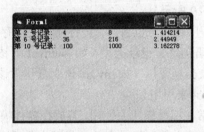

图 8.9 运行结果

分析：要求用随机文件来实现，从这个例子中要学习建立随机文件的一般步骤。

2. 建立一个有 5 名职工工资信息的随机文件，其中包括职工的职工号(3 位数字码, 001～999)、姓名及工资三种数据。采用职工号为记录号。

分析：程序运行后，分别出现 5 次输入框，用来输入 5 名职名的工资信息。然后会在 C 盘生成一个叫 data1.dat 的随机文件。

【案例目的】

1. 能运用随机文件相关知识存取随机文件。
2. 理解并掌握随机文件的简单运用。

【技术要点】

1. 运用案例说明中的第一部分

按要求编写如下代码：

```
Private Type numval
    squre As Integer
    cube As Long
```

```
        sqroot As Single
    End Type
    Dim nv As numval                  '定义一个 numval 类型的变量 nu
    Private Sub Form_Load()
        Open "c:\data1.dat" For Random As #1 Len=Len(nv)
        For i=1 To 10                 '写入记录程序段
            nv.squre=i * i
            nv.cube=i * i * i
            nv.sqroot=Sqr(i)
            Put #1, i, nv
        Next i
        Show                          '读出记录程序段
        For i = 2 To 10 Step 4        '读出 3 个记录
            Get #1, i, nv
            Print "第"; i; "号记录:", nv.squre, nv.cube, nv.sqroot
        Next i
        Close #1
    End Sub
```

程序运行后其结果如图 8.9 所示。

下面总结一下，从上述程序代码可以看出，进行随机文件存取操作，大致包括以下内容。

（1）用 Type…End Type 语句定义记录类型（如 Numval），该类型包含与文件中的记录相一致的字段。再定义一个记录类型变量（如 nv），该变量包含该类型的多个字段，以后可通过 nv.squre，nv.cube，nv.sqroot 来引用。

Type…End Type 语句通常在标准模块中使用，若放在窗体模块中，应加上关键字 Private。

（2）指定 Random 方式打开文件，记录定长，打开文件后，可以存或取任意一条记录。

（3）分别通过 Get 和 Put 语句，按指定记录号来读一条记录或存一条记录。

还要注意，在使用随机文件时，一定要建立好记录与记录号之间的关系：有些问题在处理时可以直接建立起这种关系，如本例把 10 个数 1～10 作为相应记录的记录号，这就便于对记录进行存取操作。

2. 运用案例说明中的第二部分

（1）在标准模块 Module1 中用 Type 语句定义一个职工工资记录类型，如图 8.10 所示。

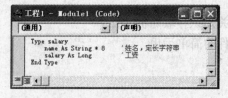

图 8.10　创建 Type salary

说明　因为采用职工号作为记录号，当知道了记录的记录号时，也就可以得到该记录的职工号。因此没有必要把职工号作为记录的一个字段存入文件。

（2）利用事件过程 Form_Load 来进行文件处理，程序代码如下：

```
Private Sub Form_Load()
    Dim sal As salary
    Dim no As String * 3, recno As Integer
    Open "c:\data1.dat" For Random As #1 Len = Len(sal)
    For i=1 To 5
        s$="输入第"+Str(i)+"个职工的"
        no=InputBox(s$+"编号")
        sal.name=InputBox(s$+"姓名")
        sal.salary=Val(InputBox(s$+"工资"))
        recno=Val(no)                              '记录号
        Put #1, recno, sal                         '存入记录
    Next i
    Close #1
    End
End Sub
```

程序运行后，分别输入 5 段信息，在 C 盘生成了一个 data1.dat 文件，我们用记事本打开该文件，如图 8.11 所示。此时看到有乱码，原因是我们用记事本打开的不是文本文件。

图 8.11　data1.dat 文件

8.2.2 应用扩展

对 8.1.1 节案例 2 所建立的职工工资信息进行查询、增加（或修改）、清除等操作。我们进行升级处理。

（1）在窗体上建立 3 个标签、3 个文本框和 4 个命令按钮，如图 8.12 所示。

（2）设置对象属性。设置各控件有关属性如下：

① 设置窗体 Form1 的 Caption 属性为"工资管理"。

② 设置 3 个标签的 Caption 属性分别为"职工号"、"姓名"和"工资"。

③ 设置 3 个文本框的名称为 Text1，Text2 和 Text3，这 3 个文本框用于显示或输入职工号、姓名和工资，其 Text 属性均为空。

④ 设置 4 个命令按钮的名称为 Command1，Command2，Command3 和 Command4，其 Caption 属性为"查询"、"增加"、"清除"和"关闭"。

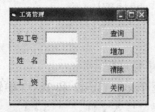

图 8.12　工资管理界面设计

（3）编写程序代码。

① 在标准模块 Module1 中定义记录类型并建立一个通用过程，程序代码如下：

```
Type salary
    name As String * 8
    salary As Long
End Type
                            'recno 表示记录号
Public sal As salary, recno As Integer
                        '检查编号的通用过程
Function cheno(no As String) As Boolean
    recno=Val(no)
    If recno < 0 Or recno > 999 Then
        MsgBox "输入的职工号超出范围", 0, "检查编号"
        cheno=True
    Else
        cheno=False
    End If
End Function
```

② 利用事件过程 Form_Load()打开文件和显示第一条记录，程序代码如下：

```
Private Sub Form_Load()
    Open "c:\ata1.dat" For Random As #1 Len=Len(sal)
    Get #1, 1, sal
    Text1.Text=Format(1, "000")
    Text2.Text=sal.name
    Text3.Text=sal.salary
End Sub
```

③ 编写"查询"按钮的单击事件过程。

功能要求：用户在文本框 Text1 中输入职工号，单击"查询"按钮时，即可看到该职工。

```
Private Sub Command1_Click()
    If cheno(Text1.Text) Then Exit Sub
    If recno > LOF(1) / Len(sal) Then
        MsgBox "无此记录"
        Exit Sub
    End If
    Get #1, recno, sal
    Text2.Text=sal.name
    Text3.Text=Str(sal.salary)
    Text1.SetFocus           '设置焦点
End Sub
```

④ 编写"增加"按钮的单击事件过程。

功能要求：用户分别在文本框 Text1，Text2 和 Text3 中输入职工号，按姓名及工资，单击"增加"按钮，即可把该职工记录写入文件。

程序代码如下：

```
Private Sub Command2_Click()
    If cheno(Text1.Text) Then Exit Sub
    sal.name=Text2.Text
    sal.salary=Val(Text3.Text)
    Put #1, recno, sal
    Text1.SetFocus
End Sub
```

⑤ 编写"清除"按钮的单击事件过程。

功能要求：用户在文本框 Text1 中输入职工号，单击"清除"按钮，即可清除该职工记录的内容。

程序代码如下：

```
Private Sub Command3_Click()
    If cheno(Text1.Text) Then Exit Sub
       If recno>LOF(1)/Len(sal) Then
         MsgBox "无此记录"
         Exit Sub
    End If
    sal.name=""                  '记录内容清空
    sal.salary=0
    Text2.Text=""               '文本框清空
    Text3.Text=""
    Put #1, recno, sal
    Text1.SetFocus
End Sub
```

⑥ 编写"关闭"按钮的单击事件过程，程序代码如下：

```
Private Sub Command4_Click()
    Close #1
    Unload Me
End Sub
```

说明 本程序的通用过程是在标准模块 Module1 中定义记录类型而建立的，当然也可以不用这种方式。程序运行后，直接读出在上例中所建立的 data1.dat 文件的内容，如果没有，则读不成功，此时可以进行增加、查询和清除操作，如图 8.13 所示。

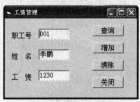

图 8.13 程序运行界面

本例运用了大量的相关函数和方法，并运用了前面所学的相关知识，请读者注意分析。

8.2.3　相关知识及注意事项

在随机文件中，可以直接而迅速地读取到所需要的记录，不必从头往后顺序地进行。它之所以能够如此，是因为随机文件规定文件中每一条记录的长度（字节数）必须相同（定长），并为每条记录设置记录号，记录号从 1 开始，如 1 号记录，2 号记录，3 号记录，……存取记录时，只要给出所需记录号 n，系统就会通过公式“(n-1)×记录长度”算出记录所在的位置，然后写入或读出。

1．读语句

语法格式：

```
Get #文件号[, 记录号], 变量
```

功能：从一个随机文件中读出指定记录到一个变量（通常为记录类型变量）中。

2．写语句

语法格式：

```
Put #文件号[, 记录号], 变量
```

功能：把变量的值写入随机文件的记录中。

在 Get 或 Put 语句中省略记录号时，采用的是默认记录号，其编号为上一次使用的记录号加 1。

8.3　本章实训

一、实训目的

1．理解顺序文件和随机文件的结构程序设计的特点。

2．熟练掌握顺序文件和随机文件的基本应用。

二、实训步骤及内容

1．在窗体上给出了所有控件和不完整的程序，请把空行的部分补充完整。

本程序的功能是：如果单击“取数”按钮，则把 C 盘目录下的 in5.txt 文件中的 10 个姓名读到数组 a 中，并在窗体上显示这些姓名；当在 Text1 中输入一个姓名，或一个姓氏后，如果单击“查找”按钮，则进行查找，若找到，就把所有与 Text1 中相同的姓名或所有具有 Text1 中姓氏的姓名显示在 Text2 中，如图 8.14 所示。若未找到，则在 Text2 中显示“未找到”；若 Text1 中没有查找内容，则在 Text2 中显示“未输入查找内容！”

图 8.14　取数及查找结果

说明 读者不得修改程序的其他部分和控件的属性。

程序代码如下：

```
Dim a(10) As String
Private Sub Command1_Click()              '取数按钮
    Dim k As Integer
    Open "c:_____" For Input As #1
    Form1.Cls
    For k=1 To 10
        Input #1, _____
        Print a(k)
    Next k
    Close _____
End Sub
Private Sub Command2_Click()
    Dim k As Integer, n As Integer, c As String       '查找按钮
    n=Len(Text1.Text)
    c=""
    If n>0 Then
        For k=1 To 10
            If Left(a(k), 1)=Text1.Text Then
                c=c+""+a(k)
            End If
        Next k
        If c="" Then
            Text2.Text="未找到！"
        Else
            Text2.Text=c
        End If
    Else
        Text2.Text="未输入查找内容！"
    End If
End Sub
```

2. 按以下步骤进行数据文件存取操作。

（1）通过键盘输入教工人事基本资料，数据项包括：职工号(001～999)、姓名、性别（0 代表男，1 代表女）、工资和补贴 5 项。数据内容由读者自行设定：将数据保存在顺序文件 rsk1.txt 中。

（2）从顺序序文件 rsk1.txt 中读出数据，将其中的男性职工资料存入一个新的顺序文件 rsk2. txt 中。

（3）建立随机文件 rsk3.dat，用以保存上述教工人事基本资料。从顺序文件 rsk1.txt 中读出数据，再写入随机文件 rsk3.dat（以职工号作为记录号）。

（4）从随机文件 rsk3.dat 中取出所有数据，并显示在一个列表框中，每个教工资料占一行。显示资料时性别以"男"或"女"表示。

　　说明　此实训请读者参照前面所讲的知识来完成。

三、实训总结

根据操作的实际情况，写出实训报告。

8.4　习题

一、单选题

1. 下列关于顺序文件的论述中，错误的是（　　　）。

　　A. 对顺序文件中的数据操作只能按顺序执行

　　B. 顺序文件中每个记录的长度必须相同

　　C. 不能同时对打开的顺序文件进行读写操作

　　D. 顺序文件中的数据是以文本格式(ASCII 码)存储的

2. 下列关于顺序文件记录的论述中，正确的是（　　　）。

　　A. 所有记录按记录号从小到大排列

　　B. 可以按记录号引用各个记录

　　C. 按记录的某个关键数据项的排列顺序组织文件

　　D. 记录按写入的先后顺序存放，并按写入的先后顺序读出

3. 下列关于随机文件的论述中，错误的是（　　　）。

　　A. 随机文件由记录组成，并按记录号引用各个记录

　　B. 可以按顺序访问随机文件中的记录

　　C. 可以同时对打开的随机文件进行读写操作

　　D. 随机文件的内容可用 Windows 的"记事本"程序显示出来

4. 下列关于随机文件记录的论述中，正确的是（　　　）。

　　A. 可以通过记录号随机读取记录

　　B. 记录号是通过随机数产生的

　　C. 记录号是从 0 开始编号的

　　D. 记录中所包含的各个字段的数据类型必须相同

5. 要在 C 盘当前文件夹下建立一个名为 Abc.txt 的顺序文件，应先使用（　　　）语句。

　　A. Open "Abc. txt"　For Input As #1

　　B. Open "C: Abc.txt" For 0utput As #1

　　C. Open "C:\Abc.txt" For Append AS #1

　　D. Open "C: Abc. txt" For Random As #1

6. 如果在 C 盘当前文件夹下已存在顺序文件 Myfilel.txt，那么执行语句

```
Open "C: Myfilel.txt" For Append AS #1
```

之后将（　　　）。

　　A. 删除文件中原有内容

　　B. 保留文件中原有内容，可在文件尾添加新内容

    C. 保留文件中原有内容，可在文件头开始添加新内容

    D. 可在文件头开始读取数据

二、填空题

1．在用 Open 语句打开文件时，如果省略 For 模式，则打开的文件的存取方式是_____。

2．随机文件使用_____语句读数据，使用_____语句写数据。

3．在当前文件夹下建立一个顺序文件 StData1.txt，然后写入 3 名学生的学号及手机号码。

```
Private Sub Form_Load()
        (1)
 For k=1 To 3
   StNo=InputBox("学号：")
    StMb=InputBox("手机号码：")
            (2)
 Next k
            (3)
 End  Sub
```

4．读取第 3 题建立的顺序文件 StDataL.txt，把所有的数据显示在窗体上。

```
Private Sub Form_Load()
Show
        (1)
Do Until_____(2)
          (3)
    Print  StNo, StMb
Loop
Close #1
End Sub
```

8.5 本章小结

    文件是存放在外存储器（如磁盘）上的信息集合。例如，用 Word 或 Excel 编辑制作的文档或表格就是一个文件。根据文件存储的内容，可以把文件分为程序文件和数据文件两大类。本章主要介绍 Visual Basic 中数据文件的存取操作。

    文件类型包括：顺序文件、随机文件和二进制文件。文件处理的一般步骤：打开(或新建)文件、进行读／写操作和关闭文件。

    打开文件使用 Open 语句。一般语法格式为：

    Open 文件名[For 模式][Access 存取类型][锁定]As[#] 文件号[Len=记录长度]

Write 语句

    要把数据写入顺序文件，应以 Output 或 Append 模式打开文件，然后使用 Write#语句或 Print#语句将数据写入文件。

语法格式：

```
Write#文件号[，表达式表]
Input#文件号，变量名表
```

功能：从指定文件中读出一个记录。其中变量个数和类型应该与要读取的记录所存储的数据一致。

进行随机文件存取操作，大致包括以下内容。

（1）用 Type…End Type 语句定义记录类型（如 Numval），该类型包含与文件中的记录相一致的字段。再定义一个记录类型变量（如 nv），该变量包含该类型的多个字段，以后可通过 nv. squre，nv. cube，nv. sqroot 来引用。

Type…End Type 语句通常在标准模块中使用，若放在窗体模块中，应加上关键字 Private。

（2）指定 Random 方式打开文件，记录定长，打开文件后，可以存或取任一条记录。

（3）分别通过 Get 和 Put 语句，按指定记录号来读一条记录或存一条记录。

第9章 其他常用控件

学习目标：在前面各章中介绍了部分控件，如文本框、命令按钮和标签框等，在这一章中将介绍 Visual Basic 中其他常用的控件，如框架、滚动条、菜单、工具栏和对话框，等。

通过本章的学习，主要掌握以下内容：

- 框架的基本原理和运用；
- 滚动条的基本原理和运用；
- 图形方法和图形控件的运用；
- 菜单的设计和运用；
- 运用工具栏和状态栏；
- 运用键盘与鼠标事件；
- 对话框的设计和运用；
- 文件系统控件的设计和运用。

学习重点与难点：掌握各个控件的运用和设计既是重点又是难点。

9.1 框架和滚动条操作案例

9.1.1 案例实现过程

【案例说明】

1．控制文本的字体、字号及颜色。

设置一个程序，用框架来实现字体、字号和颜色的多项选择。程序运行时，可以在不同的框架中选择，然后用来控制文本框中的文字，如图 9.1 所示。

分析：此例也可以用复选框进行设计，但如果用框架处理后，对使用者来说，更清晰和方便。

2．设计一个调色板应用程序，使之建立三个水平滚动条，作为红、绿、蓝三种基本颜色的输入工具，合成的颜色作为标签如图 9.2 所示的背景颜色（BackColor 属性值）。

图 9.1 程序运行效果

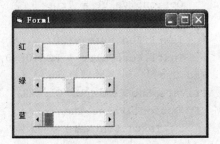
图 9.2 调色板示例

　　分析：根据调色原理，基本颜色有红、绿、蓝三种，选择这三种颜色的不同比例，可以合成所需要的任意颜色。

【案例目的】

　　1．理解框架和滚动条的基本原理和属性。
　　2．熟练掌握框架和滚动条的用法和技巧。

【技术要点】

　　该应用程序设计步骤如下。
　　1．运用案例说明中的第一部分：控制文本的字体、字号及颜色。
　　设计步骤如下：
　　（1）创建应用程序的用户界面，设置对象属性，如图 9.1 所示。
　　① 在窗体上部建立一个名称为 Text1 的文本框，用来显示文本，其 Text 属性设置为"欢迎使用框架！"。
　　② 使用 Visual Basic 工具箱中的"Frame"控件工具，在窗体上设置 3 个框架 Frame1，Frame2 和 Frame3，其 Caption 属性分别设置为"字体"、"字号"和"颜色"。
　　③ 使用 Visual Basic 工具箱中的"OptionButton"控件，在框架 Frame1 上建立 Option1 和 Option2 两个单选按钮，其 Caption 属性设置为"宋体"和"幼圆"。
　　以同样方法，在 Frame2 上建立 Option3 和 Option4 两个单选按钮，其 Caption 属性设置为"20 号"和"30 号"。在框架 Frame3 上建立 Option5 和 Option6 两个单选按钮，其 Caption 属性设置为"蓝色"和"红色"。
　　④ 在窗体下部创建两个命令按钮 Command1 和 Command2，其 Caption 属性分别为"确定"和"结束"。
　　（2）编写程序代码。
　　功能要求：用户可以在三个框架中分别选择字体、字号和颜色，单击"确定"按钮后，文本框中文本的字体、字号和颜色会发生相应变化。
　　程序代码如下：

```
Private Sub Form_Load()
    Option1.Value = True
    Option3.Value = True
    Option5.Value = True
    Text1.FontName = "宋体"
    Text1.FontSize = 20
    Text1.ForeColor = RGB(0, 0, 25)
End Sub
Private Sub Command1_Click()
 If Option1.Value Then
      Text1.FontName = "宋体"
    Else
      Text1.FontName = "幼圆"
```

```
        End If
        If Option3.Value Then
            Text1.FontSize = 20
        Else
            Text1.FontSize = 30
        End If
        If Option5.Value Then
            Text1.ForeColor = RGB(0, 0, 255)
        Else
            Text1.ForeColor = RGB(255, 0, 0)
        End If
    End Sub
    Private Sub Command2_Click()
        End
    End Sub
```

分析：

此例没有什么新的知识点，读者主要注意在创建框架的时候，一定是先创建框架后加入单选按钮。

2．运用案例说明中的第二部分：设计一个调色板应用程序，使之建立三个水平滚动条，作为红、绿、蓝三种基本颜色的输入工具。

设计步骤如下。

（1）创建应用程序的用户界面和设置对象属性。在窗体上建立 4 个标签和 3 个水平滚动条。三个滚动条的名称从上至下分别为 Hscroll1，HScroll2，HScroll3，其 Max 属性均设置为 255，Min 属性均设置为 0，SmallChange 属性设置为 1，LargeChange 属性设置为 10，Value 设置为 0。显示合成颜色的标签名为 Label1，其 Caption 属性为空。

（2）编写程序代码。

功能要求：通过操作（单击或拖动）滚动条，直接修改 RGB 设置，从而得到标签背景所需的颜色。

程序代码如下：

```
Private Sub HScroll1_Change()
    Label4.BackColor=RGB(HScroll1.Value,HScroll2.Value,HScroll3.Value)
End Sub


Private Sub HScroll2_Change()
    Label4.BackColor=RGB(HScroll1.Value,HScroll2.Value,HScroll3.Value)
End Sub


Private Sub HScroll3_Change()
    Label4.BackColor=RGB(HScroll1.Value,HScroll2.Value,HScroll3.Value)
End Sub
```

运行结果如图 9.2 所示。

9.1.2　应用扩展

在名称为 Form 的窗体上画一个文本框，名称为 Text1，其宽度为 1000；再画一个滚动条，名称为 HS1。其刻度值的范围是 1000～2000。请编写滚动条的 Change 事件过程，程序运行后，如果移动滚动条，则可按照滚动条的刻度值改变文本框的宽度。运行时的窗体如图 9.3 所示。程序不能使用任何变量，事件过程中只能写一条语句。

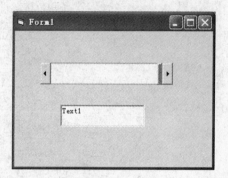

图 9.3　运行效果

分析：刻度值的范围是 1000～2000，所指的是 HS1 的最小值（Min）和最大值（Max）。本例只要求控制文本框的宽度，可以用 Text1.Width 来表示。根据题意，不能使用变量。

其代码如下：

```
Private Sub HS1_Change()
    Text1.Width = HS1.Value
End Sub
```

9.1.3　相关知识及注意事项

1．框架的用途

有时窗体上有很多控件，为了把控件分成若干组，可采用框架（Frame）控件。框架的主要作用是，作为容器放置其他控件对象，将这些控件对象分成可标识的控件组，框架内数据文件的结构的所有控件将随框架一起移动、显示和消失。

当用框架设置控件组时，应先在窗体上放置框架控件，再在框架内放置其他控件。对于单选按钮来说，未使用框架分组时，窗体上的所有单选按钮都被看做是同一组的，运行时用户只能从中选择一个。若使用多个框架把单选按钮分组，则可以按组选择，即每个框架中可以选中一个单选按钮。

2．常用属性

框架的常用属性有 Name 属性和 Caption 属性。

3．事件

框架控件可以响应 Click 和 DblClick 事件。

在应用程序中一般不需要编写有关框架的事件过程。

4．滚动条的用途

在列表框和组合框中使用滚动条，可以看到在框架中未能全部显示的信息。这种滚动条是系统自动加上的，不需要用户自己设计。本节介绍的是 Visual Basic 工具箱提供的滚动条控件，其作用与上述滚动条不同，它是为不能自动支持滚动的应用程序和控件提供滚动功能，也可作为数据输入的工具。

滚动条有水平和垂直两种，分别可通过工具箱中的水平滚动条（HScrollBar）和垂直滚动条（VScrollBar）工具来建立，如图 9.4 所示。

这两种滚动条除方向不同外，其功能和操作完全一样。垂直滚动条的最上方代表最小值（Min），由上往下移动滚动块（或称滚动框）时，代表的值随之递增，最下方代表最大值（Max）。水平滚动条的最左端代表最小值，由左往右移动滚动块时，代表的值随之增大，最右端代表最大值。

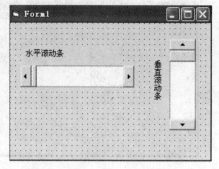

图 9.4　水平滚动条和垂直滚动条

通常利用滚动条来提供简便的定位，还可以利用滚动块位置的变化，去控制声音音量或调整图片的颜色，使其有连续变化的效果，实现调节的目的。

5．常用属性

（1）Min，Max 属性：设置滚动条所能代表的最小值和最大值，其取值范围为 32768～32767。Min 属性的默认值为 0，Max 属性的默认值为 32767。

（2）Value 属性：设置滚动块在滚动条中的位置（在 Min 和 Max 之间）。

（3）SmallChange（最小变动值）属性：表示单击滚动条两端箭头时，滚动块移动的增量值。

（4）LargeChange（最大变动值）属性：表示单击滚动条内空白处，滚动块移动的增量值。

6．事件

滚动条控件可以识别 10 个事件，其中最常用的是 Scroll 和 Change 事件。

（1）Scroll 事件：当用鼠标拖动滚动块时，即触发 Scroll 事件。

（2）Change 事件：当改变 Value 属性值时，即触发 Change 事件。

当释放滚动块、单击滚动条内空白处或两端箭头时，Change 事件就会发生；尽管拖动滚动块会引起 Value 属性变化，但并不发生 Change 事件。

9.2　图形方法和图形控件操作案例

9.2.1　案例实现过程

【案例说明】

1．通过程序运行后可以在窗体上分别画出一个扇形、一个圆和一个椭圆，如图 9.5 所示。

分析：利用[对象名.] Circle [Step] (x，y)，半径[，颜色，起点，终点，纵横比]各项参数除了可以画圆外，还可以画椭圆和弧。

2．在画片框中输出文字，画圆和点，如图 9.6 所示，程序运行后，在图片框中输出一行文字，然后画一个圆，颜色为蓝色；最后在圆中画一个点，颜色为红色。

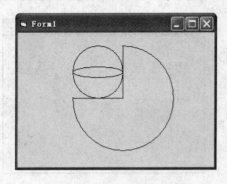

图 9.5　利用 Circle 画圆

图 9.6　在图片框中输出信息

　　分析：此例是在图片框中输入信息，包括文字、圆和点，其本质还是对各项参数的运用。

　　3. 编写一个秒表程序，程序运行时，单击"开始"按钮，秒针开始计时；单击停止时，秒针停止；单击复位时，秒针重回到 0 位置，如图 9.7 所示。

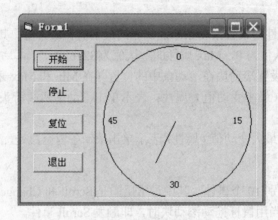

9.7　程序运行图

　　分析：在进行界面设置的时候，要注意 Shape 的参数选择和运用。

【案例目的】

　　1. 理解并掌握图片框、shape 和 line 各项参数。

　　2. 运用图片框、shape 和 line 进行简单运用。

【技术要点】

　　1. 运用案例说明中的第一部分：通过程序运行后可以在窗体上分别画出一个扇形、一个圆和一个椭圆，如图 9.5 所示。

　　按要求编写如下代码：

```
Private Sub Form_Load()
    Const PI = 3.14159
    Show
    Circle (2500, 1500), 1200, vbBlue, -PI, -PI / 2
    Circle Step(-600, -600), 600
```

```
        Circle Step(0, 0), 600, , , , , 5 / 25
    End Sub
```

说明　Circle 为画圆函数，请读者注意各项参数，并可以试着一行行进行调试，并观察效果。

2．运用案例说明中的第二部分：在图片框中输出一行文字，画圆和点，程序运行后，在图片框中输出一行文字，然后画一个圆，颜色为蓝色；最后在圆中画一个点，颜色为红色。

（1）界面设计：在窗体中画一个图片框，如图 9.6 所示。

（2）按要求编写如下代码：

```
    Private Sub Form_Load()
        Show
        Picture1.Print "在图片框内写字和画圆"
        Picture1.Circle (1200, 1000), 600, RGB(0, 0, 255)
        Picture1.PSet (1200, 1000), RGB(255, 0, 0)
    End Sub
```

分析：注意在图片框中画点的用法。

3．运用案例说明中的第二部分：编写一个秒表程序，程序运行时，单击"开始"按钮，秒针开始计时；单击"停止"按钮时，秒针停止；单击"复位"按钮时，秒针重回到 0 位置，如图 9.10 所示。

（1）界面设计：在窗体上添加一个图片 Picture1、四个命令按键、一个定时器，并在图片框 Picture1 上用 Shape 控件添加一个圆 Shape1，用 Line 控件添加一直线作为秒针，然后在图片框 Picture1 上添加四个表示数字的标签，如图 9.8 所示。

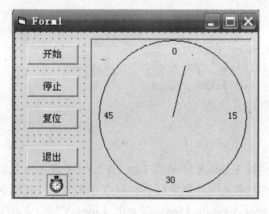

图 9.8　秒钟设计界面

（2）编写事件过程及代码调试。

程序代码如下：

```
    Dim asirph
    Const pi = 3.14159265
    Private Sub Command1_Click()
```

```
        Timer1.Enabled = True
    End Sub

    Private Sub Command2_Click()
        Timer1.Enabled = False
    End Sub

    Private Sub Command3_Click()
        Timer1.Enabled = False
        Line1.X2 = 0
        Line1.Y2 = 1.2
        asirph = pi / 2
    End Sub

    Private Sub Command4_Click()
        End
    End Sub

    Private Sub Form_Load()
        Timer1.Enabled = False
        Timer1.Interval = 1000
        Picture1.Scale (-2, 2)-(2, -2)
        Line1.X1 = 0
        Line1.Y1 = 0
        Line1.X2 = 0
        Line1.Y2 = 1.2
        asirph = pi / 2
    End Sub

    Private Sub Timer1_Timer()
        asirph = asirph - 360 / 60 * pi / 180
        Line1.X2 = 1.2 * Cos(asirph)
        Line1.Y2 = 1.2 * Sin(asirph)
    End Sub
```

代码分析：

Dim asirph 为通用声明；Line1.X2 = 0 和 Line1.Y2 = 1.2 表示恢复钞针初始位置，指向 0；Picture1.Scale (-2, 2)-(2, -2)定义图片框坐标系，原点在图片框中心，X 轴向右为正，Y 轴向上为正；Line1.X1 = 0，Line1.Y1 = 0，Line1.X2 = 0，Line1.Y2 = 1.2 和 asirph = pi / 2 表示秒钟起点在原点，长 1.2，初始时指向 0 秒；asirph = asirph - 360 / 60 * pi / 180 表示按顺时针方向旋转，每次转 6 度。

9.2.2　应用扩展

上面主要对画圆进行了重点介绍，下面则重点介绍画点（PSet）。本例要求用 PSet 方法在窗体上绘制五彩碎纸，运行效果如图 9.9 所示。

图 9.9　用 Pset 方法绘制五彩碎纸

（1）在窗体上建立一个命令按钮，如图 9.9 所示。

（2）编写程序代码。

```
Private Sub Command1_Click()
    Dim cx, cy, msg, xpos, ypos           '声明变量
    ScaleMode = 3                          '设置 ScaleMode 为像素
    DrawWidth = 5                          '设置 DrawWidth
    ForeColor = QBColor(4)                 '设置前景色为红色
    FontSize = 24                          '设置点的大小
    cx = ScaleWidth / 2                    '得到水平中点
    cy = ScaleHeight / 2                   '得到垂直中点
    Cls                                    '清除窗体
    msg = "欢迎! 五彩碎纸"
    CurrentX = cx - TextWidth(msg) / 2     '水平位置
    CurrentY = cy                          '垂直位置
    Print msb                              '打印消息
    Do
        xpos = Rnd * ScaleWidth            '得到水平位置
        ypos = Rnd * ScaleHeight           '得到垂直位置
        PSet (xpos, ypos), QBColor(Rnd * 15) '画五彩碎纸
        DoEvents                           '进行
    Loop
End Sub
```

　　分析：PSet (xpos, ypos), QBColor(Rnd * 15)表示画五彩碎纸。DoEvents 为闲置语句，所谓闲置循环，就是当程序处于闲置状态时，用一个循环来执行某些操作。或者说，闲置循环就是在闲置状态下执行的循环，为使在闲置循环中也能响应其他操作和事件。

9.2.3　相关知识及注意事项

　　为方便用户制作图形，Visual Basic 在工具箱中提供了 4 种图形控件，它们是 PictureBox 控件、Image 控件、Shape 控件和 Line 控件。此外，Visual Basic 还提供了一些创建图形的

方法。

1．坐标系

在 Visual Basic 中，每个对象都定位于存放它的容器内。例如，窗体处于屏幕内，屏幕是窗体的容器。在窗体内放置控件对象，窗体就是容器。前面已经介绍过，窗体、图片框(PictureBox)和框架(Frame)等都可作为其他控件的容器。容器内的对象只能在容器界定的范围内变动，当移动容器时，容器内的对象也随着一起移动，而且与容器的相对位置不变：对象在容器中的定位需要用到坐标系。

每个容器都有一个坐标系，它包括坐标原点、x 坐标轴和 y 坐标轴，默认的坐标原点(0，0)在容器对象的左上角。坐标度量单位由容器对象的 ScaleMode 属性决定：ScaleMode 属性值的默认单位为 Twip 中(缇)，还可以使用磅、像素、厘米等单位。

窗体的 Height 属性值包括了标题和水平边框宽度，同样，Width 属性值包括了垂直边框宽度，实际可用的高度和宽度由 ScaleHeight 和 ScaleWidth 属性确定。

Visual Basic 中使用 CurrentX 和 CurrentY 属性来设置或返回当前坐标的横(X)、纵(Y)坐标值

2．图形方法

Visual Basic 提供了 Pset（画点）、Line（画线）、Circle(画圆)等图形方法，可以方便地在窗体和图片框上绘制简单图形。

（1）Pset（画点）方法

格式：[对象名．] Pset [Step] (x，y) [，颜色]

功能：在对象的指定位置(x，y)上按选定的颜色画点。

参数 Step 指定(x，y)是相对于当前坐标点的坐标。当前坐标可以是最后的画图位置，也可以由属性 CurrentX 和 CurrentY 设定。

例如，下列语句能在坐标位置(500，900)处画一个红点：

Pset(500，900)，RGB(255，0，0)

该语句等价于：

CurrentX=100：CurrentY=100

Pset Step(400，800)，RGB(255，0，0)

（2）Line（画线）方法。

格式：[对象名．] Line[(x1，y1)] – (x2，y2) [颜色]

功能：在两个坐标点之间画一条线段。

例如，下列语句可以在窗体上画一条斜线。

Line(600，600) – (2000，3000)

（3）Circle（画圆）方法。

格式：[对象名．] Circle [Step] (x，y)，半径[，颜色，起点，终点，纵横比]

功能：在对象上画圆、椭圆或圆弧。

说明：

● (x，y)是圆、椭圆或圆弧的中心坐标，"半径"是圆、椭圆或圆弧的半径。

● "起点"、"终点"(以弧度为单位)指定弧或扇形的起点或终点位置，其范围从–2π 到

2π。"起点"的默认值为 0，"终点"的默认值为 2π。按逆时针方向，正数画弧，负数画扇形。

- 纵横比为圆的纵轴和横轴的尺寸比。当纵横比大于 1 时，椭圆沿垂直方向拉长；当纵横比小于 1 时，椭圆沿水平方向拉长。纵横比的默认值为 1，将产生一个标准圆。
- 可以省略中间的某个参数，但不能省略分隔参数的逗号。
- 图片框（PictureBox）和图像框（Image）都用于显示图形，它们可以显示 bmp（位图），ico（图标），wmf（图元），gif 和 jpg 等类型的图形文件。

图片框可以作为其他控件的容器，像框架（Frame）一样，可以在图片框上放置其他控件，这些控件随图片框的移动而移动。

3．常用属性

（1）与窗体属性相同的属性。

前面章节介绍的部分窗体属性，如 Enabled，Name，Visible，FontB01d，FontName，FontSize 等，完全适用于图片框和图像框，其用法也相同。窗体属性 AutoRedraw，Height，Left，Top，Width 等也可用于图片框和图像框，但窗体位于屏幕上，而图片框和图像框位于窗体上，其坐标的参考点是不一样的。

（2）CurrentX 和 CurrentY 属性：用来设置横坐标或纵坐标。

（3）Picture 属性：用于设置在图片框中要显示的图像文件。可以在设计中通过属性来设置，也可以在运行中通过调用 LoadPicture 函数来设置，例如：

```
Picturel. Picture = LoadPicture （"图形文件名"）    '装入图形文件
Picturel. Picture = LoadPicture ()                  '清除图片
```

（4）Align 属性：设置图片框在窗体中的显示方式：

0（默认）——无特殊显示；

1——与窗体一样宽，位于窗体顶端；

2——与窗体一样宽，位于窗体底端；

3——与窗体一样高，位于窗体左端；

4——与窗体一样高，位于窗体右端。

（5）AutoSize 属性：确定图片框如何与图形相适应。

False（默认）——保持原尺寸，当图形比图片框大时，超出的部分被截去；

True——图片框根据图形大小自动调整。

4．图片框的使用

（1）显示和消除图形，见 Picture 属性。

（2）用 Print 方法向图片框输出文本。

（3）用图形方法在图片框中画图形。

5．图像框

图像框（Image）控件的作用与图片框 PictureBox 控件相似，但它只能用于显示图形，不能作为其他控件的容器。

6．常用属性

图像框与图片框一样，使用 Picture 属性来装载图形。程序运行时，可利用 LoadPicture 函数来进行设置。

图像框没有 AutoSize 属性，但有 Stretch 属性。当 Stretch 属性设置为 True 时，加载的图形可自动调整尺寸以适应图像框的大小。当 Stretch 属性设置为 False 时，图像框可自动改变大小以适应其中的图形。

7．Shape 控件

利用图片框和图像框可以装入和显示图形图像，但有时用户希望根据自己的意愿画出一些简单的图形。Visual Basic 提供了画图形的基本工具，如 Shape（形状控件）、Line（线控件）。Shape 控件和 Line 控件只用于表面装饰，不支持任何事件。

用途：Shape 控件可用来绘制矩形、正方形、椭圆形、圆角矩形及圆角正方形。

8．常用属性

（1）Shape 属性：当 Shape 控件放到窗体上时，显示为一个矩形，通过设置其 Shape 属性，可确定所需的其他图形。

在属性窗口中选择 Shape 属性，并单击该属性右端向下的箭头，显示一个下拉列表。各选项含义如下：

0——Rectangle	矩形（默认值）	
1——Square	正方形	
2——Oval	椭圆形	
3——Circle	圆形	
4——Rounded Rectangle	圆角矩形	
5——Rounded Square	圆角正方形	

（2）BorderColor 属性：该属性用来设置边框颜色。

（3）BorderStyle 属性：该属性用来设置边框样式。默认值为 1。

（4）BorderWidth 属性：该属性用来指定边框的宽度（粗细）。默认值为 1（以像素为单位）。

（5）BackStyle 属性：该属性用来决定是否采用指定的颜色填充，0（默认）表示边界内的区域是透明的，1 表示由 BackColor 属性所指定的颜色来填充（默认时，BackColor 为白色）。

（6）FillColor 属性：该属性用来定义控件的内部颜色，其设置方法与 BorderColor 属性相同。

（7）FillStyle 属性：该属性用来确定控件内部的填充样式。可以取 8 种值，如 0——Solid（实心），1——Transparent（透明）等，默认值为 1。

9．line 直线控件

Line 直线控件可用来在窗体、框架和图片框中绘制简单的线段。

10．常用属性

（1）BorderStyle 属性：提供了 7 种线段样式，即透明、实线、虚线、点线、点划线、双点划线和内实线。设置方法与 Shape 控件相同。

（2）BorderColor 属性：用来指定线段的颜色，设计时可在属性窗口中选择该属性，然后从提供的调色板中选择颜色。

（3）BorderWidth 属性：设置控件的线宽。

（4）X1,X2,Y1,Y2 属性：指定线段起点和终点的 X 坐标和 Y 坐标。可以通过改变 X1，X2，Y1，Y2 的值来改变线段的起止位置。

9.3　菜单控件操作案例

9.3.1　案例实现过程

【案例说明】

设计一个程序，进行两个数的算术运算练习，先通过菜单选择运算位数和运算法，然后单击"命题"按钮，随后在文本框中随机生成刚才选择的运算位数和运算，如图 9.10 所示的两位数和加法，最后在文本框中输入答案，单击"答题"按钮，如果正确，则显示信息框"回答正确"，如果错误则提示相应信息，如图 9.11 所示。

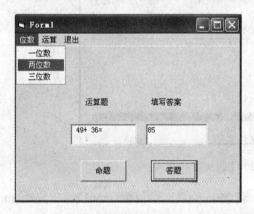

图 9.10　运行效果

图　9.11　信息提示框

分析：此例主要用下拉式菜单进行运算位数和运算符的选择，在整个程序中，一定要先进行这两个操作，否则会提示相关信息，同时代码中运用了条件句、信息框和选择结构，请读者注意分析。

【案例目的】

1. 理解下拉式菜单和快捷式菜单的基本原理和属性。
2. 熟练掌握下拉式菜单和快捷式菜单的应用。

【技术要点】

运用案例说明设计一个程序，进行两个运算数的算术运算练习。

该应用程序设计步骤如下。

（1）创建应用程序的用户界面和设置对象属性，如图 9.10 所示。

① 窗体上含有 2 个标签、2 个文本框和 2 个命令按钮，其设置如下：

- 标签 Label1：显示标题"运算题"。
- 标签 Label2：显示标题"填写答案"。
- 文本框 Text1（位于左边）：用来显示运算式，Alignment 属性为右对齐（1—RightJustify），Text 属性为空。
- 文本框 Text2（位于右边）：供用户输入答案，Text 属性为空。
- 窗体 Form1：Caption 属性为"简单算术运算练习"。

② 菜单栏向用户提供功能选择，包括运算数的位数、运算符类型和退出程序。菜单设计如图 9.12 所示。

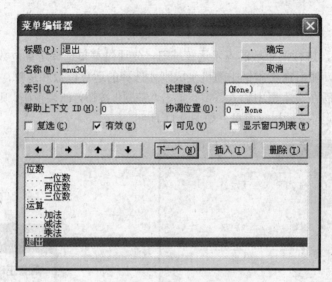

图 9.12　下拉式菜单

各个菜单项的名称为：位数（man10），一位数（mnu11），两位数（mnu12），三位数（mnu13）；运算（renu20），加法（mnu21），减法（mnu22），乘法（mnu23）；退出（mnu30）。

（2）编写程序代码。

功能要求：用户从"位数"菜单中选择操作数的位数（一位数、两位数或三位数），从"运算"菜单中选择一种运算（加法、减法或乘法），单击"命题"按钮后，程序将产生指定位数的两个运算数，并按指定运算组成一个算式，显示在文本框 Text1 中，供用户练习。用户在文本框 Text2 中输入答案，当单击"答题"按钮时，程序将判断答案是否正确，然后通过消息对话框显示出"回答正确"或"回答错误"。

程序代码如下：

```
Option Explicit
Dim sel1 As Integer, sel2 As String, r1 As Long
Private Sub Command1_Click()                '命题
Dim a As Long, b As Long
If sel1 = 0 Or sel2 = "" Then
```

```
        MsgBox "先选择运算数的位数和运算类型"
        Exit Sub
End If
a = sel1 + Int(9 * sel1 * Rnd)                  '随机生成指定位数的算数
b = sel1 + Int(9 * sel1 * Rnd)
Text1.Text = Str(a) + sel2 + Str(b) + "="       '组成算式
Select Case sel2                                '计算结果
    Case "+"
        r1 = a + b                              'r 保存运算式结果
    Case "-"
        r1 = a - b
    Case "*"
        r1 = a * b
End Select
Text2.Text = ""
Text2.SetFocus
End Sub
Private Sub Command2_Click()                     '答题
Dim r2 As Long
If Text2.Text = "" Then
    MsgBox "请输入答案"
    Exit Sub
End If
r2 = Val(Text2.Text)                            '读取用户的答案
If r1 = r2 Then                                 '判断答案
    MsgBox "回答正确"
Else
    MsgBox "回答错误"
End If
End Sub
Private Sub Form_Load()
    sel1 = 0                                    '位数标记
    sel2 = ""                                   '运算标记
    Randomize
End Sub
Private Sub mnu11_Click()
    sel1 = 1                                    '设置位数标记
End Sub
Private Sub mnu12_Click()
    sel1 = 10
End Sub
Private Sub mnu13_Click()
    sel1 = 100
End Sub
Private Sub mnu21_Click()
    sel2 = "+"                                  '设置运算标记
End Sub
```

```
Private Sub mnu22_Click()
    sel2 = "-"
End Sub
Private Sub mnu23_Click()
    sel2 = "*"
End Sub
Private Sub mnu30_Click()                        '结束
    End
End Sub
```

9.3.2 应用扩展

在上例的基础上，把"位数"菜单改为弹出式菜单。

（1）打开 9.3.1 节的应用程序，选定窗体，然后在菜单编辑器中将"位数"菜单标题的"可见"框中的"√"取消（即不选中）。

（2）增加以下 MouseUp 事件过程代码：

```
Private Sub Form_MouseUp(Button As Integer,Shift As Integer,X As Single,Y
As Single)
    If Button = 2 Then
        PopupMenu mnu10
    End If
End Sub
```

程序运行时，右击窗体空白处，即会弹出弹出式菜单，如图 9.13 所示。

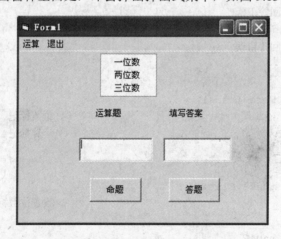

图 9.13 弹出式菜单（快捷式菜单）

9.3.3 相关知识及注意事项

1. 菜单设计

菜单对我们来说非常熟悉，在各种 Windows 应用程序中常常用到它。应用程序通过菜单为用户提供一组命令。从应用的角度看，菜单一般分为两种：下拉式菜单和弹出式菜单。

2．下拉式菜单

下拉式菜单结构如图 9.14 所示。在这种菜单系统中，一般有一个主菜单（也称顶层菜单），称为菜单栏，其中包括若干个菜单项（也称为主菜单标题）。每一个主菜单项可以下拉出下一级菜单，称为子菜单。子菜单中的菜单项有的可以直接执行，称为菜单命令；有的菜单项可以再下拉出下一级菜单，称为子菜单标题。子菜单可以逐级下拉。Visual Basic 的菜单系统最多可达 6 层。

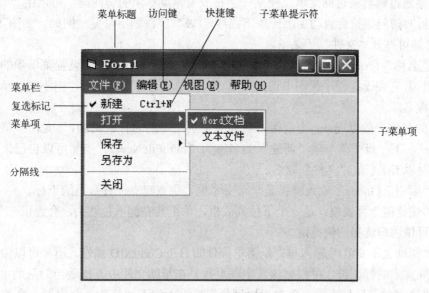

图 9.14　下拉式菜单

菜单中包含的界面元素有：菜单项、快捷键（如 Ctrl+N 键）、访问键（菜单项中带下画线的字母，如文件（F））、分隔线（用于子菜单分组显示）、子菜单提示符（小三角符）、复选标记等。

Visual Basic 提供了设计菜单的工具，称为菜单编辑器。但这种工具不在工具箱中，启动菜单编辑器的方法是：在 Visual Basic 主窗口中选择"工具"菜单的"菜单编辑器"命令，系统弹出"菜单编辑器"对话框，如图 9.15 所示。

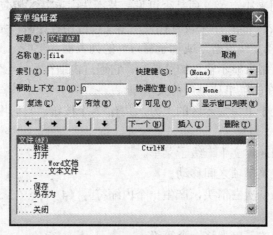

图 9.15　"菜单编辑器"对话框

　　使用菜单编辑器可以建立一个应用程序的菜单系统。菜单编辑器分为上、下两部分，上半部分用来设置属性，下半部分是菜单显示区，用来显示用户输入的菜单内容。

　　下面介绍菜单编辑器的各项内容及作用。

　　（1）"标题"（Caption）输入框：是一个文本框，供用户输入菜单的标题，相当于菜单控件的 Caption 属性，如"文件"、"编辑"等。在这个文本框中输入的标题，会同时显示在菜单显示区。

　　如果要通过键盘来访问菜单，使某一字符成为该菜单项的访问键，可以用"（&字符）"格式。运行时访问字符会自动加上一条下画线，"&"字符则不可见。例如，如图 9.12 中，按 Alt + F 键可打开"文件"子菜单。

　　（2）"名称"（Name）输入框：此输入框也是一个文本框，用来设置菜单项的名称（即 Name 属性）。它便于在程序代码中访问菜单项。菜单项名称应当唯一，但不同菜单中的子菜单项可以重名。

　　菜单的名称一般以 mnu 为前缀，后面为顶层菜单的名称，例如，"文件"菜单名称为"mnuFile"，下一级子菜单项"新建"的名称为"mnuFileNew"。当然可以自己来决定，比如上面就是以 file 来给"文件"取名。

　　（3）"索引"（Index）输入框：是一个文本框，用来建立控件数组的下标。

　　（4）"快捷键"列表框：是一个下拉列表框，单击其右侧下拉箭头，会弹出一个列表框，其中列出可供用户选择的快捷键。

　　（5）"帮助上下文 ID"输入框：是菜单控件的 HelpContexID 属性，用户可以输入一个数字作为帮助文本的标识符，可根据该数字（页数）在帮助文件中查找适当的帮助主题。

　　（6）"协调位置"列表框：单击"协调位置"框右侧下拉箭头，会出现一个列表框，用户可通过这一列表框来确定菜单是否出现或怎样出现，如 0—None（菜单项不显示），1 —Left（菜单项靠左显示）等。一般取 0 值。

　　（7）"复选"框：如选中"复选"框，可将一个"√"复选标记放在菜单项前面，通常用它来指出切换选项的开关状态，也可以用来指示几个模式中的哪一个模式正在起作用。

　　（8）"有效"框：用来设置该菜单项是否可执行，即这一菜单项是否对事件作出响应。如果不选中，这一菜单是无效的，不能被访问，呈灰色显示。

　　（9）"可见"框：用来决定菜单项是否可见。若不选中该框，相应的菜单项将不可见。

　　（10）"显示窗口列表"框：用来设置在使用多文档应用程序时，是否使菜单控件中有一个包含当前打开的多文档文件窗格（或称子窗口）的列表框。

　　（11）菜单显示区：用来显示输入的菜单项。它通过内缩符号（4 个点"...."）表明菜单项的层次。条形光标所在的菜单项是当前菜单项。

　　（12）编辑按钮：处于菜单显示区的上方，共有 7 个按钮，它们用来对输入的菜单项进行简单编辑。

　　① "下一个"按钮：建立下一级子菜单。

　　② ↑和↓按钮：在菜单项之间移动。

　　③ →按钮：每单击一次右箭头，产生一个内缩符号（4 个点"...."），使选定的菜单下移一个等级。

　　④ ←按钮：使选定的菜单上移一个等级。

⑤ "插入"按钮：在当前选定行上方插入一行。

⑥ "删除"按钮：删除当前行。

（13）分隔线：为菜单项之间的一条水平线，当菜单项很多时，可以使用分隔线将菜单项划分成多组。插入分隔线的方法是：单击"插入"按钮，在"标题"文本框中输入一个连接字符（–，减号）。

菜单编辑完成后，单击菜单编辑器的"确定"按钮，所设计的菜单就显示在当前窗体上。

3．运行时改变菜单属性

使菜单命令有效或无效，所有的菜单项都具有 Enabled 属性，当该属性为 True（默认值）时，有效；当为 False 时，菜单项会变暗（灰色），菜单命令无效。例如：

```
Mun30.Enabled = False
```

4．显示菜单项的复选标记

有时候，需要在菜单的选项前显示一个复选标记"√"，以表示打开 / 关闭状态或标记几个模式中的哪一个正在起作用。

使用菜单项的 Checked 属性，可以设置复选标记。如果 Checked 属性为 True，表示含有复选标记；为 False 时表示消除复选标记。例如：

```
Mun31. Checked = True
```

5．使菜单项不可见

在运行时，要使一个菜单项可见或不可见，可以在代码中设置 Visible 属性，例如：

```
Mun30.Visible =True
```

6．弹出式菜单

弹出式菜单又称为快捷菜单，是右击鼠标时弹出的菜单。它能以灵活方式为用户提供方便快捷的操作。

设计弹出式菜单仍然使用 Visual Basic 提供的菜单编辑器，只要把某个顶层菜单项设置成隐藏就行了。创建弹出式菜单的步骤如下。

（1）使用菜单编辑器设计菜单。

（2）设置顶层菜单项为不可见，即不选中菜单编辑器里的"可见"选项或在属性窗口中设定 Visible 属性为 False。

（3）编写与弹出式菜单相关联的 MouseUp（释放鼠标）事件过程。其中用到对象的 PopupMenu 方法。格式为

```
[对象.]PopupMenu 菜单名[，位置常数][，横坐标[，纵坐标]]
```

其中，位置常数有以下几种。

① vbPopupMenuLeftAlign：用横坐标位置定义该弹出式菜单的左边界（默认）。

② vbPopupMenuCenterAlign：弹出的弹出式菜单以横坐标位置为中心。

③ vbPopupMenuRightAlign：用横坐标位置定义该弹出式菜单的右边界。

9.4 工具栏和状态栏操作案例

9.4.1 案例实现过程

【案例说明】

在 Windows 应用程序中，普遍使用了工具栏和状态栏。要在 Visual Basic 应用程序的窗体中添加工具栏和状态栏，可以使用 ActiveX 控件 ToolBar 和 StatusBar 来实现。

1. 在图 9.13 的基础上增加一个工具栏，使之能快速提供"加法"、"减法"和"乘法"运算类型，程序运行效果如图 9.16 所示。

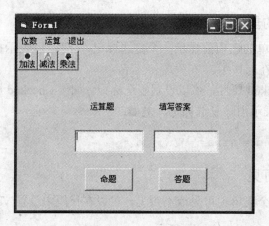

图 9.16 带工具栏的界面

分析：要实现工具栏的效果，必须要创建 ToolBar 控件和 ImageList 控件，并作相应的关联，详情请参阅本节的相关知识点。

2. 在图 9.16 的基础之上，在窗体底部添加一个状态栏，用于显示当前时间、键盘大小写状态及运行状态，程序运行效果如图 9.17 所示。

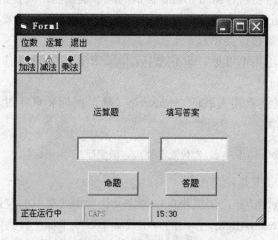

图 9.17 带状态栏的界面

分析：设计状态栏的时候要了解相关的样式，才可以对应具体的值。

【案例目的】

1．理解工具栏和状态栏的基本原理和属性。

2．熟练掌握工具栏和状态栏的应用。

【技术要点】

1．运用案例说明在图 9.13 的基础上增加一个工具栏，使之能快速提供"加法"、"减法"和"乘法"运算类型，程序运行效果如图 9.16 所示。

（1）打开图 9.13 的应用程序。

（2）按照创建 ImageList 的方法（本节后面的相关知识部分），在窗体上建立 ImageList 控件，并从 Windows 98 系统文件夹中取出图片文件 Hlpcd．gif，Hlpbell.gif 和 Hlpglobe.gif（本例采用这三个图片作为按钮的图形），并添加到该控件中。

说明　若用户使用的是 Windows XP，可取系统文件夹下的 Web 子文件夹中的图片文件 Bullet.gif，Exclam.gif 和 Tips.gif 作为按钮的图形，也可以直接查找三个文件名。

（3）按照创建 ToolBar 的方法（本节后面的相关知识部分），在窗体上建立 ToolBar 控件，使之与 ImageList1 相关联；然后在控件中添加"加法"、"减法"和"乘法"三个按钮，并分别取用 ImageList1 中的三个图片。用户界面如图 9.18 所示。

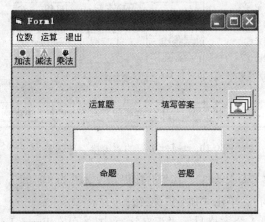

图 9.18　用户界面设计

（4）在原有程序代码的基础上，增加 ButtonClick 事件过程代码如下：

```
Private Sub Toolbar1_ButtonClick(ByVal Button As MSComctlLib.Button)
    Select Case Button.Index
        Case 1
            sel2 = "+"
        Case 2
            sel2 = "-"
        Case 3
            sel2 = "*"
```

```
          End Select
      End Sub
```

此时程序就可以正常运行了。读者可以自测一下。

2．运用案例说明在图 9.13 的基础上增加一个工具栏，在窗体底部添加一个状态栏，用于显示当前时间、键盘大小写状态及运行状态，程序运行效果如图 9.17 所示。

（1）打开图 9.16 对应的程序。

（2）在窗体上创建 StatusBar1 控件。

（3）右击 StatusBar1 控件，从快捷菜单中选择"属性"命令，系统弹出"属性页"对话框。

（4）单击"窗格"选项卡，屏幕显示如图 9.19 所示。

（5）设置第 1 个窗格（索引为 1），"工具提示文本"为"提示信息"，"样式"为"0-sbrText"（即显示文本和位图），其显示内容在运行时由程序代码设置。

（6）设置第 2 个窗格（索引为 2），"工具提示文本"为"大小写状态"，"样式"为"1-sbrCaps"（即显示大小写状态）。

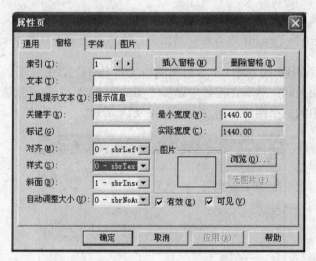

图 9.19　"属性页"的"窗格"选项卡

（7）设置第 3 个窗格（索引为 3），其"工具提示文本"为"时间"，"样式"为"5-sbrTime"（即按系统格式显示时间）。单击"确定"按钮。

（8）要在运行中使第 1 个窗格显示"正在运行中"，可在 Form_Load()事件过程中加入如下代码：

```
StatusBar1.Panels.Item(1)="正在运行中"
```

运行程序，窗体显示如图 9.17 所示。

9.4.2　相关知识及注意事项

1．ActiveX 控件简介

在 Visual Basic 中使用的控件，除了标准控件之外，还有 ActiveX 控件和可插入对象：

ActiveX 控件实际上是一段可重复使用的程序代码和数据。它是由 ActiveX 技术创建的一种控件。ActiveX 控件可以是系统自带的，也可以是第三方厂商提供的，还可以是用户自己开发的。目前有不少现成的 ActiveX 控件，例如，工具栏（ToolBar）、状态栏（StatusBar）、数据组合框（DataCombo）等。各种版本的 Visual Basic 所提供的 ActiveX 控件数量不同，专业版和企业版提供的控件较多。

ActiveX 控件不在 Visual Basic 工具箱中，而是以单独的文件存在，文件扩展名为. Ocx。把 ActiveX 控件添加到工具箱后，这些控件就可以跟标准控件一样使用了。

2．工具栏

工具栏（ToolBar）可以使用户不必到多级菜单中去搜索需要的命令，为用户带来更为快速的操作。

为窗体添加工具栏，应使用工具条（ToolBar）控件和图像列表（ImageList）控件。这两种控件都不是 Visual Basic 的标准控件，而是 Visual Basic 专业版和企业版所特有的 ActiveX 控件，使用时可以将其添加到工具箱中，以便在工程中使用。

创建工具栏的大致步骤如下。

（1）添加 ToolBar 控件和 ImageList 控件。

（2）用 ImageList 控件保存要使用的图形。

（3）创建 ToolBar 控件，并将 ToolBar 控件与 ImageList 控件相关联，创建 Button 对象。

（4）编写 Button 的 Click 事件过程。

具体操作方法如下。

① 在工具箱中添加 ToolBar 控件和 ImageList 控件。

操作方法：在主窗口中选择"工程"菜单中的"部件"命令，系统弹出"部件"对话框，如图 9.20 所示。

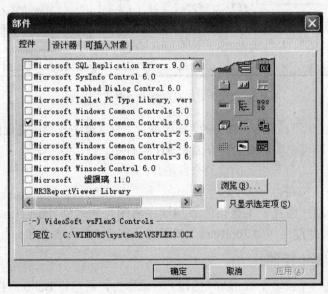

图 9.20　"部件"对话框

选择"控件"选项卡，从其列表框中选中"Microsoft Windows Common Controls 6.0"后

单击"确定"按钮，在工具箱中就会出现 ToolBar，ImageList 等控件。

② 创建 ImageList 控件。

工具栏上的命令按钮都带有图形，而这些按钮本身没有 Picture 属性，不能像其他控件那样用 Picture 属性直接为按钮添加显示图形。ImageList 的作用就像图像的储藏室，可以为有关控件保管所需的图像。工具栏上的命令按钮图形由 ImageList 控件提供。

Image List 不能独立使用，而需要 ToolBar 等控件来读取和显示所存储的图像。ImageList 控件的 ListImage 属性是图像文件的集合，图像文件类型有.bmp，.cur，.ico，.jpg，.gif 等。可通过索引（Index 属性）或关键字（key 属性）来引用每个图像文件。

为 ImageList 控件添加图像，操作步骤如下。

● 在窗体上添加 ImageList 控件（与添加其他控件的做法一样），其名称默认为 ImageList1。

● 右击 ImageList1 控件，选择快捷菜单中的"属性"命令，系统弹出"属性页"对话框。

● 单击"图像"选项卡，屏幕显示如图 9.21 所示。

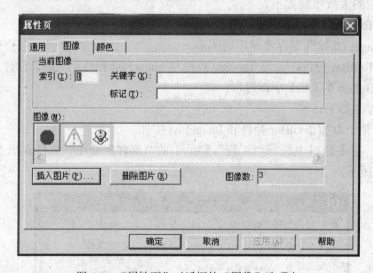

图 9.21　"属性页"对话框的"图像"选项卡

● 单击"插入图片"按钮，在弹出的"选定图片"对话框中找到所需要的图片，单击"打开"按钮，即可把图片添加到 ImageList1 控件中。

● 重复上述操作，直至得到所需的全部图片。

● 单击"确定"按钮。

采用这种方法添加图片，系统按照添加顺序将图片插入到 ImageList1 控件中。一旦 ImageList1 关联到其他控件（如 ToolBar），就不能再删除或插入图片了。

3．创建 ToolBar 控件

ToolBar 控件是一个或多个 Button（按钮）对象集合，通过将 Button 对象添加到 Buttons 集合中，可以创建工具栏。为得到按钮中的图片，还要将 ToolBar 控件与 ImageList 控件相关联。操作步骤如下。

① 在窗体上创建一个 ToolBar 控件，默认名称为 ToolBar1。

② 右击 ToolBar1 控件，从快捷菜单中选择"属性"命令，系统弹出"属性页"对话框。

③ 在"通用"选项卡的"图像列表"中单击下拉箭头，选中所需的 ImageList 控件，如 ImageListl，此时"ImageList1"将显示在"图像列表"框上。

④ 单击"按钮"选项卡，屏幕显示如图 9.22 所示。

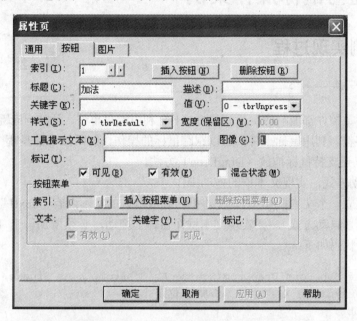

图 9.22　"属性页"对话框的"按钮"选项卡

添加按钮的方法：单击"插入按钮"，设置标题（Caption）、关键字（Key）等属性，设置图像（Image）属性为 ImageList1 控件中图像的索引。例如，命令按钮"加法"要取 ImageList1 控件中的第 1 个图像，则"图像"设置为 1。

⑤ 重复创建其他按钮（先单击"插入按钮"）。

⑥ 单击"确定"按钮。

4．常用事件

工具栏控件的常用事件主要有 ButtonClick 和 Click。

单击工具栏控件时能触发 Click 事件。单击工具栏上的按钮时触发 ButtonClick 事件，并返回一个 Button 参数（见以下过程代码），确认用户单击哪一个按钮。程序中一般都需要对 ButtonClick 事件进行编程，实现各个按钮的特定功能。

5．状态栏

状态栏（StatusBar）通常位于窗体的底部，主要用于显示应用程序的各种状态信息：StatusBar 控件与 ToolBar 控件一样，也属于 ActiveX 控件，其添加到窗体的方法与 ToolBar 相同。

StatusBar 控件由若干个面板（Panel，也称窗格）组成，如图 9.17 所示的状态栏中有 3

个面板，每一个面板包含文本或图片。StatusBar 控件最多能分成 16 个 Panel 对象。

状态栏控件的常用事件有 Click，DblClick，PanelClick 和 PanelDblClick 事件。单击状态栏上某一面板时触发 PanelClick 事件；双击状态栏上某一面板时触发 PanelDblClick 事件。

9.5　键盘与鼠标操作案例

9.5.1　案例实现过程

【案例说明】

窗体和大多数控件都能响应键盘和鼠标事件。利用键盘事件，可以响应键盘的操作!解释和处理 ASCII 字符。利用鼠标事件，可以跟踪鼠标的操作，判断按下的是哪个鼠标键等。此外，Visual Basic 还支持鼠标拖放（DragDrop）方法。

1. 采用自动方式，实现文本框的拖动操作。

在窗体上建立一个文本框 Text1，文本框内存放默认的文本内容"Text1"，把 Dra2Mode 属性值设置为 1（自动方式）。要实现文本框在窗体上拖动，必须增加一个 Form_DragDrop 事件过程，程序代码如下：

```
Private Sub Form_DragDrop(Source As Control, X As Single, Y As Single)
    Source.Move X, Y      '移动对象位置
End Sub
```

2. 采用手动方式，实现文本框的拖动操作。

文本框的 DragMode 属性值设置为 0（手动方式）。

采用的程序代码如下：

```
Private Sub Form_DragDrop(Source As Control, X As Single, Y As Single)
    Source.Move X, Y       '移动对象位置
End Sub
Private Sub Text1_MouseDown(Button As Integer, Shift As Integer, X As Single,Y As Single)
    Text1.Drag 1          '启动"拖动"操作
End Sub

Private Sub Text1_MouseUp(Button As Integer, Shift As Integer, X As Single, Y As Single)
    Text1.Drag 2           '结束"拖动"操作
End Sub
```

3. 把文本框中的选定文本拖放到图片框内显示出来。

程序运行后，用户在文本框内输入文本和用鼠标选定（通过拖动）文本；然后按住鼠标左键，把文本框拖放到图片框内，即可把已选定的文本显示在图片框内。如图 9.23

所示。

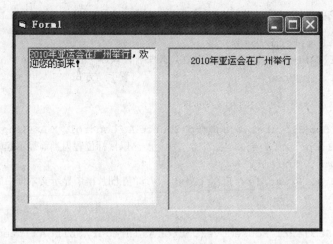

图 9.23　选择拖放

【案例目的】

理解并掌握键盘和鼠标的基本原理和属性及简单应用。

【技术要点】

1. 运用案例说明 1 和 2，它们的设置不变，一个是自动，一个是手动，但效果是一样的，如图 9.24 所示。当程序运行后用鼠标拖动文本框，然后文本框就移到相应的位置。

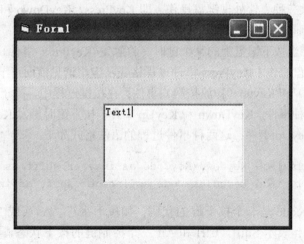

图 9.24　拖动效果

2. 运用案例说明第三部分，把文本框中的选定文本拖放到图片框内显示出来。

（1）在窗体上建立一个图片框（Picture1）和一个文本框（Text1），文本框的 Text 属性为空。

（2）编写程序代码。

功能要求：程序运行后，用户在文本框内输入文本和用鼠标选定（通过拖动）文本；然后按住鼠标左键，把文本框拖放到图片框内，即可把已选定的文本显示在图片框内。

程序代码如下：

```
Private Sub Form_Load()
    Text1.Text = "2010 年亚运会在广州举行，欢迎您的到来！"
    Text1.DragMode = 0                   '置手动方式
End Sub

Private Sub Picture1_DragDrop(Source As Control, X As Single, Y As Single)
Picture1.CurrentX = X                    '以鼠标位置为当前显示起始位置
    Picture1.CurrentY = Y
    Picture1.Print Text1.SelText         '在图片框中显示文本框中的选定内容
End Sub

Private Sub Text1_MouseMove(Button As Integer, Shift As Integer, X As Single,
Y As Single)
    If Button = 1 Then                   'Button 为 1 时，表示按下左键
        Text1.DragMode = 1               '置自动方式
    End If
End Sub
```

9.5.2　相关知识及注意事项

1．键盘事件

Visual Basic 提供三种事件处理键盘操作，即 KeyPress，KeyDown 和 KeyUp 事件。这些事件可用于窗体和其他可接收键盘输入的控件。

Keypress 事件：当按下键盘上的某个键时，将触发 KeyPress 事件。该事件只能处理与 ASCII 字符相关的键盘操作。KeyPress 事件过程格式及应用请见前面章节。

Keydown（按键）和 Keyup（释放按键）事件：在按键过程中，除了触发 KeyPress 事件外，还会触发另外两种事件：KeyDown 和 KeyUp 事件。按下键时触发 KeyDown 事件，放开（释放）键时触发 KeyUp 事件：这两种事件过程的语法格式如下：

```
Private sub 对象名_keydown(KeyCode as integer,shift as integer)
Private sub 对象名_keyup(KeyCode as integer,shift as integer)
```

其中，参数 Keycode 是一个按下键的代码，如按下字符"A"（或"a"）时，KeyCode 的值为 65。参数 Shift 表示 Shift，Ctrl 和 Alt 三个控制键的按下状态，该参数为 1，2 或 4 时，分别表示 Shift 键、Ctrl 键或 Alt 键被按下。参数 Shift 为 0 时表示没有按下任何控制键，为 3 时表示同时按下 Shift 键和 Ctrl 键，为 5 时表示同时按下 Shift 键和 Alt 键，依次类推。

当输入字母"A"（大写）或"a"（小写）时，KeyDown 事件都获得相同的"A"的 ASCII 码（65），因此必须使用 Shift 参数来区分大小写。与此不同的是，KeyPress 事件将字母的大小写作为两个不同的 ASCII 字符码处理。KeyDown 和 KeyUp 事件除了可以识别

KeyPress 事件能识别的键，还可识别键盘上的大多数键，如功能键、编辑键、定位键和数字小键盘上的键。

2. 鼠标事件

除了常用的 Click 和 DblClick 事件外，有些程序还需要对鼠标指针的位置及状态变化作出响应，为此 Visual Basic 提供了鼠标事件 MouseUp，MouseDown 和 MouseMove。当鼠标指针位于窗体上方时，窗体将识别鼠标事件。当鼠标指针在控件上方时，控件将识别鼠标事件。

鼠标事件过程格式：鼠标事件与 Click，DblClick 事件不同的是可以区分鼠标的左、右、中键与 Shift，Ctrl，Alt 键，并可识别和响应各种鼠标状态。鼠标事件过程的语法格式为

```
Private Sub 对象名_鼠标事件(Button As integer, Shift As Integer, X As Single,
Y As Single)
```

说明：

① Button 参数表示哪个鼠标键被按下或释放。用 0，1，2 位分别表示鼠标的左、右、中键，用数字 1 或 0 表示被按下或释放状态，3 个位的二进制数转换成十进制数就是 Button 的值。例如，同时按下左、右键，会产生数值 $3((011)_2=1+2)$。

② Shift 参数表示当鼠标键被按下或释放时，Shift，Ctrl，Alt 键的按下或释放状态。用 0，1，2 位表示 Shift，Ctrl，Alt 键。3 个位的二进制数转换成十进制数就是 Shift 参数值（也允许同时按下两个键）。

③ X，Y 表示鼠标指针的当前坐标位置。

3. 鼠标属性

（1）MouseDown 和 MouseUp 事件：当按下鼠标任意键时发生 MouseDown 事件，放开鼠标键时发生 MouseUp 事件。

例如，下列事件过程将 MouseDown 事件与 Move 方法结合起来使用，用鼠标指针的位置决定按钮的新位置，这样可把命令按钮移动到窗体的不同位置：

```
Private Sub Form_MouseDown(Button As Integer, Shift As Integer, _
                          X As Single,Y AS Single)
    Commandl. Move X, Y
End Sub
```

（2）MouseMove 事件：当移动鼠标时发生 MouseMove 事件。伴随鼠标指针在对象上移动，该事件会连续不断地产生。

在该事件过程格式中，Button 参数与 MouseDown，MouseUp 中的 Button 参数不同，它表示的是所有鼠标键的当前状态，而 MouseDown 和 MouseUp 事件的 Button 值无法检测是否同时按下两个以上的键。

（3）改变鼠标指针的形状：在 Windows 环境中，当位置和操作状态不同时，鼠标指针形状也有所差异。例如，当鼠标指针处于窗体边框时，指针形状为双箭头形；处于等待状态时，

鼠标指针形状为沙漏形，等等。在 Visual Basic 中，可以通过 MousePointer 和 MouseIcon 属性来设置鼠标指针形状。

对象的 MousePointer 属性用于设置鼠标指针的形状。该属性是一个整数，可以取 0～15。例如，要使鼠标指针经过文本框时，指针形状改变为十字线，可以采用

```
Text1.MousePointer=2
```

当 MousePointer 属性值为 99 时，可以使用 MouseIcon 属性来确定鼠标指针的形状。

4．拖放操作

"拖放"（DragDrop）就是使用鼠标将对象从一个地方拖动到另一个地方再放下，它可以分解为两个操作：一个是发生在源对象的"拖"（Drag）操作，另一个是发生在目标对象上的"放"（Drop）操作。

属性介绍如下。

（1）DragMode 属性：用于设置拖放方式。若 DragMode 属性设置为 1，则启用自动方式，它允许用户采用鼠标拖放源对象到目标对象上。当释放鼠标按钮时，在目标对象上产生 DragDrop 事件。若 DragMode 属性设置为 0（默认），启用手动方式，此时必须通过代码来设定拖放操作何时开始和结束。

（2）DragIcon 属性：设置拖放操作时显示的图标，默认情况下是将源对象的灰色轮廓作为拖动图标。

事件介绍如下。

（1）DragDrop 事件：本事件当一个完整的拖放动作完成时触发。它可用来实现在拖放操作完成时要进行的处理。其事件过程的语法格式为：

```
Private Sub 对象_DragDrop(Source As Control, X As Single, Y As Single)
```

其中：Source 表示正在被拖动的源对象，X，Y 表示鼠标指针在目标对象中的坐标。

（2）DragOver 事件：当源对象被拖动到目标对象上时，在目标对象上会触发 DragOver 事件。本事件先于 DragDrop 事件。DragOver 可用来设置被拖动对象放在目标对象上之前的状态，如加亮目标，显示一个特定的拖动指针等。其事件过程的语法格式为

```
Private Sub 对象_DragOver(Source As Control, X As Single, Y As Single, State
as Integer)
```

其中：State 参数是一个 0，1 或 2 的整数。0 表示进入，即源对象正进入目标对象内；1 表示离开，即源对象正在离开目标对象；2 表示跨越，即源对象在目标对象范围内移动位置。

5．方法

常用的有 Drag 方法。Drag 方法的语法格式为：

```
对象.Drag[动作]
```

"动作"取值为 0 时，表示取消拖动操作；取值为 1 时，启动拖动操作；取值为 2 时，

结束拖动操作。

9.6　对话框和文件系统操作案例

9.6.1　案例实现过程

【案例说明】

1．在窗体上添加一个通用对话框和一个"打开"命令按钮，当单击"打开"按钮时，弹出一个"打开文件"对话框。当程序运行效果如图 9.25 所示，单击"打开"按钮，系统默认打开 C 盘，如图 9.26 所示。

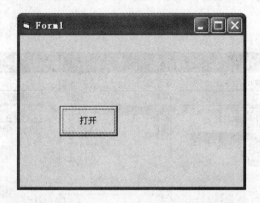

图 9.25　程序运行界面

图 9.26　打开 C 盘

2．"字体"对话框应用示例。

在文本框中输入一段文字，单击命令按钮后，通过"字体"对话框来设置文本框中显示的字体、大小、字形、样式等。当单击"打开"按钮时，弹出一个"打开文件"的对话框。

当程序运行效果如图 9.27 所示，选择各项参数然后单击"确定"按钮，如图 9.28 所示，这时就可以控制文本框中的文字。

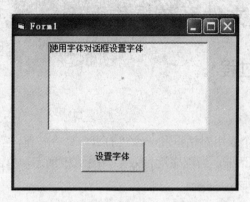

图 9.27　程序设计界面

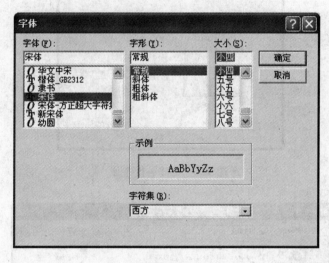

图 9.28　"字体"对话框

3．改变驱动器列表框中的驱动器，文件夹列表框中显示的文件夹应同步改变。同样，文件夹列表框中的文件夹改变，文件列表框也应同步改变。程序运行效果如图 9.29 所示。

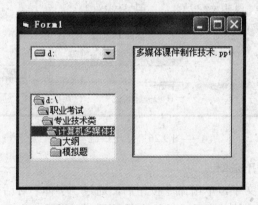

图 9.29　文件系统控件组合运用

【案例目的】

1. 理解并掌握键盘和鼠标的基本原理和属性及简单应用。
2. 理解并掌握文件系统控件的运用。

【技术要点】

1. 运用案例说明第一部分，在窗体上添加一个通用对话框和一个"打开"命令按钮，当单击"打开"按钮时，弹出一个"打开文件"的对话框。程序运行效果如图 9.25 所示，单击"打开"按钮，然后默认打开 C 盘，如图 9.26 所示。

（1）按照添加通用对话框方法（本节后面的相关知识），把 CommonDialog（通用对话框）控件添加到工具箱中。然后在窗体上添加 CommonDialog 控件，其默认名称为 CommonDialog1。

（2）在窗体上添加一个命令按钮 Command1，其 Caption 属性为"打开"。用户界面如图 9.30 所示。

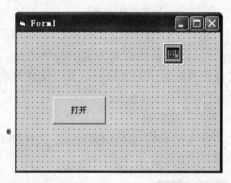

图 9.30　用户界面

（3）编写"打开"命令按钮 Command1 的单击事件过程，程序代码如下：

```
Private Sub Command1_Click()
    CommonDialog1.DialogTitle = "打开文件"
    CommonDialog1.Filter = "全部文件|*.*|文本文件|*.Txt"   '设置文件过滤器
    CommonDialog1.InitDir = "C:"                '设置默认文件夹
    CommonDialog1.ShowOpen                      '显示"打开"对话框
End Sub
```

说明：

程序运行后，单击"打开"按钮，系统将弹出如图 9.26 所示的对话框。从"文件类型"框中可以看到文件过滤器的效果。

当用户选定了文件并关闭对话框后，可以从控件的 FileName 属性中获取选定的路径及文件名。该对话框只为用户提供了一个用于选择文件的界面，并不能真正打开文件，打开文件的具体处理工作只能由编程完成。

2. 运用案例说明第二部分，设计"字体"对话框应用示例。
设计步骤如下。

（1）建立用户界面及设置对象属性。在窗体上建立一个通用对话框 CommonDialog1、一个文本框 Text1 和一个命令按钮 Command1，如图 9.31 所示。文本框 Text1 中的内容为"用字体对话框设置字体"，命令按钮 Command1 的标题为"设置字体"。

（2）编写程序代码。

"设置字体"命令按钮 Command1 的单击事件过程代码如下：

```
Private Sub Command1_Click()
    CommonDialog1.Flags = cdlCFScreenFonts
    CommonDialog1.ShowFont
    Text1.FontName = CommonDialog1.FontName
    Text1.FontSize = CommonDialog1.FontSize
    Text1.FontBold = CommonDialog1.FontBold
    Text1.FontItalic = CommonDialog1.FontItalic
End Sub
Private Sub Form_Load()
    Text1.Text = "用字体对话框设置字体"
End Sub
```

3．运用案例说明第三部分，改变驱动器列表框中的驱动器，文件夹列表框中显示的文件夹应同步改变。同样，文件夹列表框中的文件夹改变，文件列表框也应同步改变。

设计步骤如下。

1）创建用户界面

在窗体中分别建立一个文件夹列表框（DirListBox）、文件列表框（FileListBox）和驱动器列表框（DriveListBox）如图 9.32 所示。

图 9.31　界面设计

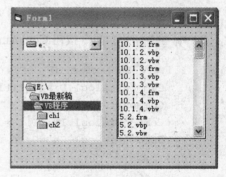

图 9.32　用户界面设计

2）编写程序代码

```
Private Sub Dir1_Change()        'DirListBox 控件的 Change 事件
    File1.Path = Dir1.Path       'FileListBox 控件名为 File1
End Sub
Private Sub Drive1_Change()      'DriveListBox 控件的 Change 事件
    Dir1.Path = Drive1.Drive     'DirListBox 控件名为 Dir1
End Sub
```

当这三种控件组合使用时，改变驱动器列表框中的驱动器，文件夹列表框中显示的文件夹应同步改变。同样，文件夹列表框中的文件夹改变，文件列表框也应同步改变。

9.6.2　应用扩展

在窗体上画一个名称为 Command1 的命令按钮，标题为"另存为"，再画一个名称为"CD1的通用对话框"，程序运行后，如果单击命令按钮，则弹出"打开文件"对话框。请按下列要求设置属性和编写代码。

（1）设置适当属性，使对话框的标题为"另存为"。

（2）设置适当属性，使对话框的"保存类型"下拉式组合框中有二行："文本文件"和"所有文件"，如图 9.33 所示，默认的类型是"所有文件"。

（3）编写命令按钮事件过程，使得单击可以弹出"打开文件"对话框。

（4）程序中不得使用变量，事件过程中只能写一条语句。

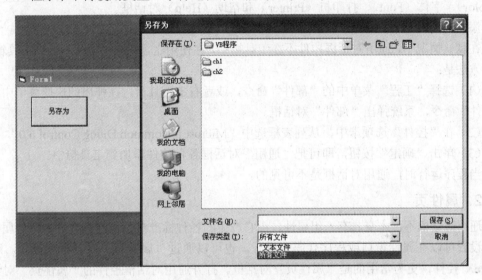

图 9.33　运行效果

分析：首先按试题要求在窗体上画一个命令按钮和加载一个"通用"对话框，并分别将它们的属性按表 9.1 的内容进行设置。

1）设置属性

表 9.1　属性设置

对　　象	对 象 名	属 性 名	属 性 值
窗体	Form1	Caption	Form1
命令按钮	Command1	Caption	另存为
"通用"对话框	CD1	dialogTitle	另存为
		Filter	"文本文件|"*.txt"|所有文件|*.*"
		Filterindex	

2）编写代码

```
Private Sub Command1_Click()
```

```
    CD1.ShowSave
End Sub
```

9.6.3 相关知识及注意事项

在图形用户界面中，对话框（DialogBox）是应用程序与用户交互的主要途径。可以使用以下三种对话框：①预定义对话框（使用函数 InputBox 和 MsgBox 来实现）；②通用对话框；③用户自定义对话框。

1．通用对话框

在 Visual Basic 中通用对话框（CommonDialog，也称公共对话框）是一种 ActiveX 控件，利用它能够很容易地创建下列 6 种标准对话框：打开（Open）、另存为（Save As）、颜色（Color）、字体（Font）、打印机（Printer）和帮助（Help）对话框。

添加通用对话框控件

在默认情况下，通用对话框控件不在工具箱中，在使用之前，应先将其添加到工具箱中。具体方法是：

（1）选择"工程"菜单中的"部件"命令，或者右击工具箱，在弹出的快捷菜单中选择"部件"命令，系统弹出"部件"对话框。

（2）在"控件"选项卡中，从列表框选中"Microsoft Common Didog Control 6.0"。

（3）单击"确定"按钮，即可把"通用"对话框各种控件添加到工具箱中。

当程序运行时，通用对话框是不可见的。

2．属性页

通用对话框不仅本身具有一组属性，由它产生的各种标准对话框也拥有许多特定属性。属性设置可以在属性窗口或程序代码中进行，也可以通过"属性页"对话框来设置。对于 ActiveX 控件，更为常用的是"属性页"对话框。打开通用对话框控件的"属性页"对话框的步骤如下：

（1）用鼠标右击窗体上放置的通用对话框控件，从弹出的快捷菜单中选择"属性"命令，打开"属性页"对话框，如图 9.34 所示。

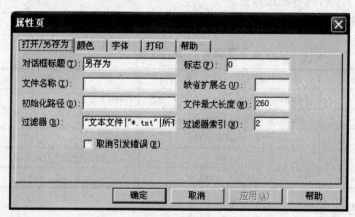

图 9.34 "属性页"对话框

（2）对话框中有 5 个选项卡，选择不同的选项卡，就可以对不同类型的对话框进行属性设置。

3．通用对话框的基本属性和方法

（1）Name 属性：该属性设置通用对话框的名称，默认名称为 CommonDialogl，CommonDialog2，…

（2）Action 属性：该属性直接决定打开哪种对话框。共有 7 种属性值，如表 9.2 所示。

表 9.2　设置 Action 属性值

对话框类型	Action 属性值	方　　法
无对话框	0	
"打开"对话框	1	ShowOpen
"另存为"对话框	2	ShowSave
"颜色"对话框	3	ShowColor
"字体"对话框	4	ShowFont
"打印"对话框	5	ShowPrinter
"帮助"对话框	6	ShowHelp

注意　Action 属性不能在属性窗口内设置，只能在程序运行中通过代码设置。

例如，利用通用对话框 CommonDialogl 产生一个"打开"对话框，可以执行下列语句：

CommonDialogl.Action=1

或 CommonDialogl.ShowOpen

（3）DialogTitle 属性：该属性用于设置对话框的标题。

（4）ConcelError 属性：该属性表示用户在使用对话框进行对话时，单击"取消"按钮是否产生错误信息。属性值为 True 时，单击"取消"按钮会出现错误警告；为 False 时，单击"取消"按钮不会出现错误警告。

（5）通用对话框的方法：通用对话框的常用方法如表 9.2 所示。利用这些方法，可以打开特定类型的对话框。

4．"打开"对话框

在程序中将通用对话框的 Action 属性设置为 1，或用 ShowOpen 方法打开，则弹出"打开文件"对话框，如图 9.35 所示。

"打开文件"对话框的属性除了包括通用对话框的基本属性外，还有其自身特有的属性。

（1）FileName 属性：本属性用来设置或返回对话框中用户选定的路径和文件名。

（2）FileTitle 属性：本属性返回要打开的文件的文件名（不含路径）。

（3）Filter 属性：Filter 称为过滤器，它指定文件列表框中所显示的文件的类型，格式为描述符｜类型通配符，若需设置多项，应采用管道符"｜"分隔。

图 9.35　"打开文件"对话框

例如，下列语句将在对话框的文件类型列表框中显示 Word 文档文件和 Excel 工作簿文件：

```
CommonDialogl.Filter="Word 文档文件(*.doc)|*.doc|Excel 工作簿文件(*.xls) |*.xls"
```

（4）Filterindex 属性：当用 Filter 属性为对话框设定了多项过滤器时，Filterindex 属性用于指定第 n 项为默认过滤器。

（5）IniDir 属性：本属性用于指定初始文件目录。默认时显示当前文件夹。

5. "另存为"对话框

在程序中将通用对话框控件的 Action 属性设置为 2，或用 ShowSave 方法打开，则弹出"另存为"对话框。该对话框可供用户选择或输入所要保存文件的路径、主文件名和扩展名。除对话框的标题不同外，"另存为"对话框在外观上与"打开"对话框相似。

6. "颜色"对话框

在程序中将通用对话框控件的 Action 属性设置为 3，或用 ShowColor 方法打开，则弹出"颜色"对话框。该对话框可供用户选择颜色，并由对话框的 Color 属性返回或设置选定的颜色。

7. "字体"对话框

在程序中将通用对话框控件的 Action 属性设置为 4，或用 ShowFont 方法打开，则弹出"字体"对话框。该对话框可供用户选择字体，包括所用字体的名称、样式、大小、效果及颜色。

"字体"对话框除了具有通用对话框的基本属性外，还有下面几个常用的属性。

（1）Color 属性：该属性表示字体的颜色。当用户在颜色列表框中选定某种颜色时，该颜色值被赋给 Color 属性。

（2）FontName 属性：该属性是用户所选定的字体名称。

（3）FontSize 属性：该属性是用户所选定的字体大小。

（4）FontBold，FontItalic，FontStrikethru，FontUnderline 属性：这些属性分别用于设置粗体、斜体、删除线、下画线，这些属性均为逻辑值（True 或 False）。

（5）Min，Max 属性：这两个属性规定了用户可选字体大小的范围。属性值以点（Point，一个点的高度是 1 / 72 英寸）为单位。

（6）Flags 属性：在显示"字体"对话框之前必须设置 Flags 属性，否则会发生不存在字体的错误。Flags 属性的取值见表 9.3。

表 9.3　"字体"对话框中的常用 Flags 属性值

符 号 常 量	值	说 明
CdlCFScreenFonts	&H1	显示屏幕字体
CdlCFPrinterFonts	&H2	显示打印机字体
CdlCFBoth	&H3	显示屏幕字体和打印机字体

说明　如果要同时使用多个属性设置，可以把相应的值相加。例如，既要显示屏幕字体，又要显示颜色组合框，应将 Flags 值设置为 257（即 1+256）。

8."打印"对话框

在程序中将通用对话框控件的 Action 属性设置为 5，或使用 ShowPrinter 方法，则弹出"打印"对话框。该对话框可供用户设置打印范围、打印份数、打印质量等打印参数："打印"对话框除了基本属性外，还有 Copies（打印份数）、FromPage（起始页码）、Topage（终止页码）等属性。

9."帮助"对话框

在程序中将通用对话框控件的 Action 属性设置为 6，或以 ShowHelp 方法打开对话框，就会显示"帮助"对话框。它使用 Windows 标准的帮助窗口，为用户提供在线帮助。

10．自定义对话框

如果用户所需要的对话框不能由 Visual Basic 现成的函数或控件组成，那么只能自己创建对话框了。创建自定义对话框就是建立一个窗体，在窗体上根据需要放置控件，通过设置控件属性值来定义窗体的外观。

因为对话框没有控制菜单按钮（标题栏左侧）和最大化、最小化按钮，不能改变其大小，所以需要设置对话框的属性，对话框属性见表 9.4。

表 9.4　对话框属性设置

属 性	值	说 明
BorderStyle	3	固定边框，不能改变大小
ControlBox	False	取消控制菜单按钮
MaxButton	False	取消最大化
MinButton	False	取消最小化

用窗体自定义对话框，一般步骤如下。

（1）向工程添加窗体。

（2）在窗体上创建其他控件对象，定义对话框的外观。

（3）设置窗体和控件对象的属性。

（4）在代码窗口中创建事件过程。

11. 文件系统控件

为方便用户使用文件系统，Visual Basic 工具箱中提供了三种文件系统控件：驱动器列表框（DriveListBox）、文件夹列表框（DirListBox）和文件列表框（FileListBox）。这三种控件可以单独使用，也可以组合使用。如图 9.35 所示为三种控件组合使用的情况。

（1）驱动器列表框：通过这个下拉列表框，可以选择一个驱动器：默认情况下顶端突出显示系统当前的驱动器名称。

（2）文件夹列表框：用于显示一个磁盘的文件夹结构。

（3）文件列表框：用于显示当前文件夹下的所有文件名。

常用属性介绍如下。

（1）DriveListBox 控件的 Drive 属性：用于指定出现在列表框顶端的驱动器（即当前驱动器）通过在程序代码中设置或在运行中单击驱动器列表框选项，可以改变 Drive 属性，以选定驱动器。

（2）Path 属性：本属性可用于 DirListBox 控件和 FileListBox 控件，只能在程序代码中设置，格式为

　　　　对象. Path=路径

（3）FileListBox 控件的 Pattern 属性：用于在程序运行时设置 FileListBox 中要显示的文件类型。例如：

　　　　File1. Pattern="*. Exe"

（4）FileListBox 控件的 FileName 属性：该属性用来在文件列表框中设置或返回某一选定的文件名称，可以带有路径和通配符，因此可用它设置 Drive，Path 或 Pattern 属性。

（5）List 属性：该属性中含有列表框中所有项目的数组，可用来设置或返回各种表中的某一项目。格式为：

　　　　[窗体.]控件. List（索引值）

这里的"控件"可以是驱动器列表框、目录列表框或文件列表框。"索引值"是某种列表框中项目的下标（从 0 开始）。

（6）ListIndex 属性：本属性可以用于这三种文件系统控件，用来设置或返回当前控件上所选择的项目的索引值。

DriveListBox 和 FileListBox 中列表框的第一项索引值从 0 开始。当 FileListBox 没有文件显示时，ListIndex 属性值为-1。

（7）ListCount 属性：本属性可以用于这三种文件系统控件，返回控件内所列项目的总数。

常用事件介绍如下。

这三种文件系统控件的事件见表 9.5。

表 9.5　文件系统控件的常用事件

控 件 名	事 件	触 发 条 件
DriveListBox	Change	选择新驱动器或修改 Drive
DirListBox	Change	双击新文件夹或修改 Path 属性
FileListBox	PathChangePatternChange	设置文件名或修改 Pattern 属性设置文件名或修改 Pattern 属性

当这三种控件组合使用时，改变驱动器列表框中的驱动器，文件夹列表框中显示的文件夹应同步改变。同样，文件夹列表框中的文件夹改变，文件列表框也应同步改变。

9.7　本章实训

一、实训目的

1．理解框架、滚动条、图形方法和图形控件、菜单的设计和运用、工具栏和状态栏、对话框和文件系统控件基本属性。

2．熟练掌握框架、滚动条、图形方法和图形控件、菜单的设计和运用、工具栏和状态栏、对话框和文件系统控件的基本应用。

二、实训步骤及内容

1．在 Form1 窗体上画一个名称为 HS1 的水平滚动条，其刻度值范围为 1～100；画一个命令按钮，名称为 C1，标题为"移动滚动框"。请编写适当的事件过程，使得在运行时，每单击命令按钮一次，滚动框向右移动 10 个刻度，并把刻度数显示在文本框内。运行时的窗体如图 9.36 所示。

图 9.36　运行效果

要求程序中不得使用变量，事件过程中只能写两条语句。

分析：先按试题要求在窗体上画出一个水平滚动条、命令按钮、标签框和文本框，并分别将它们的属性按表 9.6 的内容进行设置（读者要根据题的要求完成这个表），滚动条的滚动框位置和其 Value 属性值是对应的，即当改变 Value 值时，滚动框也在移动。

表 9.6   控件的相关属性

对　　象	对 象 名	属 性 名	属 性 值
窗体	Form1	Caption	Form1
水平滚动条	HS1	Min	1
		Max	100
命令按钮	C1	Caption	

编写程序代码：

```
Private Sub C1_Click()
    HS1.Value = HS1.Value + _____
    Text1.Text = HS1.Value
End Sub
```

2. 按以下步骤进行程序设置操作：

在窗体上画三个文本框 Text1、Text2 和 Text3，以及代码。请完成以下工作。

（1）在属性窗口中修改 Text3 的适当属性，使其在运行时不显示，窗体如图 9.37 所示。

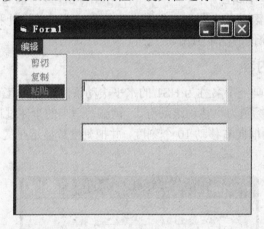

图 9.37   程序运行界面

（2）建立下拉式菜单，设置见表 9.7。

表 9.7   菜单设置

标　　题	名　　称
编辑	Edit
剪切	Cut
复制	Copy
粘贴	Paste

（3）窗体文件中给出了所有事件过程，但不完整，请把空白的地方加上适当的内容，以便实现以下功能：当光标所在的文本中无内容时，"剪切"、"复制"不可用，否则可以把该文

本框中的内容剪切或复制到 Text3 中；若 Text3 中无内容，则"粘贴"不能用，否则可以把 Text3 的内容粘贴在光标所在的文件框中的内容之后。

说明　不能修改程序中的其他部分，各菜单的标题名称必须正确。

分析：按表 9.8 的内容建立菜单，菜单项是否有效由 Enabled 属性值来确定，True 为有效，False 为无效。空字符串""用来清除文本框中的内容和判断文本框中是否有内容。当文本框得到焦点时，会产生 GotFocus 事件。变量 which 的作用是记录哪个文本框最后一次得到了焦点，即当前被激活的文本框。

具体实现步骤如下。

（1）在属性窗口中将 Text3 文本框中的 Visible 属性设置为 False，运行时 Text3 控件就不会显示。

（2）菜单项的属性设置见表 9.8。

表 9.8　菜单项的属性设置

标　题	名　称	内缩符号	可见性
编辑	Edit	无	True
剪切	Cut	1	True
复制	Copy	1	True
粘贴	Paste	1	

（3）程序代码如下。

```
Dim which As Integer

Private Sub copy_Click()
    If which = 1 Then
        Text3.Text = Text1.Text
    ElseIf which = 2 Then
        Text3.Text = Text2.Text
    End If
End Sub

Private Sub cut_Click()
    If which = 1 Then
        Text3.Text = Text1.Text
        Text1.Text = ""
    ElseIf which = 2 Then
        Text3.Text = Text2.Text
        Text2.Text = ""
    End If
End Sub

Private Sub edit_click()
    If Text1.Text = "" Then
```

```
        If Text1.Text = "" Then
            cut.Enabled = False
            copy.Enabled = False
        Else
            cut.Enabled = True
            copy.Enabled = True
        End If
    ElseIf which = 2 Then
        If Text2.Text = "" Then
            cut.Enabled = False
            copy.Enabled = False
        Else
        cut.Enabled = True
        copy.Enabled = True
        End If
    End If
    If Text3.Text = "" Then
        paste.Enabled = False
    Else
        paste.Enabled = True
    End If

End Sub

Private Sub paste_Click()
    If which = 1 Then
        Text1.Text = _____
    ElseIf which = 2 Then
        Text2.Text = _____
    End If
End Sub

Private Sub Text1_GotFocus()
    which = 1          '本过程的作用是：当焦点在 Text1 中时，which=1
End Sub
Private Sub Text2_GotFocus()
    which = 2          '本过程的作用是：当焦点在 Text2 中时，which=2
End Sub
```

3. 在窗体上有一个文本框，名称为 Text1，可以多行显示；有一个名称为 CD1 的通用对话框；还有三个命令按钮，名称分别为 C1、C2 和 C3，标题分别为"打开文件"、"转换"和"存盘"，如图 9.35 所示。

命令按钮的功能是："打开文件"弹出打开文件对话框，默认打开文件的类型为"文本文件"。选择 C 盘的 in5.txt（读者可以自创建一个含有小写字母的 in5.txt 文件）文件后，该文件中的内容显示在 Text1 中；"转换"把 Text1 中的所有小写英文字母转换成大写；"存盘"把 Text1 中的内容存入 C 盘下名字为 out5.dat 的文件中。在窗体中已给出了部分程序，要求如下。

（1）请把代码中的空白地方补全，但不能修改程序中的其他部分，也不能修改控件属性。

（2）编写"转换"按钮的 Click 事件过程。

程序实现步骤如下。

（1）程序运行后如图 9.38 所示，单击"打开文件"按钮。

（2）打开了通用对话框，并选择 in5.txt 文件，如图 9.39 所示。

图 9.38 程序运行效果

图 9.39 "打开"对话框界面

（3）打开后，如图 9.40 所示。即打开 in5.txt 文件内容。

（4）"转换"并"存盘"，此时一是文件内容大写，如图 9.41 所示，二是在 C 盘有一个 out5.dat 文件。

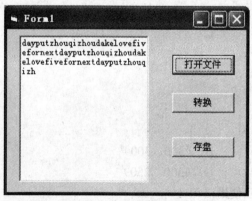

图 9.40 打开 in5.txt 文件

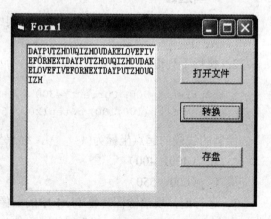

图 9.41 转换为大写

（5）编写程序代码。

```
Private Sub C1_Click()
    Dim a As String
    CD1.Filter = "所有文件|*.*|文本文件|*.txt|word文件|*.doc"
    CD1.FilterIndex = _____
```

```
        CD1.Action = 1
        Open CD1.FileName For Input As #1
        Input #1, _____
        Close #1
        Text1.Text = a
    End Sub

    Private Sub C2_Click()
        Text1.Text = UCase(Text1.Text)
    End Sub

    Private Sub C3_Click()
        CD1.FileName = "out5.dat"
        CD1.Action = 2
        Open CD1.FileName For Output As 1
        Print #1, Text1.Text
        Close #1
    End Sub
```

三、实训总结

根据操作实际情况，写出实训报告。

9.8 习题

一、单选题

1. 如果有 3 组单选按钮建立在 3 个框架中，运行时可以同时选中（   ）个单选按钮。

   A. 1   B. 2   C. 3   D. 4

2. 执行下列语句

   ```
   CurrentX=300: CurrentY=300
   Line Step(100,100)—Step(200,150)
   ```

   绘制的线段的起点坐标为（   ），终点坐标为（   ）。

   A.（400，400）   B.（300，300）

   C.（600，550）   D.（300，250）

3. 运行时，要清除图片框 Pict1 中的图像，应使用语句（   ）。

   A. Picture1.Picture=" "   B. Picture1.Picture=LoadPicture()

   C. Pict1.Picture=" "   D. Pict1.Picture=LoadPicture()

4. 运行时，要在图片框 Picture1 中显示"Good Morning"，应使用语句（   ）。

   A. Picture1. Picture=LoadPicture（Good Morning）

   B. Picture1. Picture=IOadPicture（Good Morning）

   C. Picture1. Picture "Good Morning"

   D. Print "Good Morning"

5. 通过设置 Shape 控件的（　　）属性可以绘制多种形状的图形。

  A. Shape   B. BorderStyle   C. FileStyle   D. Style

6. 下列关于菜单的论述中，错误的是（　　）。

  A. 每个菜单项都是一个控件，与其他控件一样也有其属性和事件

  B. 菜单项只能识别 Click 事件

  C. 不能在顶层菜单上设置快捷键

  D. 在程序运行过程中，不可以重新设置菜单项的 Visible 属性

7. 在 KeyDown 和 KeyUp 事件过程中，当参数 Shift 为 6 时，代表同时按下（　　）和（　　）键。

  A. Ctrl   B. Shift   C. Enter   D. Alt

8. 在 MouseDown 和 MouseUp 事件过程中，当参数 Button 为 1 时，代表按下（　　）键。

  A. 左   B. 右   C. 中   D. 没有按键

9. 编写以下三个事件过程：

```
Private Sub Form_KeyUp(KeyCode As Integer, Shift As Integer)
    Print Chr(KeyCode);
 End Sub
 Private Sub Form_KeyDown(KeyCode As Integer, Shift As Integer)
    Print Chr(KeyCode+1);
End Sub
Private Sub Form_KeyPress(KeyAscii As Integer)
    Print Chr(KeyAscii+2);
End Sub
```

运行程序后，直接输入"a"字符，则程序输出（　　）。

  A. ACb   B. BcA   C. ABc   D. bCa

10. 当改变驱动器列表框的 Drive 属性值时，将激发（　　）事件。

  A. Change   B. Scroll   C. KeyDown   D. KeyUP

11. 在文件列表框中，用于设置或返回所选文件的路径和文件名的属性是（　　）。

  A. File   B. FilePath   C. Path   D. FileName

二、填空题

1. 在窗体上放置一个滚动条 Hscroll1 和一个文本框 Text1，要使每次单击滚动条两端箭头、单击滚动条的滚动块与两端箭头之间的空白区域及拖动滚动条的滚动块时，文本框内容能够反映滚动条的值，请完善以下程序代码。

```
Private Sub Hscrolll___(1)___()
    Textl. Text=Hscrolll.___(2)___
End Sub
Private Sub Hscrolll___(3)___()
    Text1. Text=Hscroll.___(4)___
End Sub
```

2. 在窗体上放置三个图片框 P1，P2 及 P3，假设图片框 P1 及 P2 已经装入图片，P3 为

空图片框，现要交换图片框 P1 及 P2 中的图片，请补充以下程序代码。

```
Private Sub Commmand1 __Click()      '单击 Commmand1 按钮后交换图片
    P3. Picture=____(1)____
    P1. Picture=____(2)____
    ____(3)____
    P3. Picture=LoadPicture()
End Sub
```

3. 弹出式菜单在____(1)____中设计，且一定要使其____(2)____层菜单项不可见；要显示弹出式菜单，可以使用____(3)____方法。

9.9　本章小结

有时窗体上有很多控件，为了把控件分成若干组，可采用框架（Frame）控件。框架的主要作用是，作为容器放置其他控件对象，将这些控件对象分成可标识的控件组，框架内数据文件的结构的所有控件将随框架一起移动、显示和消失。

菜单对我们来说非常熟悉，在各种 Windows 应用程序中常常用到它。应用程序通用菜单为用户提供一组命令。从应用的角度看，菜单一般分为两种：下拉式菜单和弹出式菜单。

在 Windows 应用程序中，普遍使用了工具栏和状态栏。要在 Visual Basic 应用程序的窗体中添加工具栏和状态栏，可以使用 ActiveX 控件 ToolBar 和 StatusBar 来实现。

窗体和大多数控件都能响应键盘和鼠标事件。利用键盘事件，可以响应键盘的操作解释和处理 ASCII 字符。利用鼠标事件，可以跟踪鼠标的操作，判断按下的是哪个鼠标键等。此外，Visual Basic 还支持鼠标拖放（DragDrop）方法。

在图形用户界面中，对话框（DialogBox）是应用程序与用户交互的主要途径。可以使用以下三种对话框：

（1）预定义对话框（使用函数 InputBox 和 MsgBox 来实现）；

（2）通用对话框；

（3）用户自定义对话框。

为方便用户使用文件系统，Visual Basic 工具箱中提供了三种文件系统控件：驱动器列表框（DriveListBox）、文件夹列表框（DirListBox）和文件列表框（FileListBox）。这三种控件可以单独使用，也可以组合使用。

第 10 章　访问数据库

学习目标：数据库技术是最近三十多年以来发展最快的计算机软件技术，并且已经渗透到各个领域。对于大量的数据，使用数据库来存储管理将比通过文件来存储管理有更高的效率。Visual Basic 不但是一个高效快速开发 Windows 程序的强大工具，而且也是开发功能完善的数据库应用程序的出色工具，它将 Windows 的各种先进特性与强大的数据库管理功能有机地结合在一起。

通过本章的学习，主要掌握以下内容：
● 关系数据库的基本概念；
● Visual Basic 访问数据库的基本方法及利用 Data 控件和 ADO 数据控件访问数据库的方法；
● 建立数据库的方法及步骤；
● Data 控件的常用属性、事件及方法；
● 利用 Data 控件及 ADO 数据控件访问数据库的基本方法。

学习重点与难点：掌握各个控件的运用和设计既是重点又是难点。

10.1　Visual Basic 数据库管理器案例

10.1.1　案例实现过程

【案例说明】

在使用 Visual Basic 编写数据库应用程序的时候，需要建立数据库，浏览数据库的记录和对数据库进行添加、删除和修改等操作。如果没有 Access 数据库系统，那么 Visual Basic 提供了一个非常实用的工具程序，即可视化数据管理器（Visual Data Manager），使用它可以方便地建立数据库、数据表和数据查询。可以说，凡是有关数据库的操作，都能使用它来完成，并且由于它提供了可视化的操作界面，因此很容易掌握。

建立一个数据库应具体学会：启动数据库管理器、建立数据库添加数据表、建立数据表结构、修改数据库结构和数据表中数据的编辑。最后完成对数据记录的输入、修改与删除等操作。

【案例目的】

熟练掌握可视化数据管理器的运用及操作方法。

【技术要点】

应用程序设计步骤如下。

建立一个数据库。

1. 启动数据库管理器

在 Visual Basic 集成环境中，单击"外接程序"菜单下的"可视化数据库管理器"命令或在操作系统桌面上运行 Visual Basic 系统目录中的 VisData.exe，即可打开可视化数据库管理器 VisData 窗口，如图 10.1 所示。

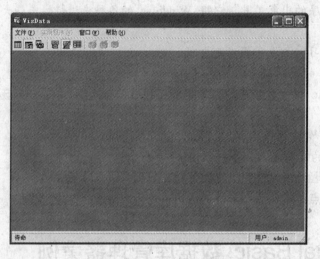

图 10.1　可视化数据库管理器窗口

2. 建立数据库

建立数据库的步骤如下。

（1）选择"文件"|"新建"菜单项，打开一个子菜单，列出如下可选数据库类型。

① Microsoft Access：Microsoft Access（Version 2.0 或 7.0）.mdb

② dBASE：dBASE（Version 5.0，Ⅳ或Ⅱ）数据库

③ FoxPro：FoxPro（Version 3.0，2.6，2.5 或 2.0）数据库

④ Paradox：Paradox（Version 5.0，4.x 或 3.x）数据库

⑤ ODBC：新的 ODBC 数据源

⑥ Text Files：存储表文件的目录

在其中选择一项，如 Microsoft Access。将打开版本子菜单，在此选择要创建的数据库的版本，如 Version 7.0 MDB。

（2）打开创建数据库对话框，在该对话框中选择保存数据库的路径和库文件名，如输入数据库文件名为 stud，保存文件夹为 D:\。

（3）单击"保存"按钮后，在 VisData 多文档窗口中将出现"数据库窗口"和"SQL 语句"两个子窗口。在"数据库窗口"中单击"+"，将列出新建数据库的常用属性，如图 10.2 所示。

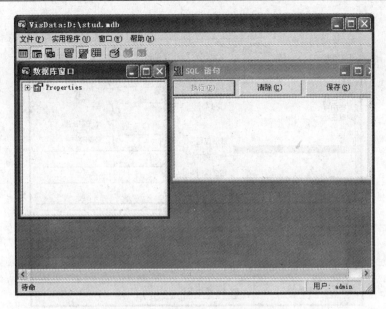

图 10.2 新建数据库的属性

添加数据表。

利用可视化数据管理器建立数据库后，就可以向该数据库中添加数据表，下面以添加 Access 表为例介绍添加和建立数据表的方法。

3. 建立数据表结构

建立数据表结构的步骤如下。

（1）打开已经建立的 Access 数据库，如 stud.mdb。

（2）右击数据库窗口，在弹出的快捷菜单中选择"新建表"，此时将打开"表结构"对话框。在"表结构"对话框中，"表名称"必须输入，即数据表必须有一个名字，如 student。"字段列表"显示表中的字段名，通过"添加字段"和"删除字段"按钮进行字段的添加和删除。有索引关键字的可向"索引列表"中添加或删除索引。

（3）单击"添加字段"按钮打开"添加字段"对话框。在"名称"文本框中输入一个字段名，在"类型"下拉列表中选择相应的数据类型，在"大小"框中输入字段长度，选择字段是"固定字段"还是"可变字段"，以及"允许零长度"和"必要的"。还可以定义验证规则来对取值进行限制，可以指定插入记录时字段的默认值。

一个字段完成后，单击"确定"按钮，该对话框中的内容将变为空白，可继续添加其他字段。当所有字段添加完毕，单击"关闭"按钮，将返回"表结构"对话框。

（4）单击"表结构"对话框中的"添加索引"按钮，打开"添加索引"对话框。在"名称"文本框中输入索引名，每个索引都要有一个名称。在"可用字段"中选择建立索引的字段名。一个索引可以由一个字段建立，也可以由多个字段建立。

如果要使某个字段或几个字段的值不重复，可以建立索引，并使索引为唯一的，否则一定不要选中"唯一的"。

（5）建立好 student 的表结构，如图 10.3 所示。在"表结构"对话框中，单击"生成表"按钮生成表，关闭"表结构"对话框，在数据库窗口中可以看到生成的表。

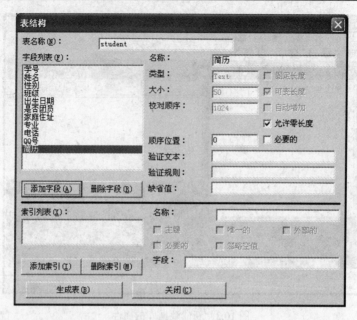

图 10.3　"表结构"对话框

4. 修改数据库结构

在可视化数据库管理器中，可以修改数据库中已经建立的数据表的结构。操作如下。

（1）打开要修改的数据表的数据库。在数据库窗口中用鼠标右击要修改表结构的表名，弹出快捷菜单，如图 10.4 所示。

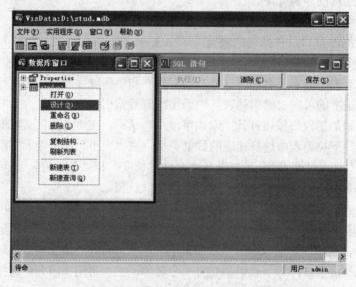

图 10.4　"数据库窗口"中的快捷菜单

（2）在快捷菜单中选择"设计"选项，将打开"表结构"。此时的"表结构"对话框与建立表时的对话框不完全相同。在该对话框中可以做的修改工作包括：修改表名称、修改字段名、添加与删除字段、修改索引、添加与删除索引、修改验证和默认值等。单击"打印结构”按钮可打印表结构，单击“关闭”按钮完成修改。

数据表中数据的编辑。

5．数据记录的输入、修改与删除

在“数据管理器”的工具栏中选择“表类型记录集”、“在窗体上使用 Data 控件”和“开始事务”选项，然后在“数据库”窗口中选中表名并右击，在快捷菜单中选择“打开”选项，即可打开数据表记录处理窗口，如图 10.5 所示。

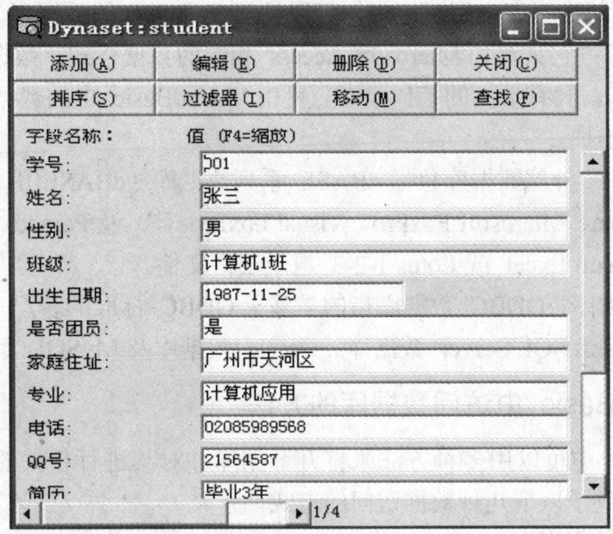

图 10.5 数据表记录处理窗口

单击“添加”按钮，就可以添加相应的数据了，其他删除等按钮使用方法同理。

当一个表建立后，可以再建立另一个表。读者可参考表 10.1 再建立一个 student 表，为后面的学习做好准备。

表 10.1 student

学号	姓名	性别	班级	出生日期	是否团员	家庭住址	专业	电话	QQ 号	简历
001	张三	男	计算机 1 班	1987-11-11	是	广州市天河区	计算机应用	020-85458455	4578965	kkkkkk
002	李四	女	会计 1 班	1988-11-25	是	广州市海珠区	会计	020-84568954	1245898	llllll
003	周大可	男	计算机 2 班	1989-2-2	是	广州市白云区	计算机网络	020-88496586	5469851	ooooo
004	张斌	男	商英 1 班	1985-12-12	否	广州市白云区	商务英语	020-45879654	4569874	PPPPP

10.1.2 相关知识及注意事项

1．在 Visual Basic 中访问数据库的方法

为了使用和操纵结构化数据库，Visual Basic 提供了较为复杂的数据库体系结构。在此体系结构中，Visual Basic 可以使用两种数据访问技术：Jet 数据库引擎和 ODBC 技术；采

用 3 种数据访问方法：数据控件、数据操作对象和直接调用 ODBC 函数。其中数据库引擎和 ODBC 技术是数据访问的核心部分，位于应用程序和数据库之间。这种结构使得所访问的数据库有较大的独立性，使用相同的数据操作对象可以访问不同类型的数据库；数据库引擎能够把数据控件和数据操作对象所提出的数据库操作转变成对数据库的物理操作，还能够支持不同类型的数据库。

2. 在 Visual Basic 中可以访问的数据库

在 Visual Basic 的数据库应用程序中，可以访问 3 种类型的数据库。

（1）内部数据库：它具有和 Microsoft Access 相同的数据格式。数据库引擎可以直接创建和操纵内部数据库，具有最高的工作效率。可由 Visual Basic 中的数据管理器或 Microsoft Access 直接建立和维护。

（2）外部数据库：外部数据库包括 dBASE 系列数据库（dBASEⅢ、dBASEⅣ等）、Fox 系列数据库（FoxBase、Microsoft FoxPro、Visual FoxPro 等）及 Paradox 等。用户也可以访问文本文件和 Microsoft Excel 或 Lotus 1-2-3 电子表格文件。

（3）ODBC 数据库：ODBC 数据库指的是基于 ODBC 标准的客户–服务器（C/S）模式的数据库，如 Microsoft SQL Server 数据库、Oracle 数据库及 MySQL 数据库等。

3. 在 Visual Basic 中访问数据库的方法

在 Visual Basic 中可以用多种方法来打开数据库并对其进行相关的操作。具体来说，Visual Basic 主要提供了以下几种数据访问的方式。

1）数据控件和数据绑定

利用数据控件可以简单方便地打开数据库，与数据库建立连接，并对记录进行访问。而数据绑定则提供了显示、编辑和更新记录的支持。使用数据控件和数据绑定控件可以不用一行代码而轻而易举地编制数据库应用程序，同时可使用代码进行控制，具有方便易用、开发迅速、编码量小等特点，是 Visual Basic 数据库编程的一个重要方法。本章主要讲述了 Data 控件和 ADO Data 控件的使用方法。

2）数据操作对象

这种方式需要首先将数据库操作组件库加入 Visual Basic 的工程项目的引用（Reference），然后用程序中构造这些数据库组件对象的实例来连接、操作和管理数据库。该方式编程灵活，功能强大，可扩展性强。主要包括 3 种组件对象。

（1）数据访问对象 DAO。

DAO（Data Access Objects）对象主要是源于早期的 Mircrosoft jet 数据库（就是后来的 Access 数据库）操作而发展起来的数据库访问技术。DAO 对象完整地表示了关系数据库的模型，其中封装了许多对象，使得用户可以使用编程语言对本地或远程数据进行打开、查询、修改、删除及其他一些操作。对不同格式的数据库，可用相同的对象和代码进行操作。

（2）远程数据对象 RDO。

RDO（Remote Data Objects） 是处理远程数据库的一些对象集合。使用 RDO 可以不用本地的查询处理机制就能访问 ODBC 数据源，这无疑将大大提高应用程序的性能。

（3）ActiveX 数据对象 ADO。

ADO（ActiveX Data Objects） 是 Visual Basic 6.0 新增的对象，它是 DAO/RDO 的后继产物。它是一个更简单的对象模型，更好地集成了其他数据访问技术，并且本地和远程数据库有共同的界面，可以取代 DAO 和 RDO。ADO 更易于使用，且可以访问关系数据库和非关系数据库。

3）直接调用 ODBC API 函数

ODBC API（Application Programming Interface，应用程序接口）是一组类似 Windows API 的应用函数库，作为强大的数据库前端开发工具，Visual Basic 也可以像调用 Windows API 那样调用 ODBC API 操作 ODBC 数据源，但是，相对于 DAO 对象操作 Jet 数据库而言，直接使用 ODBC API 函数的编程难度最大，但获得的存取数据库的性能却是最佳的。

10.2　Data 控件的使用案例

10.2.1　案例实现过程

【案例说明】

1．建立一个 Access 数据库 Stud.mdb，数据库中包含一个表，表名为 Student，用于存放学生的基本信息；设计一个窗体，运行效果如图 10.6 所示，用于显示 Stud.mdb 数据库中 Student 表中的内容。

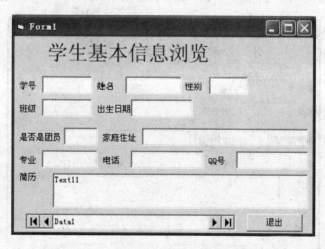

图 10.6　运行效果

分析：要实现此例功能，必须要有两个条件，其一，要先创建 stud.mdb 数据库；其二要创建 data1 并对其进行设置。

2．在窗体上用 4 个命令按钮代替 Data 控件对象的 4 个箭头按钮的操作。加入"查找"按钮，通过 InputBox()函数输入学号，进行查找。

在上例的基础上，再在窗体上添加 5 个命令按钮，将 Data 控件的 Visible 属性设置为

False，如图 10.7 所示。通过对 5 个命令按钮的编程代替对 Data 控件对象的 4 个箭头按钮的操作，使用 FindFirst 方法查找记录。

分析：要实现以上功能，必须掌握 MoveFirst 方法、MoveNext 方法、 MovePrevious 方法、MoveLast 方法和 Moven 方法，使用 Find 方法组实现查找。

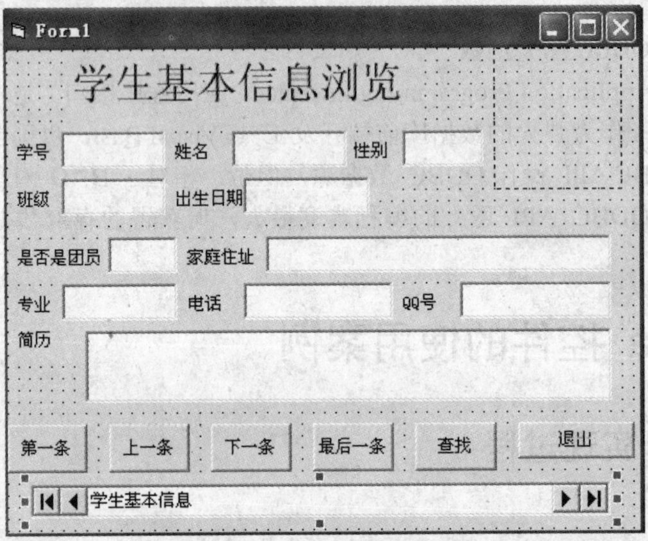

图 10.7　用户设计界面

3．在图 10.7 的基础上添加"添加"、"修改"、"删除"和"放弃"4 个按钮，通过对按钮的编程实现记录的添加、删除和修改，如图 10.8 所示。

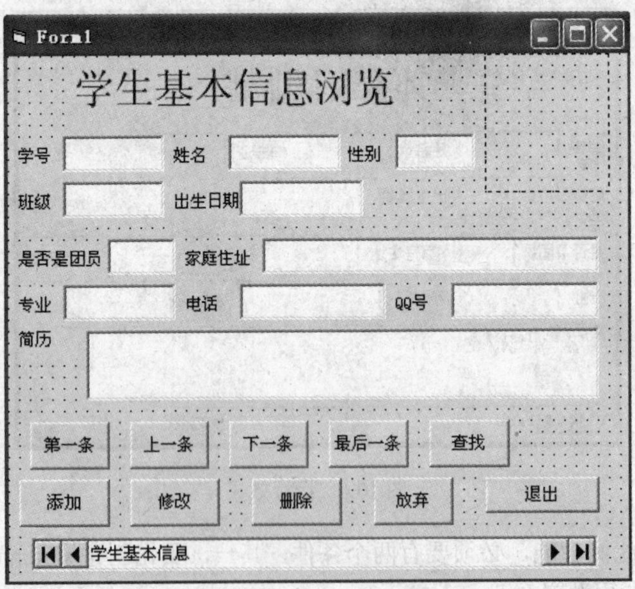

图 10.8　添加按钮

分析：数据库记录的添加、删除和修改操作需要使用 AddNew、Delete、Edit、Update 和

Refresh 等。

【案例目的】

1．理解 Visual Basic 访问数据库的基本方法和简单运用。

2．熟练掌握 data 对数据库的运用及操作用法。

【技术要点】

该应用程序设计步骤如下。

1．运用案例说明中的第一部分：建立一个 Access 数据库 Stud.mdb，数据库中包含一个表，表名为 Student，用于存放学生的基本信息；设计一个如图 10.1 所示的窗体，用于显示 Stud.mdb 数据库中的 Student 表中的内容。

操作步骤如下。

（1）利用在上一节中创建的数据库 Stud.mdb，数据库中包含一个表，表名为 Student，已创建。如图 10.5 所示。

在工具箱中单击 Data 控件，在窗体上拖出尺寸合适的 Data 控件。其 Name 属性默认为 Data1，将 Data 控件的 Caption 属性设置为"学生基本信息"。

（2）在"属性"对话框中将 Data1 的 DatabaseName 属性设置为要连接的数据库文件。当单击该属性时，其值单元格出现"…"按钮，单击该按钮可打开文件对话框以定位数据库文件。此处设置数据库为"D:\Stud.mdb"，如图 10.9 所示。

（3）设置 Data1 的 RecordSource 属性。单击 RecordSource 属性，出现当前数据库的所有表的下拉列表，选择 Student 表。

（4）设置各控件属性，所有 Label 控件的 AutoSize 属性均设置为 True，所有文本框的 Text 属性均设置为空，DataSource 属性均设置为 Data1（Data 控件名），其他的如图 10.9 所示进行设置。

（5）选择"学号"后面的文本框 Text1，然后在左边的属性栏中选择"DataSource"，通过下拉式列表选择 Data1。

（6）对 Text1 进行"DataField"设置，选择相应的字段，此时应该是学号，如图 10.10 所示。用同样的方法对后面所有的文本框进行选择设置。

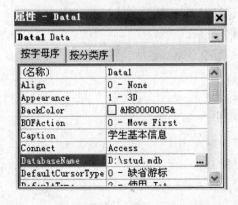

图 10.9　设置 DatabaseName 属性

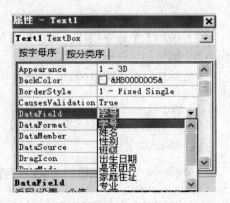

图 10.10　DataField 设置

（7）对命令按钮的 Click 事件添加代码，以设置程序出口。

```
Private Sub Command1_Click()
    End                           ' 结束程序的运行
End Sub
```

完成以上步骤后，一个简单完整的数据库应用程序就编制好了。执行该程序，运行结果如图 10.11 所示。

Data 控件有 4 个按钮，其作用如下。

● ◄◄：指向记录集的第一条记录。　　　◄：指向当前记录的上一条记录。

● ►►：指向当前记录的下一条记录。　　►►|：指向记录集的最后一条记录。

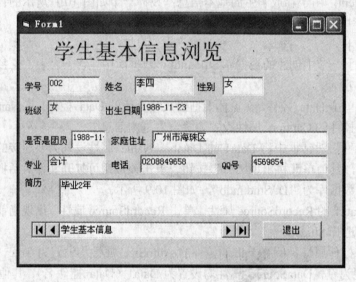

图 10.11　程序运行示例

2. 运用案例说明中的第二部分：在窗体上用 5 个命令按钮代替图 10.6 中 Data 控件对象的 4 个箭头按钮的操作。加入"查找"按钮，通过 InputBox()函数输入学号，进行查找。

具体操作如下。

（1）选中"data1"把 Visible 设置为 False，即运行时看不到。

（2）添加 5 个命令按钮，属性设置分别如图 10.7 所示。

（3）编写程序代码。

"第一条"命令按钮的 Click 事件代码如下。

```
Private Sub Command2_Click()
    Data1.Recordset.MoveFirst
End Sub
```

"最后一条"命令按钮的 Click 事件代码如下。

```
Private Sub Command5_Click()
    Data1.Recordset.MoveLast
```

```
    End Sub
```

"下一条"命令按钮的 Click 事件代码如下。

```
Private Sub Command4_Click()
    Data1.Recordset.MoveNext
    If Data1.Recordset.EOF Then Data1.Recordset.MoveLast
End Sub
```

"上一条"命令按钮的 Click 事件代码如下。

```
Private Sub Command3_Click()
    Data1.Recordset.MovePrevious
    If Data1.Recordset.BOF Then Data1.Recordset.MoveFirst
End Sub
```

"查找"命令按钮的 Click 事件代码如下。

```
Private Sub Command6_Click()
    Dim tno As String
    tno=InputBox("请输入查找的学号", "查找")
    Data1.Recordset.FindFirst "学号='" & tno & "'"
    If Data1.Recordset.NoMatch=True Then
        MsgBox "查无此人", , "提示"
    End If
End Sub
```

　　程序运行后，可以对 5 个按钮进行测试，我们现在调试一下"查找"按钮，单击"查找"按钮，弹出窗口如图 10.12 所示，输入学号，比如"003"，此时单击"确定"按钮后，最后的界面上显示的就是"003"所对应的信息，查找成功，如图 10.13 所示。

图 10.12　按学号查找

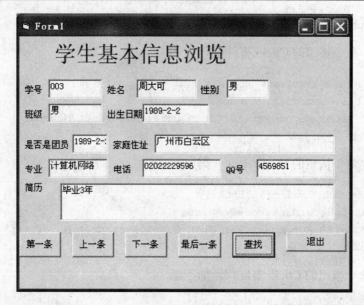

图 10.13　查找成功

3．运用案例说明中的第二部分：在图 10.7 的基础上添加"添加"、"修改"、"删除"和"放弃" 4 个按钮，通过对按钮的编程实现记录的添加、删除、修改和放弃。如图 10.8 所示。

在本例中，"添加"按钮 Cmdadd 的 Click 事件代码具有两项功能：根据按钮提示文字调用 AddNew 方法或 Update 方法，并控制其他 4 个按钮的可用性。当按钮提示为"添加"时调用 AddNew 方法，并将提示文字改为"确认"，同时使"删除"按钮 Cmddel、"修改"按钮 Cmdedit、"退出"按钮 Cmdend 不可用，而使"放弃"按钮 Cmdcancel 可用。添加记录后，需再次单击 Cmdadd 调用 Update 方法确认添加的记录，再将提示文字改为"添加"，并使"删除"、"修改"和"退出"按钮能用，而使"放弃"按钮不可用。

具体实现步骤如下。

（1）选中"data1"把 Visible 设置为 False，即运行时看不到。

（2）添加 4 个命令按钮，属性设置分别如图 10.8 所示。

（3）编写程序代码：

```
Dim mbookmark
Private Sub Cmdadd_Click()
    Cmdedit.Enabled=False              '控制按钮的可用性
    Cmddel.Enabled=False
    Cmdcancel.Enabled=False
    Cmdend.Enabled=False
    If Cmdadd.Caption="添加" Then
        Cmdadd.Caption="确认"           '改变按钮的提示文字
        mbookmark=Data1.Recordset.Bookmark'记住添加记录前的当前记录的书签
        Data1.Recordset.AddNew         '调用 AddNew 方法
        Text1.SetFocus
```

```
        Else
        If Text1.Text=""Or Text2.Text=""Or Text3.Text="" Or Text4.Text="" Then
            MsgBox "请输入所有符合要求的数据"
            Exit Sub
        End If
            Cmdadd.Caption="添加"            '使按钮再回到添加状态
            Data1.Recordset.Update          '调用 Update 方法
            Data1.Recordset.MoveLast
        End If
    End Sub
```

"放弃"按钮 Cmdcancel 的 Click 事件使用 UpdateControls 方法放弃操作，并通过设置记录集的 Bookmark 属性使当前记录返回到选择添加或修改操作前的记录位置上。

程序代码如下。

```
    Private Sub Cmdcancel_Click()
        Cmdadd.Caption="添加"
        Cmdedit.Caption="修改"
        Cmdadd.Enabled=True
        Cmdedit.Enabled=True
        Cmddel.Enabled=True
        Cmdcancel.Enabled=False
        Cmdend.Enabled=True
        Data1.UpdateControls
        Data1.Recordset.Bookmark=mbookmark
    End Sub
```

"删除"按钮 Cmddel 的 Click 事件，调用 Delete 方法删除当前记录。当记录被删除后，必须移动记录指针，以刷新屏幕。当记录集中的记录全部被删除后，则不能再调用 Move 方法移动记录指针，否则会发生错误，因此可用记录集的 RecordCount 属性判断。

程序代码如下。

```
    Private Sub Cmddel_Click()
        Dim intret As Integer
        intret=MsgBox("是否删除当前记录？",4+32+256,"警示")
        If intret=VisualBasicYes Then
            Data1.Recordset.Delete
            If Data1.Recordset.RecordCount > 0 Then
                Data1.Recordset.MoveNext
                If Data1.Recordset.EOF Then Data1.Recordset.MoveLast
        Else
            MsgBox "表中已没有记录！",,"提示"
            End If
        End If
    End Sub
```

"修改"按钮 Cmdedit 的 Click 事件的编程思路与"添加"按钮的 Click 事件类似，根据按钮提示文字调用 Edit 方法进入编辑状态或调用 Update 方法将修改后的数据写入到数据库，并控制其他按钮的可用性。

程序代码如下。

```
Private Sub Cmdedit_Click()
    Cmdadd.Enabled=Not Cmdadd.Enabled
    Cmddel.Enabled=Not Cmddel.Enabled
    Cmdcancel.Enabled=Not Cmdcancel.Enabled
    Cmdend.Enabled=Not Cmdend.Enabled
    If Cmdedit.Caption="修改"  Then
        Cmdedit.Caption="确认"
        mbookmark=Data1.Recordset.Bookmark
        Data1.Recordset.Edit
        Text1.SetFocus
    Else
        Cmdedit.Caption="修改"
        Data1.Recordset.Update
    End If
End Sub
```

10.2.2　相关知识及注意事项

1．Data 控件

Data 控件的优点是用户无须编写大量代码就可以开发一个数据访问应用程序，不必提供程序代码来打开或创建数据库或记录集、在记录间移动或编辑记录集中的记录。Data 控件使最初的应用程序开发更快，代码维护更容易。

然而，尽管 Data 控件有许多优点，但它还有一些局限性。例如，在 Data 控件内没有内置的增加和删除功能，而且数据的编辑和更新是自动的，这就为实现复杂的事务处理增加了困难。

为了克服这些局限性，需要将控件和程序代码结合起来，而 Data 控件的 RecordSet 属性为编制代码提供了丰富的属性和方法，是控件代码编程的核心。

2．记录集

RecordSet 对象：Visual Basic 不是直接访问数据库中的数据，而是通过 RecordSet 对象实现对记录的操作，因此，RecordSet 对象是一种浏览数据库的工具。RecordSet 对象用于管理来自基本数据库表或 SQL 查询语句执行结果的记录集合。它是一个跟数据库中的表相对应的结构，也可以理解成具有字段和字段值的对象。它是 Visual Basic 访问数据库的载体。

3．RecordSet 属性

RecordSet 属性是由 Data 控件返回的代表选定记录集的一个对象，可以像使用 RecordSet 对象一样使用该属性。讲到 RecordSet 就必须提及 Data 控件的另一个属性，即 RecordSetType 属性，该属性用于确定 Data 控件存放记录的类型。

Data 控件支持的记录集有 3 种类型：表类型、动态集类型和快照类型。

1）表类型

表（Table）类型的记录集将其中的内容直接连接到数据库的记录，即记录集就是当前数据库真实的数据表。表类型比其他记录集类型处理速度都快，但它需要大量的内存开销。如果 Data 控件的 RecordSource 属性是一个 SQL 查询语句的话，不能将记录集类型设置为表类型。

2）动态集类型

动态集（DynaSet）类型的记录集可以从一个表或多个表中提取符合条件的记录，该类型的记录集允许对记录进行修改和删除，并且这些编辑操作的结果会影响数据库的内容。动态集类型的记录在 3 种类型中访问速度是最慢的。

3）快照类型

快照（SnapShot）类型的记录集是静态数据的显示。它包含的数据是固定的，记录集为只读状态，它反映了在产生快照的一瞬间数据库的状态。快照型记录集是最缺少灵活性的记录集，但它所需要的内存开销最少。如果只是浏览记录，可以使用快照类型。Data 控件默认使用的记录集类型是动态集类型，因为动态集类型介于表类型和快照类型之间，有较大的灵活性，能应付所有的应用。

尽管 RecordSet 是 Data 控件的属性，但它也是由记录组成的一个对象，因此，它和其他对象一样具有属性、事件和方法。要想使用这些属性、事件和方法，可以通过该属性实现，引用的方式如下。

```
Data 控件名.RecordSet.属性名（方法名）
```

如要对名称为 Data1 的 Data 控件使用 RecordSet 对象的 MoveNext 方法，应当表示为

```
Data1.RecordSet.MoveNext
```

记录集的重要属性如下。

4．AbsolutePosition 属性

AbsolutePosition 属性返回当前指针值。若是第 1 条记录，其值为 0，该属性为只读属性。

5．BOF 和 EOF 属性

BOF 属性和 EOF 属性的返回值为逻辑值（True 或 False）。

（1）BOF：BOF 属性用于判定记录指针是否在首记录之前。若 BOF 为 True，则当前位置位于记录集的第一条记录之前，即记录集的 BOF 位置。

（2）EOF：与 BOF 属性类似，EOF 属性用于判定记录指针是否在末记录之后。

注意 当 BOF 属性和 EOF 属性同时为 True 时，表明记录集为空。

6．Bookmark 属性

打开 RecordSet 对象时，系统为当前记录生成一个称为书签的标识值，包含在 RecordSet

对象的 Bookmark 属性中。每个记录都有唯一的书签（用户无法查看书签的值），Bookmark 属性返回 RecordSet 对象中当前记录的书签。要保存当前记录的书签时，可将 Bookmark 属性的值赋给一个变体类型的变量。通过设置 Bookmark 属性，可将 RecordSet 对象的当前记录快速移动到设置为由有效书签所标识的记录上。

注意 在程序中不能使用 AbsolutePosition 属性重定位记录集的指针，但可以使用 Bookmark 属性。

7. NoMatch 属性

在记录集中进行查找时，如果存在相匹配的记录，则 RecordSet 的 NoMatch 属性设置为 False，否则为 True。该属性常与 Bookmark 属性一起使用，完成对记录的查找。

8. RecordCount 属性

RecordCount 属性用于返回 RecordSet 对象中的记录计数，该属性为只读属性。

在多用户环境下，RecordCount 属性可能不准确，为了获得准确值，在读取该属性值之前，可使用 MoveLast 方法将记录指针移到最后一条记录上。

记录集的常用方法如下。

记录集的常用方法有两种：Move 方法组和 Find 方法组。

9. Move 方法组

对于 Data 控件的 4 个箭头按钮，RecordSet 对象分别有其相应的方法，它们是用来对记录进行定位的。定位指的是在一个记录集中通过移动指针来改变当前记录。Move 方法组包括如下 5 种方法。

（1）MoveFirst 方法：指向记录集的第一条记录，即首记录，与按钮功能相同。

（2）MoveNext 方法：指向记录集当前记录的下一条记录，与按钮功能相似。

（3）MovePrevious 方法：指向记录集当前记录的上一条记录，与按钮功能相似。

（4）MoveLast 方法：指向记录集的最后一条记录，即尾记录，与按钮功能相同。

（5）Move n 方法：从当前记录向前或向后移动 n 条记录，n 为指定的记录个数。当 n 为正整数时，记录指针从当前记录开始向后（向下）移动；当 n 为负整数时，记录指针向前（向上）移动。

记录的添加、删除和修改操作。

数据库记录的添加、删除和修改操作需要使用 AddNew、Delete、Edit、Update 和 Refresh 方法。

10. 记录的添加

AddNew 方法用于在记录集尾部添加一条新记录，并将记录指针指向该记录。添加记录的步骤如下。

（1）调用 AddNew 方法。

（2）给各字段赋值。因为各字段已与绑定控件绑定在一起，因此可直接在绑定控件内输入数据。

（3）调用 Update 方法，确定所做的添加操作，将缓冲区内的数据写入数据库。

注意　如果使用 AddNew 方法添加了新的记录，但没有使用 Update 方法移动到其他记录，或关闭了记录集，那么所做的输入将全部丢失，而且没有任何警告。当调用 Update 方法写入记录后，记录指针自动从新记录返回到添加新记录前的位置上，而不显示新记录。

因此，可在调用 Update 方法后，使用 MoveLast 方法将记录指针再次移到新记录上。

11．记录的删除

从记录集中删除记录的操作分为以下 3 步。

（1）定位被删除的记录使之成为当前记录。

（2）调用 Delete 方法。

（3）移动记录指针。

注意　在使用 Delete 方法时，当前记录立即删除，不可恢复，且不加任何的警告或提示。因此，在使用此方法时，必须小心谨慎。删除一条记录后，被数据库所约束的绑定控件仍旧显示该记录的内容。因此，必须移动记录指针，使绑定控件内的数据得以刷新。一般采用移至下一条记录的处理方法。在移动记录指针后，应该检查 EOF 属性。

12．记录的修改

Data 控件自动提供了修改现有记录的能力，当直接改变被数据库所约束的绑定控件的内容后，需单击 Data 控件对象的任一箭头按钮来改变当前记录，确定所做的修改。也可通过程序代码来修改记录，使用程序代码修改当前记录的步骤如下。

（1）调用 Edit 方法。

（2）给各字段赋值。

（3）调用 Update 方法，确定所做的修改。

注意　如果要放弃对数据的所有修改，可使用 Updatecontrols 方法放弃对数据的修改，也可用 Refresh 方法，重新从数据库中读取数据，刷新记录集。由于没有调用 Update 方法，数据的修改没有写入数据库，所以这样的记录会在刷新记录集时丢失。

10.3　ADO 数据控件使用案例

10.3.1　案例实现过程

【案例说明】

下面将通过使用 ADO 数据控件连接 Stud.mdb 数据库来说明 ADO 数据控件属性的设置过程。程序运行效果如图 10.14 所示。同样可以实现数据的连接。

图 10.14　运行效果

【案例目的】

1. 理解 ADO 的基本方法和简单运用。
2. 掌握 ADO 对数据库的运用及操作方法。

【技术要点】

该应用程序设计步骤如下。

运用案例说明中的第一部分：使用 ADO 数据控件连接 Stud.mdb 数据库。

（1）在窗体上添加 ADO 数据控件，控件的默认名为 Adodc1，如图 10.14 所示。

（2）右击 ADO 数据控件，在弹出的快捷菜单选中"Adodc 属性"命令，打开如图 10.15 所示的"属性页"对话框。在"通用"选项卡中，允许通过 3 种不同的方式连接数据源。

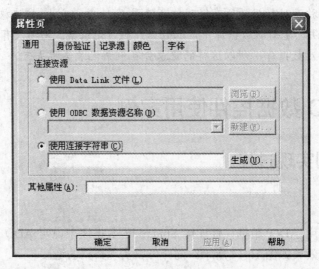

图 10.15　ADO 数据控件属性页

① 使用连接字符串：只需要单击"生成"按钮，通过选项设置自动产生连接字符串。

② 使用 Data Link 文件：通过一个连接文件来完成。

③ 使用 ODBC 数据源名称：可以通过下拉式列表框，选择某个创建好的数据源名称（DSN），作为数据来源以远程数据库进行控制。

（3）采用"使用连接字符串"方式连接数据源。单击"生成"按钮，打开如图 10.16 所示的"数据链接属性"对话框。在"提供程序"选项卡内选择一个合适的 OLE DB 数据源，Stud.mdb 是 Access 数据库，选择 Microsoft Jet 3.51 OLE DB Provider 选项。然后单击"下一步"按钮或打开"连接"选项卡，在对话框内指定数据库文件，这里为 Stud.mdb。

为保证连接有效，可单击"连接"选项卡右下方的"测试连接"按钮，如果测试连接成功，如图 10.17 所示，则单击"确定"按钮返回到如图 10.14 所示的界面。

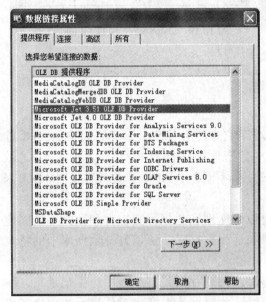
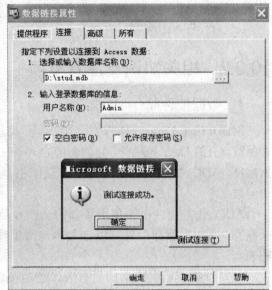

图 10.16　"数据链接属性"对话框　　　　　图 10.17　测试连接成功

（4）选择"属性页"对话框中的"记录源"选项卡，如图 10.18 所示。

在"命令类型"下拉列表框中选择"2-adCmdTable"选项，在"表或存储过程名称"下拉列表框中选择 student 表，单击"确定"按钮关闭此属性页，至此，已完成了 ADO 数据控件的连接工作。

以上属性的设置也可以在属性对话框中实现。方法是在属性对话框中找到 ConnectionString 属性和 RecordSource 属性，单击属性右边的"…"按钮，打开相关的对话框设置即可，界面与上述图示相同。

（5）选择学号后面的文本框 Text1，然后修改 DataSource，此时应该改为"Adodc1"，而 DataField 的设置同 Data 的设置，同理其他文本框一样的设置操作，如图 10.19 所示。

（6）测试程序。

如图 10.14 所示，表示配置成功。

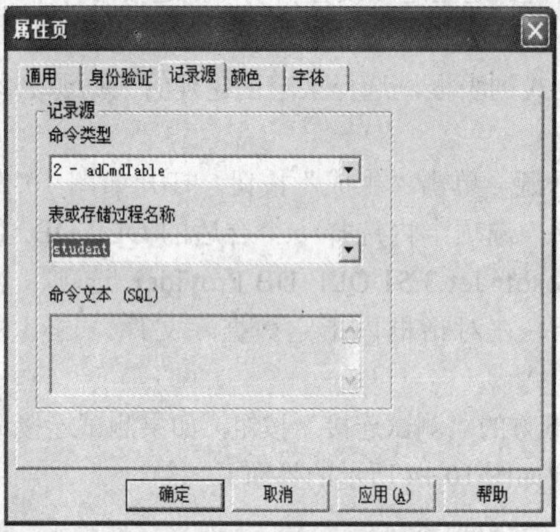

图 10.18 "记录源"选项卡

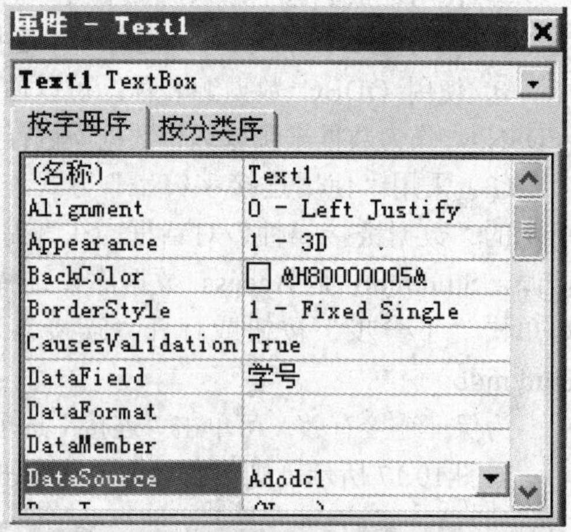

图 10.19 DataSource 和 DataField 设置

10.3.2 相关知识及注意事项

1. 数据控件简介

前面介绍了 Data 控件的编程方法，可以感觉到它方便实用的特点。Visual Basic 6.0 除了保留原有的 Data 控件外，它同新增的 ActiveX 数据对象（ADO）相对应，添加了 ADO 数据控件。ADO 数据控件与 Data 控件功能相似，主要不同在于 ADO 数据控件使用 ADO 来访问数据库。

ADO 数据控件由于使用了新的 ADO，可以快速地在数据绑定控件和数据库之间建立联系。ADO 数据控件可以连接本地数据库和远程数据库，可以打开数据库中的特定的表。

也可以基于数据库中的所有表，使用 SQL 查询或存储过程或视图产生记录集。同样，ADO 控件可以将数据传递给数据绑定控件，并根据数据绑定控件显示的变化来更新数据库。

注意 对于一般的应用，可以使用 ADO 数据控件或 Data 控件，但对于 OLE DB 数据库，则应当使用 ADO 数据控件。

由于 ADO 数据控件不是 Visual Basic 的标准控件，在使用 ADO 数据控件之前，必须先将该控件添加到控件工具栏中。

添加的步骤如下。

（1）单击"工程"|"部件"命令，打开"部件"对话框，如图 10.20 所示。

（2）在"控件"选项卡中选择 Microsoft ADO Data Control 6.0，单击"确定"按钮。在控件工具箱上就会出现 ADO Data 控件，控件外观与 Data 控件相似，ADO 数据控件的默认名称为 Adodc1、Adodc2、…。

与数据库连接的常用属性如下。

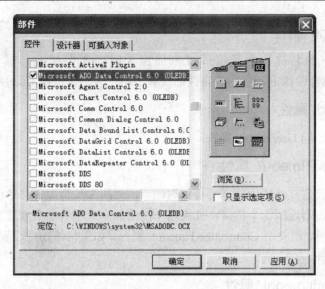

图 10.20　"部件"对话框

2. ConnectionString 属性

ADO 数据控件没有 DatabaseName 属性，它使用 ConnectionString 属性与数据库建立连接。该属性包含了与数据源建立连接的相关信息。在设计阶段，应当为该属性设置一个有效的连接字符串。该连接字符串既可以自己书写，也可由系统自动生成。笔者建议由系统自动生成。

3. RecordSource 属性

RecordSource 属性用于设置 ADO 数据控件具体要访问的数据，这些数据构成记录集对象 RecordSet。该属性值可以是数据库中的某个表、一条 SQL 查询语句或存储过程。

4. CommandType 属性

用于指定 RecordSource 属性的取值类型。取值类型有 4 种。

1-AdCmdText：将 CommandText 作为命令或存储过程调用的文本框定义进行计算。

2-AdCmdTable：将 CommandText 作为其列全部由内部生成的 SQL 查询返回的表格的名称进行计算。

4-AdCmdStoreProc：将 CommandText 作为存储过程名进行计算。

8-AdCmdUnknown：默认值。命令类型未知（不可取）。

其中，CommandText 属性是指包含要发送给提供者的命令文本。设置或返回包含提供者命令（如 SQL 语句、表格名称或存储的过程调用）的字符串值。默认值为""（零长度字符串）。

使用 CommandType 属性可优化 CommandText 属性的计算。如果 CommandType 属性的值等于 AdCmdUnknown（默认值），系统的性能将会降低，因为 ADO 必须调用提供者以确定 CommandText 属性是 SQL 语句、存储过程还是表。如果知道正在使用的命令的类型，可通过设置 CommandType 属性指示 ADO 数据控件直接转到相关代码。

5. UserName 属性

用于指定用户的名称，当数据库受密码保护时，需要指定该属性。该属性可在 ConnectionString 属性中指定。若两个属性都设置了用户名，则覆盖 UserName 属性的设置。

6. Password 属性

用于指定密码，同 UserName 属性。

7. ConnectionTimeout 属性

用于返回或设置建立连接期间需等待的时间，该时间为长整型值（单位为 s），默认值为 15。如果连接超时，则返回一个错误。如果由于网络拥塞或服务器负载过重导致延迟，从而必须放弃连接尝试时，可使用 ConnectionTimeout 属性。如果将该属性设置为零，ADO 将无限等待直到连接打开。

8. Commandtimeout 属性

用于返回或设置执行命令期间需等待的时间。该时间为长整型值（单位为 s），默认值为 30。

10.4　本章实训

一、实训目的

1. 掌握数据库管理器的使用方法。
2. 掌握 Data 控件和 ADO 数据控件的使用方法。
3. 掌握数据绑定控件的使用方法。
4. 掌握通过编写代码使用 Data 控件。

二、实训步骤及内容

请读者完成 10.1 节、10.2 节和 10.3 节数据库应用连接。

说明　所连接的数据库内容可以自定。最后通过配置完成测试所有功能。

三、实训总结

根据操作实际情况，写出实训报告。

10.5　习题

一、选择题

1. 要利用 Data 控件返回数据库中的记录集，则需要设置（　　）属性。
   A．Connect   B．DatabaseName
   C．RecordSource   D．RecordType

2．Data 控件的 Reposition 事件发生在（　　　）。

    A．移动记录指针前　　　　　　　　　B．修改与删除记录前

    C．记录成为当前记录前　　　　　　　D．记录成为当前记录后

3．在使用 Delete 方法删除当前记录后，记录指针位于（　　　）。

    A．被删除记录上　　　　　　　　　　B．被删除记录的上一条

    C．被删除记录的下一条　　　　　　　D．记录集的第一条

4．使用 ADO 数据控件的 ConnectionString 属性与数据源连接，在"属性页"对话框中可以有（　　　）种不同的连接方式。

    A．1　　　　　　　　B．2　　　　　　　　C．3　　　　　　　　D．4

二、填空题

1．要使绑定控件能通过 Data 控件 Data1 连接到数据库上，必须设置控件的_____属性为_____，要使绑定控件能与有效的字段建立联系，则需设置控件的_____属性。

2．要设置记录集的当前指针，则需通过_____属性。

3．记录集的_____属性返回当前指针值。

4．记录集的 RecordCount 属性用于对 RecordSet 对象中的记录计数，为了获得准确值，应该使用_____方法，再读取 RecordCount 属性值。

5．如果 Data 控件连接的是单表数据库，则_____属性应设置为数据库文件所在的文件夹名，而具体文件名应放在_____属性中。

三、问答题

1．Visual Basic 支持哪几种数据库？

2．Data 控件支持的记录集有哪几种？有何区别？

3．怎样使绑定控件能被数据库约束？

4．用 Find 方法查找记录，如何判定查找是否成功？如果找不到该记录，当前记录指针在何处？

10.6　本章小结

本章介绍了在 Visual Basic 中访问数据库的技术与方法；介绍了 Visual Basic 中的可视化数据管理器的使用方法。

本章还详细深入地介绍了 Data 控件及数据绑定控件的使用技巧，讲解了使用代码增强控件功能的方法；简单介绍了 ADO 数据控件的使用及 DataGrid 控件的功能及使用方法。本章的实例主要针对于 Data 控件，但经过改造也适用于 ADO 数据控件。

数据控件是开发数据应用程序的重要手段之一，使用数据控件，辅以数据绑定控件，可以编制功能完善的数据库应用程序。